Holger H. Schweizer

Handbuch Dremel®-Multifunktionswerkzeuge

DREMEL
DIGITAL

Holger H. Schweizer

HANDBUCH DREMEL® MULTIFUNKTIONS WERKZEUGE

Geräte – Eigenschaften – Anwendungen

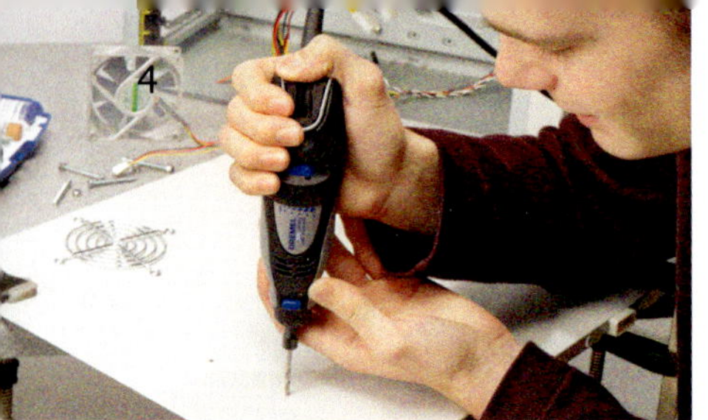

DREMEL
4300

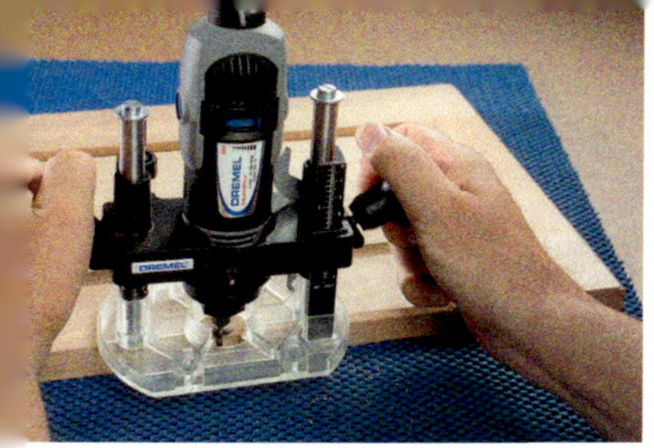
DREMEL

DREMEL
DSM20

DREMEL

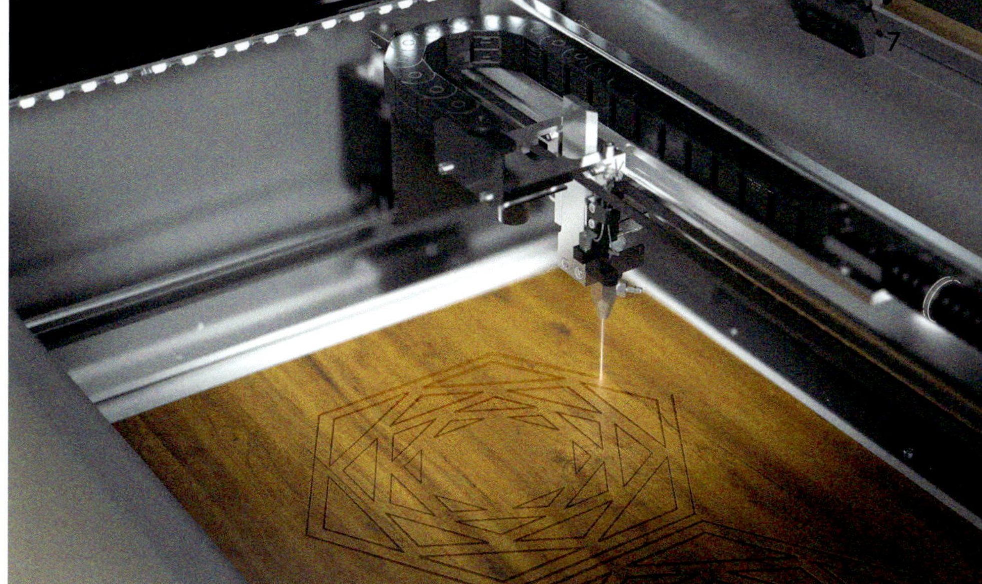

Kunststoffe 185

Metallwerkstoffe 193

Mineralwerkstoffe 207

Neue Dimensionen 213

Lasercutting 223

Service 235

DREMEL
4000
DREMEL

Vorwort

Der Hobby„keller“ wird im Allgemeinen als das Zentrum des Heimwerkens bezeichnet. Genau betrachtet spielt er diese Rolle aber nicht im großen Stil. Oft ist der Platz einfach nicht vorhanden, weshalb die Hobbyarbeiten an anderer Stelle durchgeführt werden müssen. Dann gibt es Projekte, deren Umfang es durchaus ermöglicht, sie in der Wohnung zu realisieren. Oder das Basteln mit Kindern. Auch das macht mehr Freude, wenn man es gemeinsam am Tisch sitzend macht.

Es muss also nicht immer die Werkbank und der Schraubstock sein. Bei vielen Hobbyarbeiten genügt es, auf einer robusten Unterlage zu arbeiten, wobei das Werkstück meist in der Hand gehalten und mit „Hand“werkzeugen bearbeitet wird. Allerdings gibt es auch viele Arbeitsaufgaben, bei denen die „händische“ Bearbeitung sehr zeitaufwendig oder nur sehr ungenau durchgeführt werden kann. Bohren, Fräsen, Schleifen und Polieren zählen beispielsweise zu den Aufgaben, die normalerweise mit den üblichen Maschinenwerkzeugen erledigt werden.

Nun kann man sich aber unschwer vorstellen, dass solche Maschinenwerkzeuge nicht gerade geeignet sind, auf dem Wohnzimmertisch eingesetzt zu werden: Sie sind zu groß, zu schwer und haben meist ein hohes Arbeitsgeräusch. Auch sind sie für kleine, diffizile Hobbyprojekte oft viel zu unhandlich. Was also tun?

Die Lösung ist denkbar einfach. Schauen wir uns mal an, wie es im professionellen Bereich zugeht: Hier werden für große Arbeitsaufgaben auf den Baustellen zum Beispiel Bohrhämmer, Kreissägen und Winkelschleifer eingesetzt, während der Zahntechniker oder der Goldschmied für seine Bohr-, Schleif- und Polierarbeiten feinste, miniaturisierte Werkzeuge verwendet, welche mit höchsten Drehzahlen rotieren.

Was liegt also näher, als für die kleinen Hobbyarbeiten ebenso kleine und präzise Maschinenwerkzeuge zu benutzen und mit diesen eigene Ideen und Entwürfe zu realisieren?

Das vorliegende Buch gibt einen Überblick über die Vielfalt der Präzisionswerkzeuge, ihr Systemzubehör und die Anwendung. Erprobte Praxistipps helfen Anwendungsfehler zu vermeiden. Auch bei kleinen Werkzeugen wird die Sicherheit großgeschrieben. Wo erforderlich, sind die Sicherheitshinweise den Werkzeugen und den speziellen Anwendungen zugeordnet.

Neue Techniken wie der 3-D-Druck und das Lasercutting ermöglichen eine fast unbegrenzte Realisierung von Projekten, die mit herkömmlichen Bearbeitungstechniken nur mit extremem Aufwand oder gar nicht herstellbar sind. Beide Techniken werden in ihrer grundsätzlichen Funktionsweise vorgestellt und dienen als Einstieg in computergenerierte Projekte.

Wer Werkstoffe bearbeiten will, muss ihre grundlegenden Eigenschaften kennen, um ein optimales Arbeitsergebnis zu erreichen. Aus diesem Grund sind den Werkstoffen eigene Kapitel gewidmet, in denen neben den Eigenschaften auch zusätzliche Bearbeitungsinformationen vermittelt werden.

Präzises Messen ist die Voraussetzung für ein präzises Arbeitsergebnis. Dies gilt besonders im anspruchsvollen Modellbau. Im Kapitel Messwerkzeuge werden die dafür geeigneten Geräte und ihre Anwendungen ausführlich vorgestellt.

Mit dem genannten Themenumfang bietet das „Handbuch Dremel-Multifunktionswerkzeuge“ kompaktes Wissen für Heimwerker, Modellbauer und Kunstwerker. Wir sind sicher, dass dieses Buch dabei hilft, kreative Gedanken in erfolgreiche Projekte umzusetzen.

Holger H. Schweizer

Warum Präzisions-werkzeuge?

Die Vorteile der Präzisionswerkzeuge liegt nicht nur auf, sondern auch in der Hand: Sie sind bestens geeignet für kleinste Arbeiten, sind sicher und präzise zu führen, nehmen wenig Platz in Anspruch und erlauben dennoch einen schnellen Arbeitsfortschritt mit einem qualitativ hochwertigen Arbeitsergebnis, das mit händischer Arbeit nur schwer oder gar nicht zu erreichen ist.
Die Typenauswahl ist überschaubar. Dass mit ihnen trotzdem ein breites Anwendungsspektrum erreicht wird, ermöglicht eine Vielzahl von spezialisierten Einsatzwerkzeugen und Vorsatzteilen. So wie das Smartphone erst durch Apps seine Bedeutung erlangt, erweitern sogenannte „Attachments" die Funktionen der Kleinwerkzeuge.

Das erste Moto-Tool.

Albert J. Dremel.

Die Präzisionswerkzeuge stellen somit auch bei bereits vorhandenen üblich großen Maschinenwerkzeugen eine ideale Ergänzung dar, sie beanspruchen zudem wenig Platz und können bequem und allzeit bereit in einem kleinen Werkzeugkoffer aufbewahrt werden.
Präzisionswerkzeuge werden in folgende Produktgruppen eingeteilt:

- → Multifunktionswerkzeuge für universelle Anwendung
- → Spezialwerkzeuge für Sonderaufgaben
- → Stationärwerkzeuge

Innerhalb dieser Produktgruppen unterscheiden sich die Werkzeuge in der Form ihres Antriebs, der Stromversorgung und dem Anwendungsbe-

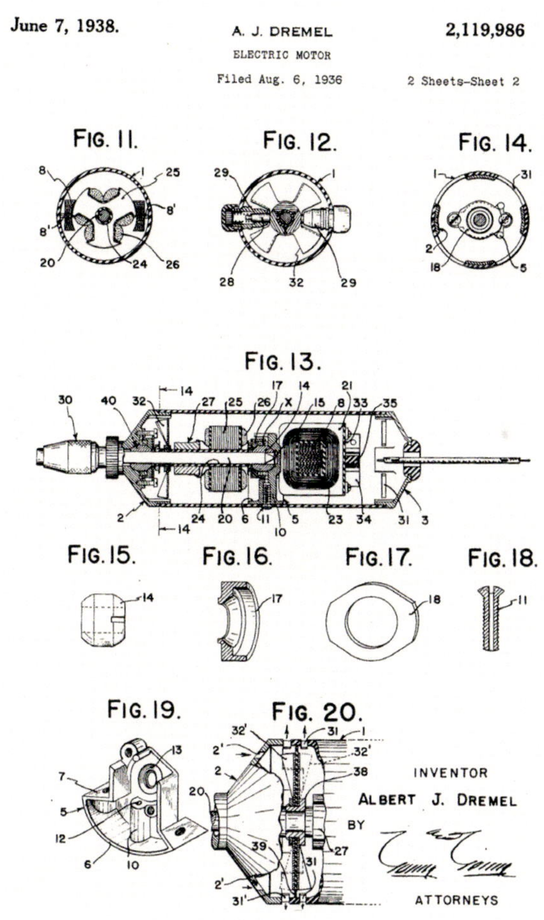

Die Patentschrift von 1936.

Die erste Moto-Saw.

reich. Ergänzt werden sie durch Einsatzwerkzeuge und Zubehöre:

- Die Einsatzwerkzeuge sind speziell an die Arbeitsaufgaben und das zu bearbeitende Material angepasst.
- Das Zubehör erweitert die Grundfunktionen und ermöglicht dadurch ein breiteres Anwendungsfeld.

Wer hat's erfunden?

Wie so vieles in der Technik stammen auch die kleinen Präzisionswerkzeuge aus einer Arbeitsaufgabe, die mit händischer Bearbeitung nicht zufriedenstellend bewältigt werden konnte. Hierzu ein Rückblick in die Vergangenheit.

1906 wanderte der Österreicher Albert J. Dremel in die USA aus. Als Ingenieur tätig, gründete er knapp 30 Jahre später seine eigene Firma. Dort entstand ein universell einsetzbares Kleinwerkzeug für Handwerk und Hobby. Basisgerät war das „Moto-Tool", ein kleiner hochtouriger Motor zum Antrieb von Einsatzwerkzeugen und den „Attachments", dem anwendungsoptimierten Zubehör.

Dremels Werkzeuge trafen offensichtlich auf eine Marktlücke. Sie wurden in den USA so erfolgreich, dass „Dremel" zum Synonym für ein komplettes Werkzeugsegment wurde.

Multifunktionswerkzeuge sind so alt wie die Elektrowerkzeuge. Die vor fast 100 Jahren herrschende Entwicklungsphilosophie „Ein Antriebswerkzeug und viele Zusatzgeräte und Zubehöre“ hat auch heute trotz der hohen Zahl spezialisierter Einzweckgeräte nicht an ihrer Bedeutung verloren. In vielen Anwendungsfällen des unteren Leistungsbereiches genügt ein universell verwendbarer Antriebsmotor, um den gestellten Arbeitsaufgaben perfekt zu genügen. Die Anforderung an bestmögliche Handlichkeit unterstreicht die Bedeutung dieser kleinen Multifunktionswerkzeuge.

Multifunktionswerkzeuge

Einsatzbereiche

Wie die Bezeichnung bereits aussagt, sind die Einsatzmöglichkeiten von Multifunktionswerkzeugen universell. Die Einsatzwerkzeuge und das Zubehör sind dabei der bestimmende Faktor. Mit einer elektronischen Drehzahlsteuerung kann der Drehzahl- und Leistungsbedarf optimal auf das Einsatzwerkzeug und die Arbeitsaufgabe angepasst werden. So sind also sehr präzise und sensible Arbeiten, andererseits aber auch ein schneller Arbeitsfortschritt möglich. Die wichtigste Eigenschaft der Multifunktionswerkzeuge ist ihre Handlichkeit. Erst durch sie können die Ideen und Vorstellungen des Heimwerkers in ein optimales Ergebnis verwandelt werden. Die typischen, vom Einsatzwerkzeug abhängigen Anwendungen sind:

- → Bohren
- → Schleifen
- → Trennen
- → Reinigen
- → Polieren
- → Schärfen
- → Gravieren
- → Fräsen

Arbeitsweise

Multifunktionswerkzeuge sind Minimalisten. Hauptbestandteil ist der in einem handlichen Gehäuse befindliche Motor. In der Verlängerung der Motorwelle befindet sich die Werkzeugaufnahme. Das Einsatzwerkzeug wird also direkt und mit der Motordrehzahl ohne ein Zwischengetriebe angetrieben.
Wegen der oft nur wenige Millimeter großen Einsatzwerkzeuge ist eine sehr hohe Motordrehzahl notwendig, um die für einen brauchbaren Arbeitsfortschritt notwendige Umfangs- bzw. Schnittgeschwindigkeit zu erreichen. Je nach Gerät können das Maximaldrehzahlen bis ca. 35 000 U/min sein. Da nicht alle Einsatzwerkzeuge und auch nicht alle Arbeitsaufgaben eine so hohe Drehzahl benötigen, verfügen die Multifunktionswerkzeuge über eine elek-

Ein Werkzeug für viele Zwecke.

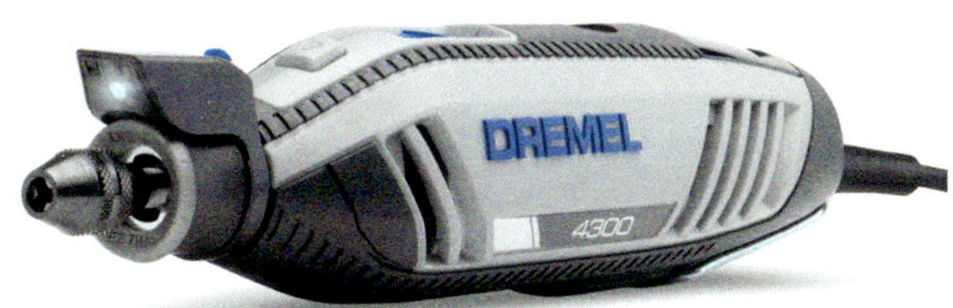

Multifunktionswerkzeug für Netzbetrieb.

Multifunktionswerkzeug für Akkubetrieb.

tronische Drehzahlsteuerung. Mit ihr lässt sich die Drehzahl, je nach Gerät, von minimal 5000–15 000 U/min bis zur Höchstdrehzahl in Drehzahlstufen oder stufenlos einstellen.
Das Typprogramm der Multifunktionsgeräte umfasst Netzgeräte und Akkugeräte. Sie unterscheiden sich in der Leistung, dem Drehzahlbereich und den Ausstattungsmerkmalen.

Netzgeräte

Die Leistungen der netzbetriebenen Geräte reichen von ca. 125 bis 175 Watt bei Höchstdrehzahlen bis 35 000 U/min. Mit diesen Leistungen lassen sich die vorgesehenen Anwendungen mühelos und komfortabel bewältigen. Höhere Motorleistungen würden keine wesentlichen Vorteile bieten, weil dies größere Motoren und Gehäuse notwendig machte und dadurch die Handlichkeit leiden und auch das präzise Führen des Gerätes erschwert würde.

Akkugeräte

Akkugeräte haben den Vorteil, von einem Netzkabel unabhängig zu sein. Dies ist immer dann wichtig, wenn Arbeiten abseits von Netzanschlüssen durchgeführt werden müssen. Um die Handlichkeit der Akkugeräte nicht zu sehr einzuschränken, werden die Multifunktionsgeräte mit Akkuspannungen zwischen 7,2 und 12 Volt betrieben. Zum Einsatz kommen leistungsstarke Lithium-Ionen-Akkus, die wegen ihrer extrem geringen Selbstentladung auch nach langen Lagerzeiten betriebsbereit sind. Sie haben keinen Memory-Effekt und vertragen Teilladungen und Teilentladungen, ohne Schaden zu nehmen.
Akkubetriebene Geräte haben in der einfachsten Form zwei Geschwindigkeitsstufen mit 10 000 und 20 000 U/min. Geräte mit variabler Drehzahl sind je nach Typ von 5000 bis 30 000 U/min einstellbar.

Microtools

Die Multifunktionswerkzeuge sind kompakt und handlich. Allerdings gibt es auch Arbeiten, wo ein noch kleineres Gerät sinnvoller ist. Bei solchen Aufgaben ist keine hohe Motorleistung notwendig, da überwiegend mit kleinen und kleinsten Einsatzwerkzeugen gearbeitet wird.
Die Forderungen werden durch Microtools erfüllt. Mit ca. 20 cm Länge sind sie nicht viel größer als ein dicker Filzstift und werden auch genauso gehalten. Die Maximaldrehzahl von ca. 28 000 U/min ist hoch genug, um auch mit kleinsten Fräs- und Gravierstiften zügig arbeiten zu

Kleiner geht's nicht: Microtool im Vergleich zu einem „normalen" Akkugerät.

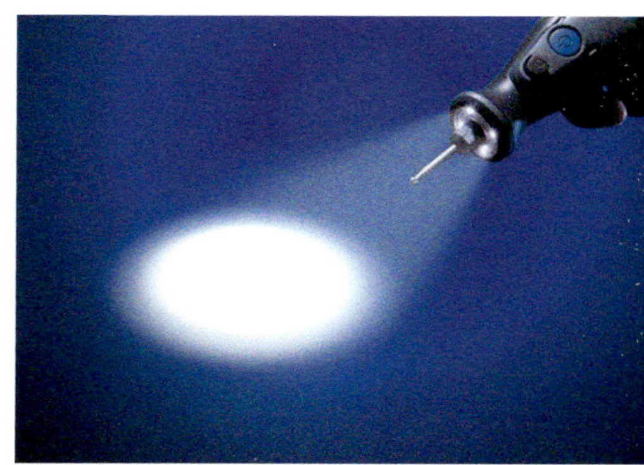

LED-Arbeitsleuchte am Microtool.

Präzisionshandgriff.

Sichere und präzise Führung bei diffizilen Arbeiten.

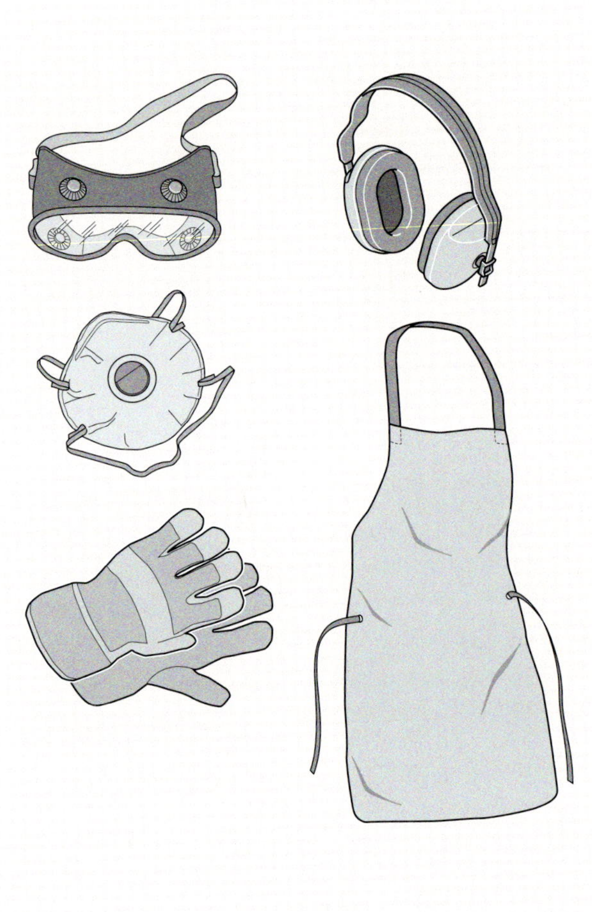

Die persönliche Sicherheitsausrüstung.

können. Akkubetrieben sind Microtools besonders handlich und leicht. Eine LED-Beleuchtung des Arbeitsfeldes trägt zum Komfort bei, wenn es um präzise Bearbeitung geht.

Ergonomie

Die Multifunktionsgeräte sind stabförmig. Werkzeugspindel und Motor, bei Akkuwerkzeugen auch der Akku, sind in einer Linie hintereinander angeordnet. Das Maschinengehäuse dient dabei gleichzeitig als Handgriff. Die Geräte werden bei der Anwendung wie eine Taschenlampe gehalten. In den meisten Fällen ist diese Handhabung zweckmäßig. Allerdings gibt es auch Arbeitsaufgaben, die eine hochpräzise Maschinenführung erforderlich machen. Als Beispiel seien hier das Gravieren, Schnitzen und vor allem Restaurierungsarbeiten genannt. Geringe Abweichungen in der Führung können zur Beschädigung des Werkstücks führen und die oft stundenlange Arbeit zunichtemachen. Für solch diffizile Anwendungen hat sich der Präzisionshandgriff bewährt. Er wird vorne am Gerätehals befestigt und ist so gestaltet, dass die Maschinenführung bequem und ermüdungsarm über die Daumenbeuge erfolgt.

Sicherheit

Die Multifunktionswerkzeuge sind klein, kompakt und handlich. Durch diese Eigenschaften lassen sie sich sehr sicher halten, bedienen und führen. Dies darf allerdings nicht zum Leichtsinn verführen. Multifunktionswerkzeuge sind und bleiben Maschinenwerkzeuge. Prinzipiell muss deshalb stets mit einer persönlichen Sicherheitsausrüstung gearbeitet werden, die an die entsprechende Arbeitsaufgabe angepasst ist. Zu einer solchen Sicherheitsausrüstung gehören beispielsweise:

→ Schutzbrille
→ Schutzhandschuhe
→ Gehörschutz
→ angepasste Kleidung

Besonders der Kleidung sollte Aufmerksamkeit geschenkt werden, und zwar auch dann, wenn nur mal schnell eine Kleinigkeit erledigt werden soll. Krawatten, Schals und baumelnde Schmuckstücke haben bei der Arbeit nichts zu suchen, sie sind eine potenzielle Gefahrenquelle. Wenn sie von rotierenden Maschinenteilen erfasst werden, kann das zu bösen Verletzungen führen. Bei Arbeiten mit hohem Staubanteil ist stets ein Atemschutz notwendig.

Spannsysteme der Multifunktionswerkzeuge

Multifunktionswerkzeuge arbeiten mit Rotation. Die Einsatzwerkzeuge verfügen deshalb über einen zylindrischen Werkzeugschaft. Dieser wird in der Werkzeugaufnahme des Gerätes eingespannt. Hierzu gibt es die zwei Möglichkeiten:

→ Bohrfutter
→ Spannzange

Bohrfutter

Das Bohrfutter entspricht dem von Bohr- und Schlagbohrmaschinen bekannten Dreibackenfutter. Es ist

Bohrfutter für das Multifunktionswerkzeug.

in der Größe und der Drehzahlfestigkeit an die Multifunktionswerkzeuge angepasst. Der Spannbereich reicht für Schaftdurchmesser von 0,4 bis 3,2 mm. Das Festziehen und Lösen des Bohrfutters geschieht mit der Hand und ohne zusätzliches Werkzeug bei blockierter Werkzeugspindel.
Es kommt zur Anwendung, wenn häufig Einsatzwerkzeuge mit unterschiedlichem Schaftdurchmesser gespannt werden.

Spannzangen

Mit Spannzangen kann immer nur ein bestimmter Schaftdurchmesser gespannt werden. Für die unterschiedlichen Schaftdurchmesser der Einsatzwerkzeuge muss man deshalb die jeweils passende Spannzange in die Werkzeugaufnahme des Gerätes einsetzen. Die Spannzangen werden mit einer Überwurfmutter festgezogen.
Ein Vorteil der Spannzange ist eine bessere Rundlaufgenauigkeit. Sie wirkt sich besonders bei sehr hohen Drehzahlen positiv aus. Der Lauf ist ruhiger und vibrationsfreier als mit dem Backenfutter. Hierdurch ist eine wesentlich präzisere Maschinenführung möglich, wenn man an filigranen Werkstücken arbeitet.
Entsprechend der unterschiedlichen Schaftdurchmesser der Einsatzwerkzeuge gibt es Spannzangen mit Spanndurchmessern von 0,8, 1,6, 2,4 und 3,2 mm.
Spannzangen kommen bei Präzisionsarbeiten und bei höchsten Drehzahlen zur Anwendung.

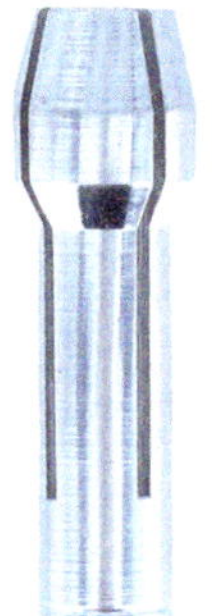
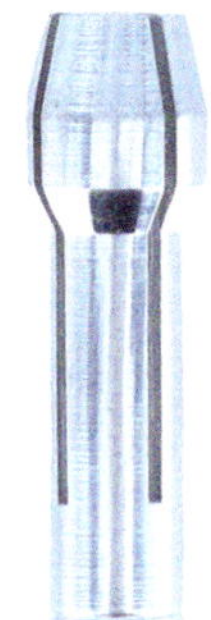
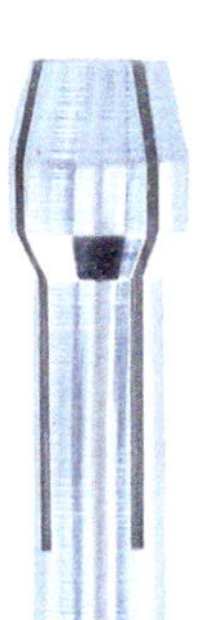

Spannzangen für das Multifunktionswerkzeug.

Spannschaft und Werkzeug bilden eine komplette Einheit.

Spannschaft mit Schraube.

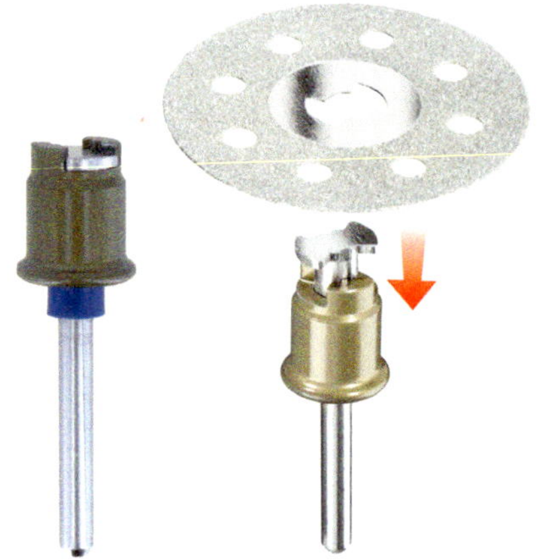

Werkzeugloser Spannschaft EZ Speed-Clic.

Spannschaft mit Schraubdorn.

Spannschaft mit Gummizylinder und Schraube.

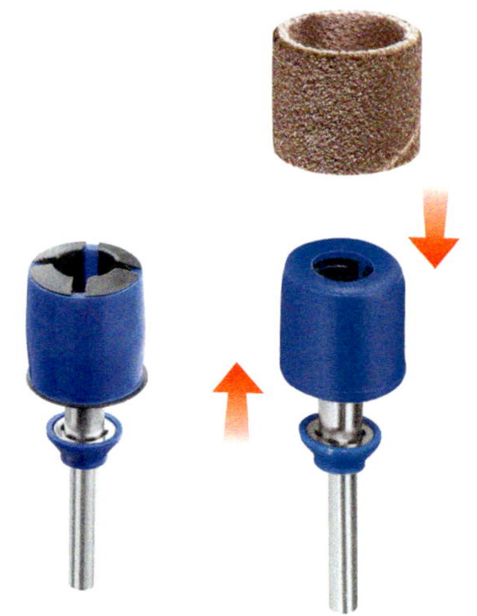

Werkzeugloser Spannschaft mit Gummizylinder.

Spannsysteme der Einsatzwerkzeuge

Bei den Einsatzwerkzeugen gibt es einteilige und mehrteilige Arten. Bei einteiligen Einsatzwerkzeugen bilden das Arbeitswerkzeug und der Schaft eine Einheit. Typische Beispiele hierfür sind Bohrer, Fräser, Fräsmesser, rotierende Feilen, Schleifscheiben und Schleifstifte.
Mehrteilige Einsatzwerkzeuge kommen immer dann zur Anwendung, wenn das Arbeitswerkzeug einem hohen Verschleiß unterworfen ist und sich seine Abmessungen durch die Abnützung verringern. Typische Beispiele hierfür sind Trennscheiben, Schleifhülsen, Polierscheiben, Sägeblätter und Feinschleifscheiben. Diese Arbeitswerkzeuge sind aus-

wechselbar und werden beim Austausch auf dem Spannschaft befestigt. Die Befestigung erfolgt

→ durch Schraubbefestigung und Schraubendreher
→ durch ein werkzeugloses Spannsystem (EZ SpeedClic)

Das werkzeuglose Spannsystem erleichtert den Wechsel des Arbeitswerkzeugs erheblich, was beispielsweise bei den sich schnell verbrauchenden Trennscheiben eine spürbare Zeitersparnis bedeutet.
Für die Verwendung von Polierfilzen gibt es noch eine weitere Spannmöglichkeit. Für diese Arbeitswerkzeuge hat der Spannschaft an der Spitze einen Schraubdorn mit Holzschraubengewinde, auf das man den Polierfilz aufgedreht.
Schleifhülsen werden auf einen Gummizylinder gesteckt. Die Befestigung erfolgt durch eine Schraube, die beim Eindrehen den Gummizylinder spreizt und dadurch die Schleifhülse fixiert. Eine Variante der Schleifhülse spannt werkzeuglos.

Systemzubehör

Durch das Systemzubehör wird der Einsatzbereich der Multifunktionswerkzeuge erheblich erweitert. Hierdurch werden die Anwendungen

→ Fräsen
→ Sägen
→ Stationärbetrieb

ermöglicht und auch Anwendungen durch Parallel- und Winkelanschläge, Handgriffe, Schärfvorsätze und biegsame Wellen wesentlich erleichtert.
Das zur Arbeitsaufgabe passende Systemzubehör wird bei den jeweiligen Anwendungen beschrieben.

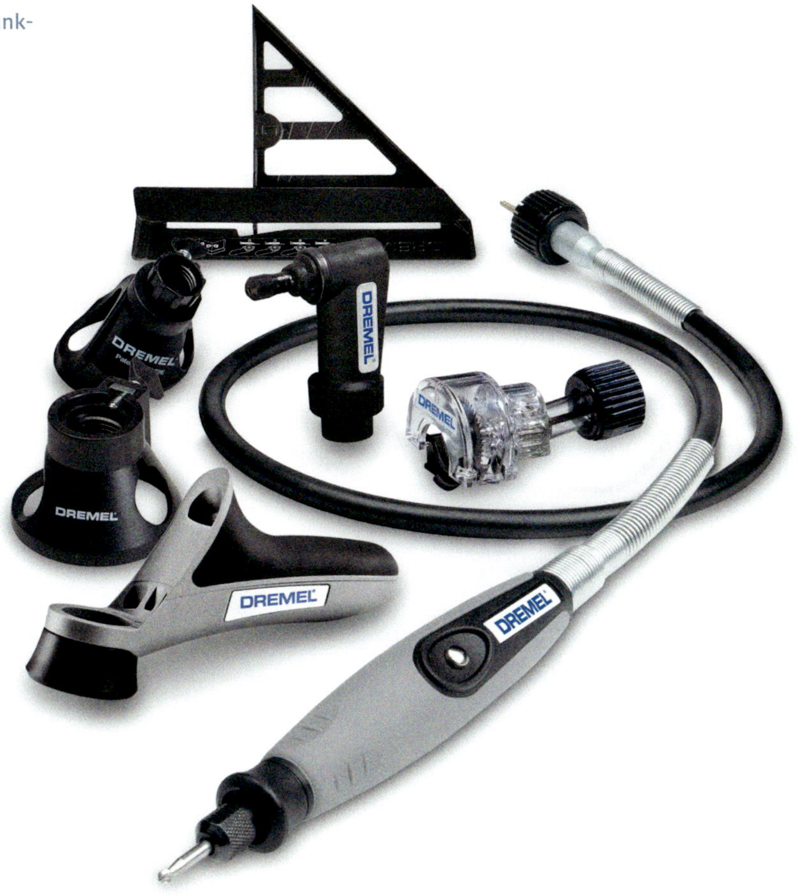

Systemzubehör des Multifunktionswerkzeugs.

Bohren ist eine der häufigsten Arbeiten im Heimwerkerbereich. Das wird schon daran deutlich, dass sich in über 95 % der Haushalte eine Bohrmaschine befindet. Für feinste Bohrarbeiten sind diese Maschinen, egal ob für Netz- oder Akkubetrieb, aber definitiv zu groß. Das merkt man spätestens, wenn man mit Bohrern bohren will, deren Durchmesser 1 mm oder weniger beträgt. In diesen Fällen ist das Multifunktionswerkzeug wesentlich besser geeignet.

Bohren

Bohrausrüstung

Die Ausrüstung zum Bohren besteht aus dem Multifunktionswerkzeug als Basisgerät. Die Bohrer werden entweder mit der Spannzange oder dem Backenfutter gespannt. Für Bohrungen in beengten Arbeitssituationen kann ein Winkelvorsatz verwendet werden. Für exakte Bohrungen, bei denen es auf winkelgenaues, präzises Bohren ankommt, kann das Multifunktionswerkzeug in einem Bohrständer verwendet werden.

Einsatzwerkzeuge

Die Einsatzwerkzeuge zum Bohren sind prinzipiell dieselben wie bei den „normalen" Elektrowerkzeugen. Sie unterscheiden sich lediglich durch die geringeren Durchmesser.
Die Bohrerdurchmesser für Multifunktionswerkzeuge reichen von 0,8 bis 6 mm bei einem Schaftdurchmesser von 0,8 bis 3,2 mm.
Stimmt der Schaftdurchmesser mit einem Spannzangendurchmesser überein, sollte stets die Spannzange verwendet werden, weil sie prinzipbedingt eine höhere Rundlaufgenauigkeit hat. Bei davon abweichenden Schaftdurchmessern muss man ein Backenfutter verwenden. Diese Spannfutter haben ein Spannvermögen für Durchmesser von 0,4 bis 3,2 mm.

TIPP 

Bohrer sollten niemals in der Nähe von Magnetwerkstoffen, beispielsweise magnetischen Schrauberbithaltern, gelagert werden. Sie werden sonst magnetisiert und die beim Bohren von Stahl anfallenden Späne bleiben am Bohrer haften und sind nur schwer zu entfernen.

Bohrer für Metall

Die Bohrer gleichen den üblichen Spiralbohrern und haben Durchmesser bis 3,2 mm. Der Schaftdurchmesser entspricht stets dem Bohrdurchmesser. Die Bohrer sind außer für Metall auch für Kunststoffe und Holzwerkstoffe geeignet. Beim Bohren von Metall ist die Wahl der richtigen Drehzahl wichtig. Generell gilt:

- → je kleiner der Bohrerdurchmesser, desto höher die Drehzahl
- → je größer der Bohrerdurchmesser, desto kleiner die Drehzahl
- → je härter der Werkstoff, desto niedriger die Drehzahl
- → je weicher der Werkstoff, desto höher die Drehzahl

Das Bohren in Metall ist unproblematisch, sollte aber mit angepassten Drehzahlen erfolgen. Sehr hohe Drehzahlen, wie sie beispielsweise beim Schleifen verwendet werden, können beim Bohren zur Überhitzung der Bohrerspitze führen. Der Bohrer wird dadurch unbrauchbar.
Das Bohren von zähharten Edelstählen mit den extrem kleinen Bohrdurchmessern ist problematisch. Es sollte stets die niedrigste Drehzahl gewählt werden und mit relativ starkem Andruck gebohrt werden. Ein Kühlmittel ist unerlässlich. Aber auch bei aller Vorsicht werden gelegentliche Bohrerbrüche nicht ausbleiben!

TIPP

Wegen der hohen Mindestdrehzahlen der Multifunktionswerkzeuge sollte beim Bohren in Metall der Bohrer gekühlt werden. Hierzu stellt man einen kleinen Napf bereit, der mit Öl, vorzugsweise mit zähem Lebensmittelöl, gefüllt ist. In dieses Öl taucht man den rotierenden Bohrer von Zeit zu Zeit. Neben der Kühlwirkung bewirkt der Schmiereffekt des Öls, dass die Späne nicht die winzigen Spannuten verstopfen.

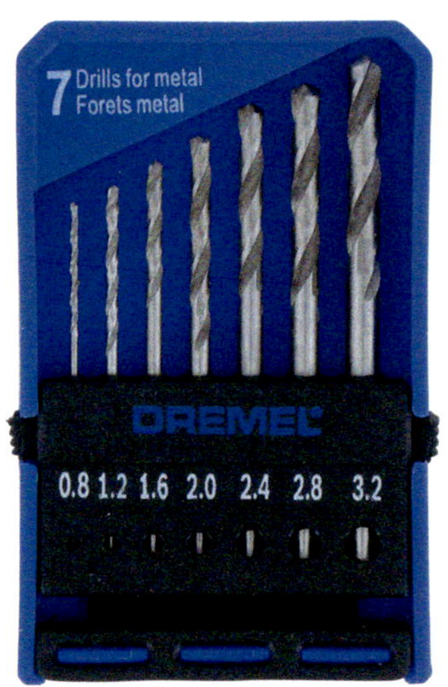

Bohrer für Metall und Kunststoffe.

Bohrer für Holz.

Bohrer für Holz

Die Bohrer für Holzwerkstoffe entsprechen den Spiralbohrern für Holz und haben eine Zentrierspitze für punktgenaues Ansetzen. Sie sind auch für Thermoplaste geeignet. Für Metall können sie nicht verwendet werden, weil dann die Zentrierspitze sofort beschädigt wird.
Die bei Multifunktionswerkzeugen verwendeten Bohrer für Holz haben bei Bohrdurchmessern von 3 bis 6 mm einen einheitlichen Schaftdurchmesser von 3,2 mm, weshalb sie alle mit derselben Spannzange gespannt werden können.

Bohrer für Glas und Keramik

Die Bohrer für Glas und Keramikwerkstoffe sind diamantbestückt. Die Bohrdurchmesser betragen 3,2 mm und 6,3 mm. Beim Bohren von Glas sollte mit einem Kühlmittel gearbeitet werden, das man mit einer Pipette auf die Bohrstelle tropft. Als Kühlmittel nimmt man am besten ein geeignetes Schneidöl. Ersatzweise hat sich Petroleum bewährt. Wasserbasierte Kühlmittel sollten nicht verwendet werden, weil sie zu Rost am Bohrer führen.

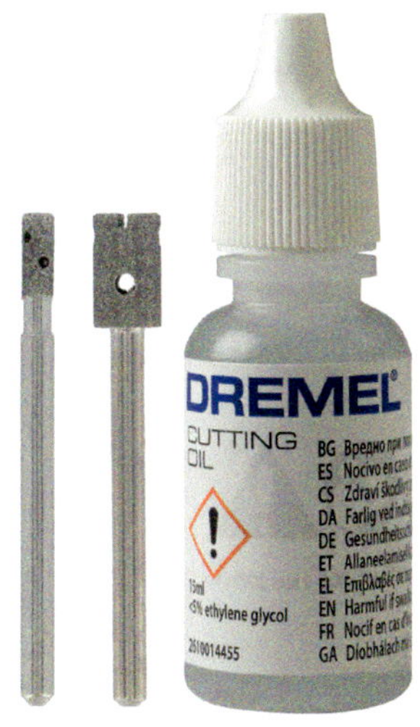

Diamantbohrer und Schneidöl.

Bohrpraxis

Bohren wird als einfache Tätigkeit angesehen. Aber auch hier kann es im Detail Probleme geben, die zu Misserfolgen führen. Einige bewährte Tricks helfen, Fehler zu vermeiden und ein ordentliches Arbeitsergebnis zu sichern.
Mit dem Multifunktionswerkzeug werden vorwiegend Bohrungen mit kleinen Durchmessern hergestellt. Je kleiner der Bohrdurchmesser ist, umso höher muss die Drehzahl des Bohrers sein. Als Richtwerte sollte man bei 1 mm Durchmesser nicht höher als etwa 10 000 U/min, bei 3 mm Durchmesser und größer auf die kleinste Drehzahl des Werkzeugs (meist etwa 5000 U/min) einstellen.

Exaktes Anbohren

Die Problematik ist bekannt: Statt an der gewünschten Stelle in das Material einzudringen, verläuft der Bohrer und beschädigt unnötigerweise dabei auch noch die Werkstückoberfläche. Um das zu verhindern, wird die Bohrstelle vorher angekörnt. Hierzu bedient man sich des Körners, der mit einem leichten Hammerschlag eine Vertiefung erzeugt, durch die der Bohrer beim Ansetzen sicher zentriert wird.

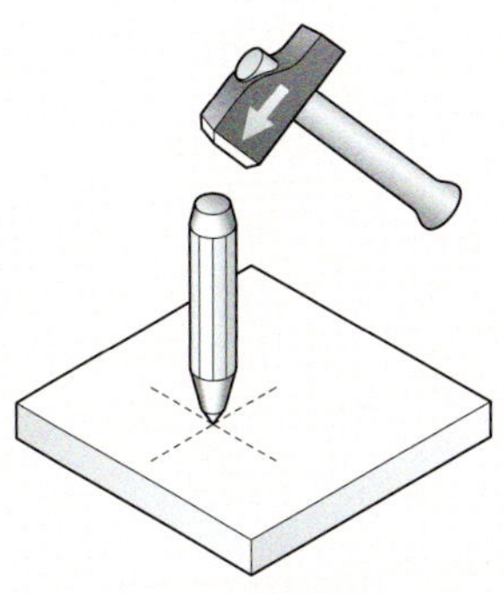

Ankörnen auf Anrisslinien

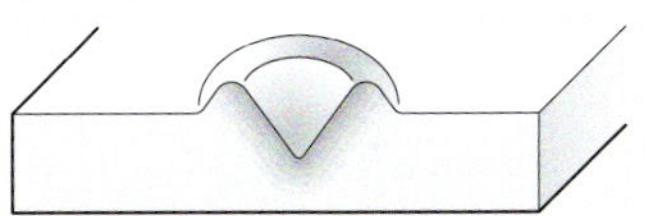

Körnerspitze erzeugt eine Vertiefung in der Oberfläche

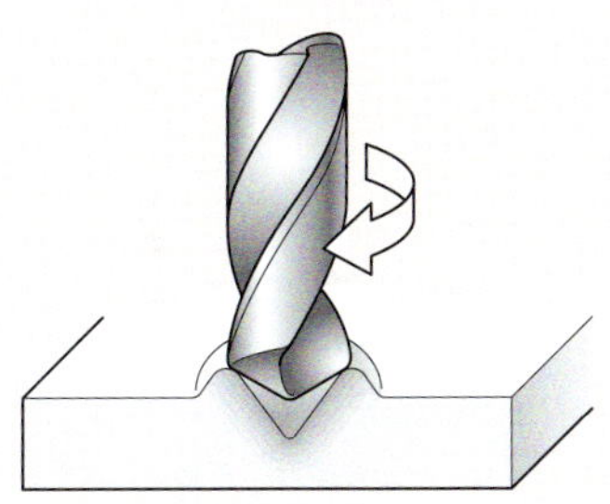

Bohrer wird durch die Vertiefung zentriert

Ankörnen zentriert den Bohrer.

Leider lässt sich nicht jeder Werkstoff ankörnen. Spröde Materialien wie Glas, Porzellan oder Steingut zerspringen, bei GFK, CFK und Laminatoberflächen erzeugt der Körnerschlag Haarrisse und weiche Werkstoffe wie Elastomere ermöglichen keinen bleibenden Eindruck.
Was also tun, wenn das Material kein Ankörnen zulässt, man aber dennoch punktgenau bohren möchte? Die Lösung ist einfacher als gedacht: Man verwendet ein Klebeband!
Auf die vorgesehene Bohrstelle klebt man ein stabiles Klebeband. Es muss ein dickes Gewebeklebeband sein,

Acrylglas bohren

Statt Ankörnen dickes Klebeband verwenden und mit dünnem Bohrer vorbohren. Der Bohrer zentriert im Klebeband.

Klebeband als Zentrierhilfe.

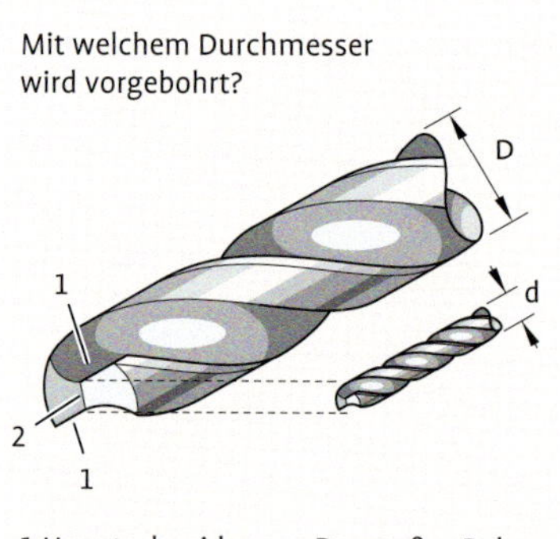

1 Hauptschneiden D = großer Bohrer
2 Querschneide d = kleiner Bohrer

Beim Vorbohren soll der Durchmesser des kleineren Bohrers der Querschneidenlänge des großen Bohrers entsprechen.

Ermittlung des Durchmessers beim Vorbohren.

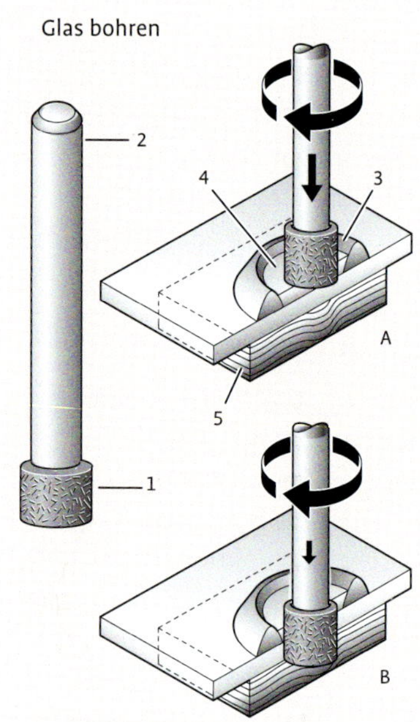

1 Diamant-Bohrkopf
2 Schaft
3 Ring aus Knetmasse
4 Kühlmittel
5 Unterlage

A Anbohren mit mäßigem Druck
B Durchbohren mit sehr geringem Druck

So bleibt das Kühlmittel an Ort und Stelle.

Bohren einer Glasflasche.

umgangssprachlich „Panzerband" oder „Gafferband" genannt. Ein Filmklebeband ist zu dünn, damit geht es nicht. Auf dem Klebeband zeichnet man die Bohrstelle an und setzt dann den Bohrer bei ausgeschalteter Maschine genau an dieser Stelle an. Anschließend fährt man mit der Drehzahl langsam hoch. Das Klebeband gibt dem Bohrer genügend Anfangsführung, um punktgenau einzudringen.
Diese Methode eignet sich für Bohrer mit kleinem Durchmesser bis ca. 2 mm. Wenn das Loch größer sein soll, empfiehlt es sich, trotzdem zunächst mit einem kleineren Bohrer vorzubohren und dann erst mit dem größeren Durchmesser aufzubohren.

Vorbohren

Das bereits erwähnte Zentrieren des Bohrers an der Bohrposition geht umso genauer, je kleiner der Bohrerdurchmesser ist. Wenn es also um Präzision gehen muss, empfiehlt es sich, mit einem dünnen Bohrer vorzubohren und erst dann das Bohrloch mit dem gewünschten Durchmesser aufzubohren.
Allerdings gibt es auch hier Möglichkeiten, etwas falsch zu machen. Wenn man beispielsweise mit 3 mm vorbohrt, um dann mit 3,4 mm aufzubohren, greift der Bohrer beim Aufbohren sehr aggressiv, was ein ungenaues Bohrloch zur Folge hat. Der Durchmesser des Vorbohrers muss also in einem bestimmten Verhältnis zu dem des Fertigbohrer stehen. In der Grafik ist dargestellt, wie man den Durchmesser des Vorbohrers auswählt.

Glas bohren

Bei der Verwendung von Diamantbohrern muss bei sehr hartem Gestein und vor allem beim Bohren von Glas ein Kühlmittel verwendet werden, das man auf die Bohrstelle tropft. Damit das Kühlmittel nicht wegläuft, kann man folgenden Trick anwenden: Man formt aus Knetmasse oder aus Kaugummi einen kleinen Rand um die Bohrstelle. In diesem „Kratersee" bleibt die Kühlflüssigkeit genau an der Bohrstelle.

In Ecken bohren

Um die Ecke bohren kann man noch nicht, aber in Ecken und anderen beengten Arbeitssituationen muss man manchmal schon bohren. Wenn auch die Multifunktionswerkzeuge kleiner als normale Elektrowerkzeuge sind, so gibt es doch Arbeitsaufgaben, in denen selbst sie zu groß sind. Für diese Fälle ist ein Winkelvorsatz das passende Zubehör.
Der Winkelvorsatz wird auf das Multifunktionswerkzeug aufgesetzt und mit einer Überwurfmutter befestigt. Er kann dabei in 12 unterschiedlichen Positionen fixiert werden, wodurch ein besonders ergonomisches und wenig ermüdendes Arbeiten möglich ist. Aber auch bei normalen Arbeitsfällen, beispielsweise beim Trennen von Werkstücken, ist die Anwendung des Winkelvorsatzes oft günstiger, als das Trennwerkzeug direkt einzuspannen.

Der Winkelvorsatz im Einsatz.

Der Winkelvorsatz.

Auch beim Trennen ist der Winkelvorsatz praktisch.

Bohrständer für Multifunktionswerkzeuge.

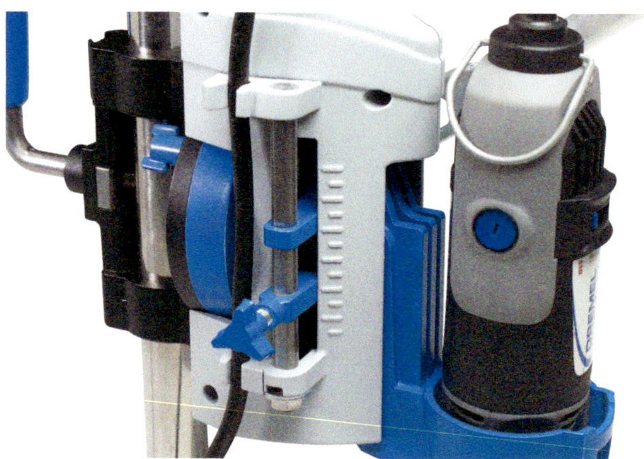

Tiefenanschlag und Schwenkvorrichtung des Bohrständers.

Schrägbohren.

Senkrechtbohren.

Multifunktionswerkzeug im Bohrständer – eine kleine Säulenbohrmaschine.

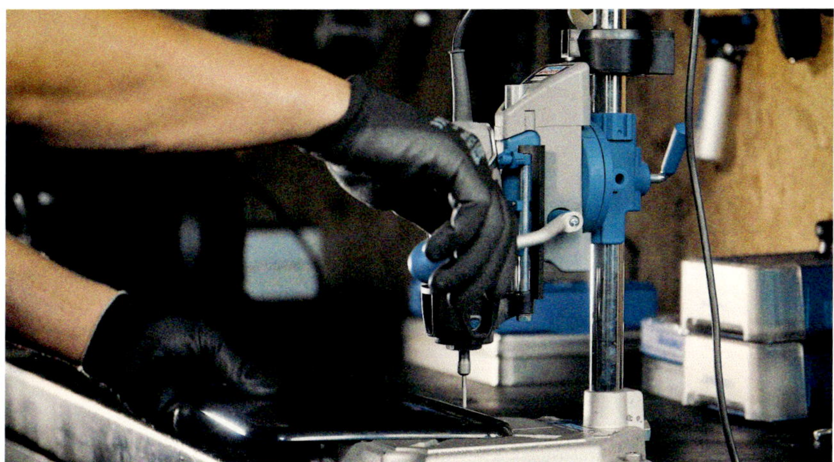

Mit dem Bohrständer wird jede Bohrung präzise.

Stationäres Bohren

Das Multifunktionswerkzeug ist als Bohrmaschine kompakt, handlich und, besonders als Akkugerät, überall einsetzbar. Leider hat es wie alle handgeführten Bohrmaschinen einen Nachteil: Die Arbeitsqualität hängt vom Anwender ab, der die Maschine ja freihändig führt. Typisch ist ein leichtes Verkanten beim Ansetzen oder beim Bohren. In der Praxis bedeutet dies, dass in fast allen Fällen das Bohrloch nicht exakt im rechten Winkel zur Werkstückoberfläche verläuft. Das ist oft nicht tragisch, aber wenn Werkstücke dicker sind, miteinander verschraubt oder Gewinde in die Bohrlöcher geschnitten werden sollen, muss das Bohrloch winkelgenau sein. Um dies zu erreichen, gibt es eine bewährte Möglichkeit, präzise zu bohren, indem man das Multifunktionswerkzeug im Bohrständer einspannt.

Die Säulenführung und der Bohrtiefenanschlag sind für präzises Bohren im stationären Betrieb optimiert. Durch die schwenkbare Halterung des Multifunktionswerkzeugs kann exakt im Winkel von 90° oder in Stufen von 15° schräg bis zur Horizontalen gebohrt werden.

Der Bohrständer ist so vielseitig einsetzbar, dass es sich lohnt, sich ein zusätzliches Multifunktionswerkzeug anzuschaffen und ständig im Bohrständer montiert zu lassen. Auf diese Weise hat man stets eine einsatzbereite Tischbohrmaschine zur Verfügung.

Schleifen dient meist dem Verbessern der Oberfläche, sei es das Entfernen von Unebenheiten, das harmonische Gestalten von Konturen oder das Entgraten von Ecken und Kanten. Eine Sonderform des Schleifens ist das Schärfen. Fast alle festen Materialien können geschliffen werden, lediglich bestimmte Materialtypen wie Elastomere lassen sich gar nicht oder nur mit hohem technischem Aufwand schleifen. Die Schliffgüte (Schleifqualität) hängt ab vom gewählten Schleifmittel, vom gewählten Schleifprinzip und von der Praxiserfahrung des Anwenders.

Schleifen

Schleifmittel

Die Schleifmittel bestehen meist aus einem der folgenden Materialien:

- → Siliciumcarbid
- → Aluminiumoxid
- → Hartmetallgranulat
- → Diamant

Entsprechend ihren Eigenschaften haben die Schleifmittel spezifische Einsatzfelder. Für den optimalen Einsatz wählt man das Schleifmittel nach dem zu bearbeitenden Werkstoff aus. Bei falscher Auswahl hat man nicht den gewünschten Arbeitsfortschritt oder das Schleifmittel nützt sich zu schnell ab oder verstopft.
Neben dem eigentlichen Schleifmittel ist auch dessen Aufbau im Schleifwerkzeug wichtig. Je nach der Bindung des Schleifmittels im Trägermaterial kann ein und dasselbe Schleifmittel unterschiedliche Wirkung haben.

Siliciumcarbid

Siliciumcarbid besitzt eine harte, scharfkantige Struktur und eignet sich besonders zum Bearbeiten harter und zäher Werkstoffe, aber auch für Gestein, Lacke und Kunststoffe. Kennfarben: Braun, Grau, Grün.

Aluminiumoxid

Aluminiumoxid (Edelkorund) ist sehr hart und zäh. Es eignet sich besonders zur Bearbeitung langspanender Werkstoffe wie Holz und Metall. Kennfarben: Weiß, Rosa.

Hartmetallgranulat

Hartmetallgranulate bestehen aus scharfen Splittern von Wolframkarbid auf einer Unterlage. Sie sind sehr widerstandsfähig und ermöglichen einen schnellen Arbeitsfortschritt in weichen Werkstoffen und in Steinwerkstoffen wie z. B. Ziegel und Mörtel.

Diamanten

Diamanten sind die härtesten Schleifmittel. In der Regel werden Industriediamanten verwendet. Sie sind in Form kleinster Kristalle oder Splitter in eine Trägersubstanz eingebettet. Mit ihnen bearbeitet man Hartgestein, Keramik und Glas. Für Metall eignen sie sich nicht, weil die entstehenden hohen Temperaturen die Diamantbeschichtung zerstören.

Welche Schleifwerkzeuge gibt es?

Es gibt Schleifwerkzeuge auf Unterlage und Schleifwerkzeuge ohne Unterlage.
Bei Schleifwerkzeugen auf Unterlage ist das Schleifmittel auf der Oberfläche eines Trägermaterials aufgebracht. Das Trägermaterial überträgt die Bewegung des Antriebswerkzeugs auf das Schleifmittel und gibt ihm mechanischen Halt. Wenn das Schleifmittel abgestumpft, ausgebrochen oder verstopft ist, ist das Schleifmittel verbraucht. Typische Schleifwerkzeuge auf Unterlage für Multitools sind:

- → Schleifhülsen
- → Fächerschleifscheiben
- → Schleifvliese

Bei Schleifwerkzeugen ohne Unterlage ist das Schleifmittel mit einem geeigneten Bindemittel und eventuellen Trägersubstanzen geformt und verfestigt und stellt so eine schleifende und lastaufnehmende Einheit dar. Bei der Anwendung werden Schleifmittel und Trägersubstanz gleichzeitig abgenutzt, wodurch das Schleifmittel seine geometrischen Abmessungen ändert (es wird kleiner). Die Umfangsgeschwindigkeit und damit der Arbeitsfortschritt gehen zurück. Wenn durch den Verschleiß die Umfangsgeschwindigkeit unwirtschaftlich gering wird, ist das Schleifmittel verbraucht. Schleifwerkzeuge ohne Unterlage können unterschiedliche Formen haben. Typisch sind:

- → Schleifscheiben
- → Schleifstifte

Bei der Auswahl der Schleifmittel muss darauf geachtet werden, dass es zu dem zu bearbeitenden Werkstoff passt. Speziell bei Metallen wie Stahl, rostfreiem Stahl und Aluminium ist die Auswahl wichtig. Wird das falsche Schleifmittel benützt, dann ist entweder die Abnützung zu hoch oder eine Bearbeitung nicht möglich.

Schleifhülsen

Schleifhülsen werden auf eine Gummiwalze aufgezogen. Durch die bei Rotation entstehenden Fliehkräfte dehnt sich die Gummiwalze aus und spannt dadurch die Schleifhülse fest. Die Abmessungen und damit Umfangsgeschwindigkeit und Arbeitsfortschritt bleiben bis zum endgültigen Verschleiß unverändert. Schleifhülsen sind für den

Schleifdorn mit Schraubbefestigung.

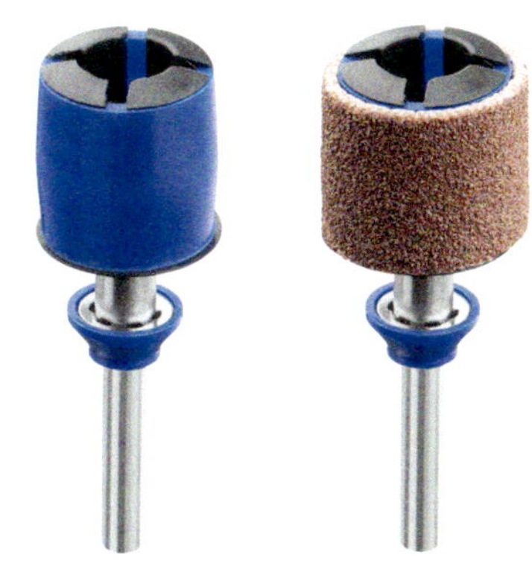

Schleifdorn mit Click-Befestigung.

Schleifhülsen.

Oberflächenschliff gut geeignet. An scharfen Kanten können sie jedoch aufgetrennt werden. Je nach Arbeitsaufgabe wird Körnung 60 bzw. 120 verwendet, wobei die feine Körnung vorwiegend für Metall, die grobe Körnung für Holz verwendet wird.

TIPP 

Die Abnützung des Schleifkorns erfolgt drehrichtungsabhängig. Abgestumpfte Schleifhülsen kann man von der Gummiwalze abziehen und umgekehrt wieder aufstecken, wodurch sich die Gesamtgebrauchsdauer etwas verlängert, aber nur, wenn die Schleifhülse nicht zu sehr abgenützt war.

Grobschliff mit der Schleifhülse.

Fächerschleifer

Beim Fächerschleifer sind die Schleifblattlamellen radial zum Schaft angeordnet. Hierdurch entsteht ein zylindrischer, radförmiger Schleifkörper, der mit niedriger bis mittlerer Drehzahl verwendet wird. Fächerschleifer eignen sich für den Flächen- und Kantenschliff. Generell sind sie für nicht keramischen Werkstoffe geeignet, besonders gut sind sie in der Holzbearbeitung verwendbar. Es gibt sie in verschiedenen Breiten. Wegen ihres relativ großen Durchmessers darf die angegebene Höchstdrehzahl nicht überschritten werden.
Während des Betriebs ändern Fächerschleifer durch Abnützung ihre Abmessungen. Mit kleiner werdendem Durchmesser geht auch die Umfangsgeschwindigkeit zurück, zum Ausgleich kann die Drehzahl des Gerätes erhöht werden.

Fächerschleifer.

Schleifvliese

Schleifvliese stellen eine Sonderform der Schleifmittel dar. Bei ihnen ist das Bindemittel aus Kunststoff zugleich die Trägersubstanz, die dem Schleifkörper die Form gibt. Das Schleifmittel ist im Kunststoff ähnlich wie in einem Schwamm eingelagert und wird bei der Berührung mit dem Werkstück freigelegt. Das Schleifvlies hat die Gestalt eines losen Gewirkes und kann in den Zwischenräumen Schleifstaub und Schleifmittelabrieb aufnehmen und von der Werkstückoberfläche abhalten. Das Schleifvlies ist sehr weich und elastisch und eignet sich deshalb besonders gut

Schleifvlies.

- → für die Fein- und Feinstbearbeitung
- → für komplex geformte Werkstückoberflächen

Scharfe Kanten und Ecken sollte man mit dem Schleifvlies nicht bearbeiten, weil dadurch das weiche

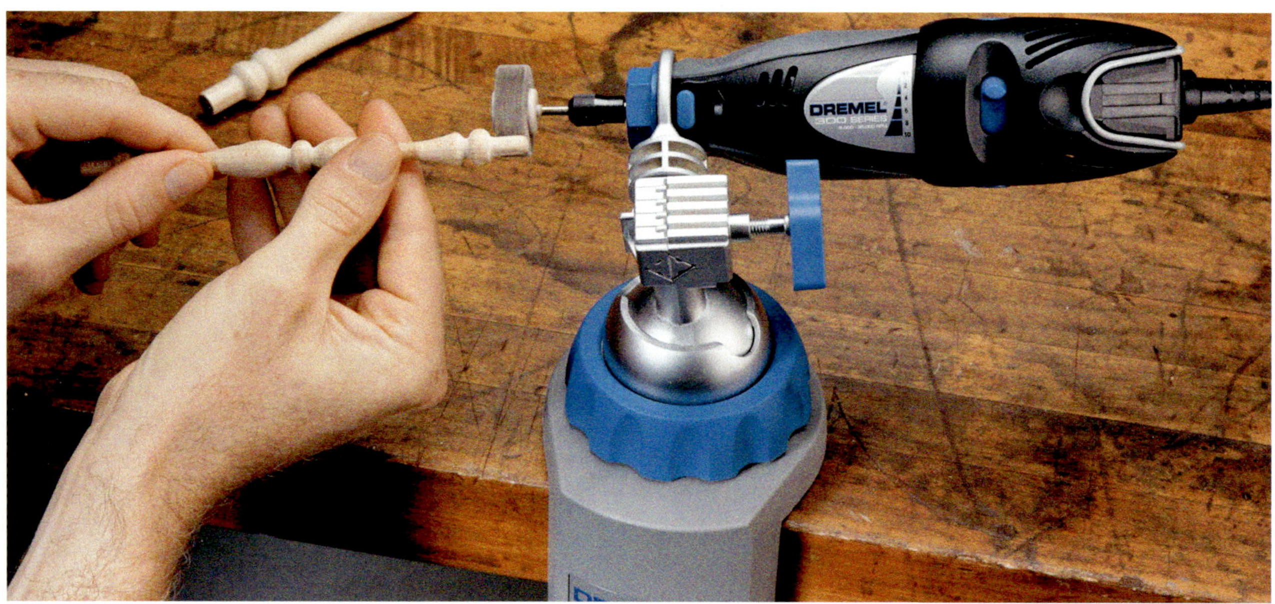

Feinarbeit mit dem Fächerschleifer.

Feinschliff mit den Schleifvlies.

Schleifvlies zerschnitten wird. Auch bei groben Oberflächen wird das Schleifvlies sehr schnell abgenützt. Man sollte es also wirklich nur für feinste Schleifarbeiten verwenden.

Die verfügbaren Körnungen sind 180, 280 und 320, wobei die feinste Körnung 320 zur Vorbehandlung dient, wenn das Werkstück später poliert werden soll.

Reinigen mit der Schleifbürste.

Schleifbürsten

Bei den Schleifbürsten ist das Schleifmittel in die Borsten eingelagert. Die Borsten sind hochflexibel und passen sich der Kontur des Werkstücks hervorragend an, wodurch sich ein sehr sanfter und feiner Schliff ergibt. Die verfügbaren Körnungen von 36, 120, 220 ermöglichen hohen Arbeitsfortschritt bis hin zum Feinschliff.

Schleifbürsten.

Schleifscheiben und Schleifstifte

Während die zuvor genannten Schleifmittel für alle Werkstoffe geeignet sind, werden Schleifscheiben und Schleifstifte fast ausschließlich für die Metallbearbeitung verwendet.
Das Schleifmittel ist fest mit dem Werkzeugschaft verbunden und hat die Form eines Rades, eines Zylinders oder Kegels. Mit diesen Formen lassen sich alle Schleifarbeiten, auch bei komplexen Werkstückformen, ausführen. Die Abmessungen sind unterschiedlich. Schleifscheiben mit großem Durchmesser werden mit niedrigeren Drehzahlen betrieben, Schleifstifte mit geringem Durchmesser stets mit der Höchstdrehzahl.

Schleifpraxis

Beim Schleifen beginnt man im Normalfall mit grober Körnung und wählt dann bei jedem folgenden Durchgang eine feinere Körnung. Als Faustregel verwendet man mit jedem weiteren Arbeitsgang eine doppelt so feine Körnung.
Beispiel: Körnungsfolge
40 – 80 – 180 – 360 – 600 – 1200
Mit welcher Körnung man beginnt, hängt natürlich von der Güte der vorhandenen Oberfläche ab. Eine bereits hochwertige Oberfläche wird keineswegs mit grober Körnung bearbeitet. Im Zweifelsfall beginnt man dann mit einer feinen Körnung an einer Materialprobe und sieht sich das Ergebnis an. Ist die Oberfläche schlechter geworden, war die Körnung zu grob.

Schleifen von Holzwerkstoffen

Naturhölzer haben immer eine gerichtete Struktur (Faserrichtung). Wenn quer zur Faserrichtung geschliffen wird, hat man eine hohe Abtragsleistung, aber eine raue Oberflächenqualität. Beim Schleifen längs der Faserrichtung erreicht man die beste Oberflächengüte.

Holzwerkstoffe sind relativ weich und haben deshalb eine empfindliche Oberfläche. Wenn das Werkzeug beim partiellen Schleifen abrutscht, wird die Oberfläche geschädigt. Wenn man nur einen kleinen Teil des Werkstücks schleifen möchte, sollte man die angrenzenden Oberflächen bei der Bearbeitung schützen, beispielsweise durch ein breites Gewebeklebeband.

Schleifen von Kunststoffen

Kunststoffe werden meist als Plattenmaterial oder Halbzeug geliefert und haben deshalb bereits eine sehr gute Oberfläche. Wie bei der Holzbearbeitung sollte die an den Schleifbereich grenzende Oberfläche bei der Bearbeitung geschützt werden. Zu langes Verweilen an einer Stelle kann bei hochtourigen Schleifmitteln zu örtlicher Überhitzung führen. Das führt zu angeschmolzenen Stellen, die nur schwer oder gar nicht mehr zu entfernen sind. Aus demselben Grund muss mit sehr geringem Andruck gearbeitet werden.

Schleifscheiben und Schleifstifte aus Aluminiumoxid.

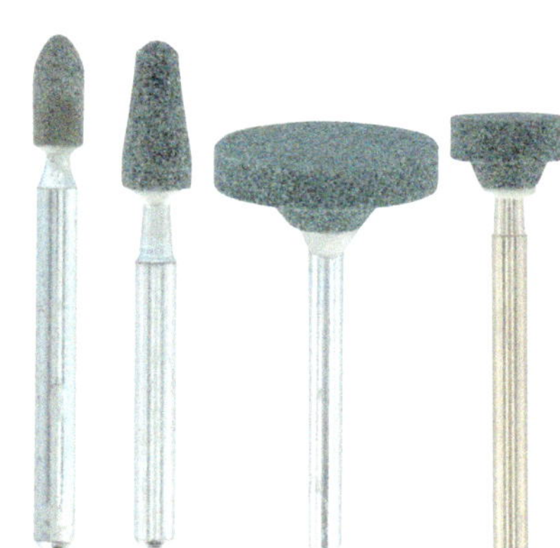

Schleifscheiben und Schleifstifte aus Siliciumcarbid.

Säubern vom Rostbefall.

Weil Kunststoffe teilweise extrem unterschiedliche Eigenschaften haben, muss man unbedingt an einem Probestück testen, ob das richtige Schleifmittel gewählt wurde.

Schleifen von Metallen

Normale Stähle lassen sich unproblematisch schleifen. Rostfreie Stähle (Edelstähle) sind dagegen zähhart und können deshalb nur mit Siliciumcarbid-Schleifmitteln bearbeitet werden. Sollten durch örtliche Überhitzung bei kleinen Werkstücken Anlauffarben entstehen, dann müssen diese entfernt werden, weil Edelstahl sonst an diesen Stellen rostet. Aluminium und Buntmetalle neigen zum Verschmieren des Schleifmittels. Beste Ergebnisse liefern noch Siliciumcarbid-Schleifmittel. Wenn möglich, sollten keine Schleifscheiben und Schleifstifte verwendet werden, sondern Schleifmittel mit offener Körnung wie Schleifhülsen und Fächerschleifer.

Abrichten

Schleifscheiben und Schleifstifte gibt es in standardisierten Formen. Schleifscheiben haben ein rechtecki-

Handschleifstein zum Abrichten.

ges Profil, Schleifstifte sind zylindrisch, konisch zugespitzt oder kugelrund. Mit diesen Formen lassen sich die üblichen Schleifarbeiten ausführen. Für spezielle Schleifaufgaben, beispielsweise beim Herstellen oder Bearbeiten von Schmuck, können aber spezielle Schleifmittelformen notwendig sein. Zu diesem Zweck kann man die Schleifmittel abrichten. Das Abrichten geschieht dadurch, dass man das rotierende Schleifmittel an einen Abrichtstein andrückt. Dieser besteht aus einem mindestens genauso harten Schleifmittel. Entsprechend dem Anlegewinkel reibt sich das rotierende Schleifmittel ab und kann so in die gewünschte Form gebracht werden.

Sicherheit beim Schleifen

Beim Schleifen entsteht Staub. Er besteht aus Schleifmittelpartikeln und dem abgetragenen Material des Werkstückes.
Gefährliche Stäube gibt es bei fast allen Materialtypen. Zwar sind bei den üblicherweise mit Kleinwerkzeugen ausgeübten Arbeiten die Staubmengen sehr gering, dafür findet die Arbeit aber oft in wesentlich geringerem Abstand vom Gesicht statt, als dies bei normalen Heimwerkerarbeiten, beispielsweise mit Schwingschleifern oder Winkelschleifern, üblich ist. Man sollte deshalb die Gefahren nicht unterschätzen und sich entsprechend schützen.

Holzstäube

Holz ist ein leichter Werkstoff, der Feinstaub von Holz ist fast unsichtbar und hält sich lange in der Schwebe. Er kann dadurch leicht in die Atemwege gelangen. Besonders gefährlich und bei Langzeiteinwirkung zum Teil krebserregend sind die Stäube verschiedener Hartholzarten wie Buche, Eiche und fast aller tropischen Harthölzer. Zusammen mit der Hautfeuchtigkeit können Holzstäube bei empfindlichen Personen auch zu allergischen Reaktionen führen.

Metallstäube

Metallstäube sinken aufgrund ihres hohen Gewichtes relativ schnell zu Boden. Trotzdem können sie in bestimmten Arbeitspositionen in die Atemwege gelangen. Die Stäube von Edelstählen, die Chrom, Vanadium, Nickel oder Molybdän enthalten, sind extrem giftig. Sie dürfen niemals in die Atemwege gelangen.

Funkenflug

Speziell bei Eisenmetallen entsteht beim Schleifen Funkenflug. Der Energieinhalt der glühenden Staubteil-

Gravurarbeiten mit dem Schleifstift.

chen ist hoch genug, um leicht entzündliche Stoffe und Kleidung in Brand zu setzen. Die Arbeitsposition muss so gewählt werden, dass der Funkenflug von der Person weg gerichtet ist und stets beobachtet werden kann.

Kunststoffstäube

Normale Kunststoffstäube sind eher lästig als gefährlich. Problematisch sind jedoch Beimengungen wie Glasfasern, einem typischen Bestandteil von GFK. Von ihnen geht eine starke Reizung der Haut und der Atemwege aus. Auf der bloßen Haut sorgen sie für ausdauernden Juckreiz. Gefährlich werden die Glasfaserpartikel, wenn sie in die Augen gelangen.
Manche Stäube, beispielsweise von Acrylaten, laden sich durch die Bearbeitung elektrostatisch auf und haften dann an der Kleidung oder der Haut, wobei sie schwer zu entfernen sind. Gefährlich ist das nicht, aber sehr lästig.

Mineralstäube

Mineralstäube werden als sehr gefährlich eingestuft, wenn sie in die Atemwege gelangen. Hierzu zählen besonders silikathaltige Mineralien, beispielsweise Kacheln und Fliesen. Die Bearbeitung von Mineralwerkstoffen erfolgt vorzugsweise mit diamantbestückten Werkzeugen. Diese erzeugen extrem feine Staubpartikel, vor denen man sich schützen muss. Werkstoffe, welche die krebserregende Mineralfaser Asbest enthalten, dürfen mit handgeführten Maschinen nicht bearbeitet werden.

Schutzmaßnahmen

Wie bei allen Schleifarbeiten üblich, ist die Verwendung von Schutzbrille und Atemschutz zwingend. Dies gilt auch beim Schleifen mit dem Multifunktionswerkzeug. Die anfallenden Staubmengen sind zwar gering, wegen der meist kleineren Werkstücke und der kleinen Werkzeuge wird oft das Gesicht aber viel näher an der Schleifstelle sein, als dies bei großen Elektrowerkzeugen der Fall ist.
Als Schutzbrille ist der geschlossene Typ zu bevorzugen. Für den Atemschutz genügen bei den geringen Staubmengen einfache, geschlossene Papiermasken, die auch die Nase mit einschließen.

TIPP 

Durch die Rotation des Einsatzwerkzeugs verteilt sich der Staub in der Umgebung der Arbeitsposition. Dieses Problem kann man mindern, wenn bei solchen Arbeiten eine Schutzhaube verwendet wird.

Die Schutzhaube reduziert die Staubverteilung.

Die richtige Atemschutz-Filterklasse für Schleifstaub

Werkstoff	Einsatzfall	Filterklasse
Metall	Stahl	P2
	Edelstahl	P3
	Rost	P1
	Aluminiumlegierungen	P2
	Kupferlegierungen	P2
Kunststoff	GFK	P3
Holz	Harthölzer	P2
	Mauerwerk	P1
Gestein	Quarzgestein	P2
	Beton	P2

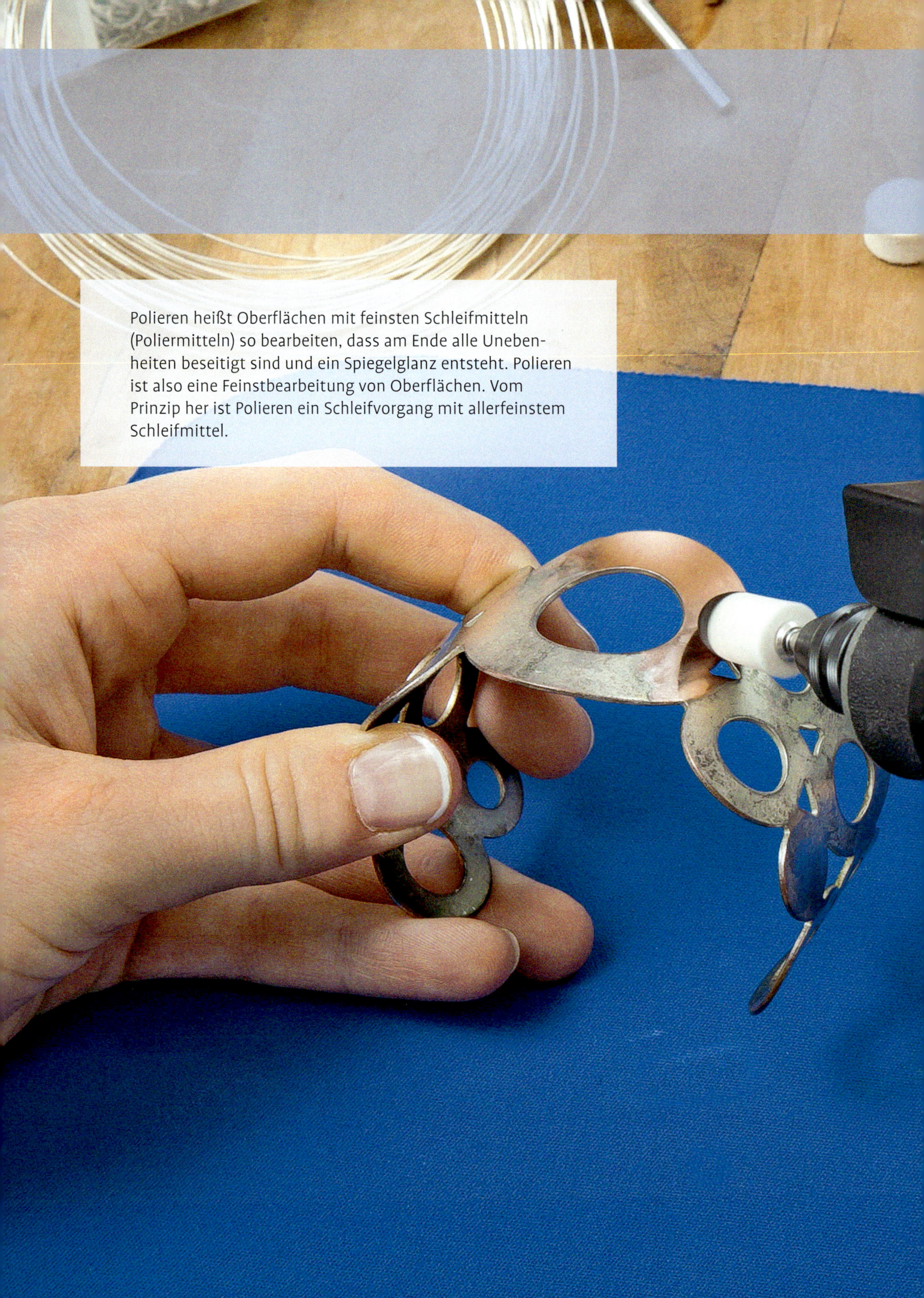

Polieren heißt Oberflächen mit feinsten Schleifmitteln (Poliermitteln) so bearbeiten, dass am Ende alle Unebenheiten beseitigt sind und ein Spiegelglanz entsteht. Polieren ist also eine Feinstbearbeitung von Oberflächen. Vom Prinzip her ist Polieren ein Schleifvorgang mit allerfeinstem Schleifmittel.

Polieren

Polierwerkzeuge

Beim Arbeiten mit Kleinwerkzeugen werden für den Poliervorgang rotierende Einsatzwerkzeuge verwendet. Man unterscheidet dabei:

- → aktive Einsatzwerkzeuge, die das Poliermittel bereits enthalten
- → passive Einsatzwerkzeuge, bei denen das Poliermittel extern zugeführt wird

Die Polierwerkzeuge gibt es in verschiedenen Formen, um je nach Arbeitsaufgabe auch komplex geformte Werkstücke bearbeiten zu können.

Polierscheiben.

Aktive Polierwerkzeuge

Bei diesen Einsatzwerkzeugen ist das Poliermittel in eine feste Trägersubstanz eingelagert, die den eigentlichen Polierkörper bildet. Als Trägersubstanz wird meist eine elastische Gummimischung verwendet. Diese Poliermittel eignen sich besonders zur Metallbearbeitung, um beispielsweise Riefen vom vorhergehenden Schleifen zu entfernen.
Die Einsatzwerkzeuge nützen sich während der Anwendung ab. Durch den dabei geringer werdenden Durchmesser geht die Umfangsgeschwindigkeit und damit der Arbeitsfortschritt zurück. Gegen Ende der Gebrauchsdauer muss deshalb mit sehr hoher Drehzahl gearbeitet werden.

Polierscheiben

Polierscheiben bestehen aus einer Gummimischung, in der das Poliermittel eingebettet ist. Mit den Polierscheiben können kleine Flächen gut und eingegrenzt bearbeitet werden. Der Arbeitsfortschritt ist ziemlich hoch und aggressiv genug, um beispielsweise Schleifriefen zu glätten und gleichzeitig zu polieren.

Zum Entgraten von Kanten sollten sie nicht verwendet werden, da diese in die weiche Gummimischung einschneiden. In diesen Fällen entgratet man zunächst mit einem Schleifmittel, die Nacharbeit kann dann mit der Polierscheibe erfolgen.

Polierspitzen

Polierspitzen bestehen aus dem gleichen Poliermittel wie die Polierscheiben. Sie sind fest mit dem Schaft verbunden und von zylindrischer, zugespitzter Form mit einem Durch-

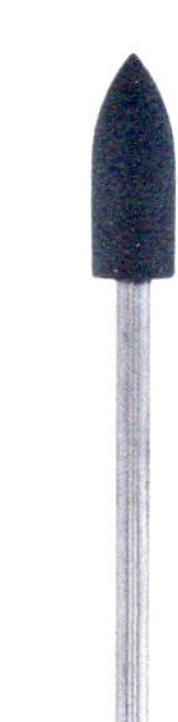

Polierspitze.

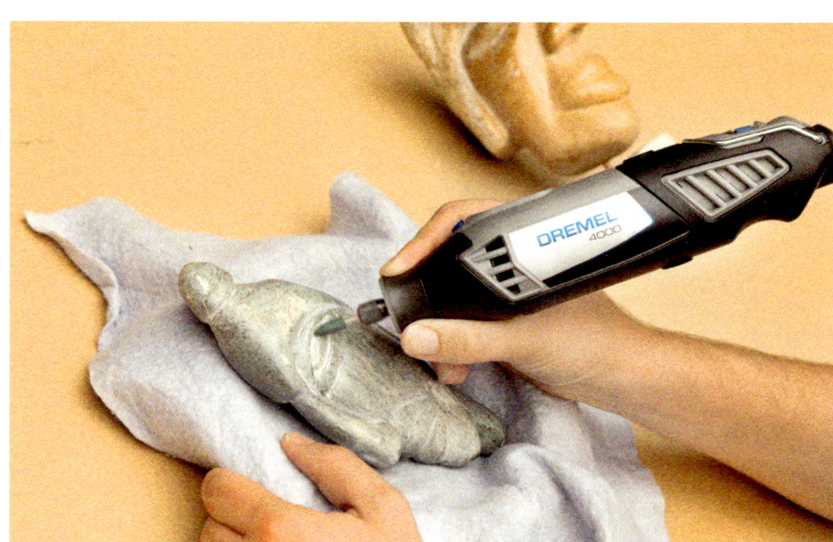

Feinbearbeitung mit der Polierspitze.

Metallbearbeitung mit dem Polierrad.

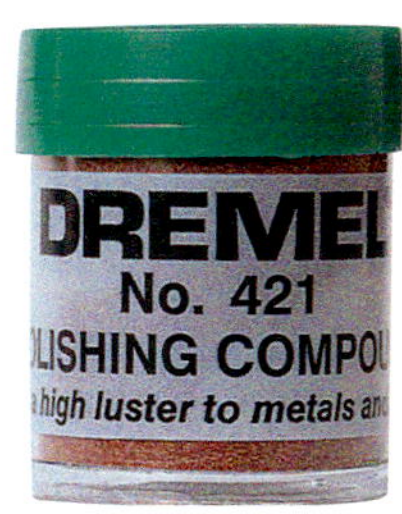

Poliermittel.

messer von ca. 6,5 mm. Sie sind für feinste Polierarbeiten, beispielsweise an Schmuckstücken, hervorragend geeignet. Spitze und scharfe Gegenstände führen wie bei den Polierscheiben schnell zu vorzeitigem Verschleiß!

Polierräder

Polierräder werden ebenfalls hauptsächlich zur Metallbearbeitung verwendet, vor allem zum Polieren von Edelmetallen. Neben dem eingelagerten Schleifmittel aus Siliciumcarbid ist das Polierrad noch zusätzlich mit einem Kühlmittel imprägniert, weshalb auch sehr empfindliche Oberflächen bearbeitet werden können.

Polierrad.

Passive Polierwerkzeuge

Diese Einsatzwerkzeuge sind in erster Linie Filzscheiben unterschiedlicher Härte und Form sowie Nessel- oder Leinwandscheiben. Sie dienen zur Endbehandlung des Poliergutes nach der vorhergehenden Bearbeitung durch aktive Poliermittel.
Das eigentliche Poliermittel liegt in wachsgebundener fester Form vor oder als Paste. Das Poliermittel wird entweder auf die zu polierende Oberfläche aufgetragen oder an das rotierende Einsatzwerkzeug gedrückt. Dabei lagert sich das Poliermittel in den Filz ein und macht damit die Filzscheibe zu einer hoch elastischen, feinen Polierscheibe.

Poliermittel sind Schleifmittel mit besonders kleinen Korngrößen. Sie sind in einer Trägersubstanz wie beispielsweise Öl, Fett oder Wachs eingebunden, um sie besser handhaben zu können. Je nach Einstellung der Trägersubstanz sind sie also flüssig, pastös oder fest. Daneben gibt es auch trockene Poliermittel wie Schlämmkreide als Mehl oder Feststoff.
Neben der Aufbereitung unterscheiden sich Poliermittel in der Körnung und im Kornmaterial (Korunde, Karbide, Quarze, Diamantstaub). Die üblichen Korngrößen betragen 800, 1200, 2400, 3600, 4800. Für die unterschiedlichen Metallwerkstoffe sind spezielle Poliermittel erhältlich.

Polierfilze

Polierfilze gibt es als Scheiben und in Zylinderform. Zur Anwendung werden sie auf den Spannschaft geschraubt. Die Scheiben haben im Neuzustand ca. 13 und 22 mm

Polierfilze.

Polieren mit der Filzscheibe.

Durchmesser und eine Dicke von ca. 3 mm, die angespitzten Schleifzylinder einen Durchmesser von 10 mm. Das Poliermittel wird auf den rotierenden Polierfilz aufgetragen und lagert sich im Filz ein. Bei der Bearbeitung scharfer Kanten nützen sich die weichen Polierfilze sehr schnell ab, weshalb man scharfe Kanten und Ecken zuvor eventuell mit anderen Schleifmitteln bearbeiten sollte.

Textil-Polierscheibe.

Textil-Polierscheiben verwendet man für sehr empfindliche Oberflächen.

Textil-Polierscheiben

Textil-Polierscheiben bestehen aus mehreren Lagen Gewebe, wodurch sie extrem flexibel sind. Sie passen sich dadurch auch komplex geformte Werkstückoberflächen problemlos an. Man verwendet sie am Ende des Poliervorgangs als letzte Maßnahme, um den Werkstücken den gewünschten Hochglanz zu geben.

Auch komplexe Teile lassen sich sehr gut polieren.

Polierpraxis

Grundsätzlich muss für jede einzelne Körnung der Poliermittel eine separate Polierscheibe verwendet werden. Würde man beispielsweise eine Filzscheibe, mit der man eine Polierpaste der Körnung 1200 verwendet hat, mit einer Polierpaste der Körnung 2400 bestreichen, so würde die noch in der Filzscheibe steckende restliche 1200er Körnung die neu aufgetragene 2400er Körnung wirkungslos machen. Zwischen jedem Körnungswechsel ist also die Werkstückoberfläche sorgfältig zu reinigen und für den weiteren Arbeitsgang mit einem feineren Poliermittel muss dann eine separate Filzscheibe verwendet werden. Am besten ist es deshalb, wenn man gebrauchte Polierscheiben in separaten Behältern aufbewahrt, die mit der verwendeten Körnung gekennzeichnet sind, damit sie bei Wiederverwendung nicht verwechselt werden.

Wie erzielt man eine Hochglanzpolitur?

Bei unbehandelten Oberflächen muss zunächst durch Feinschleifen mit Körnungen von 800 bis 1200 die Oberfläche vorbereitet werden. Dann werden Polierwachse oder Polierpasten mit den Körnungen 2400 bis 3600 mit Filzscheiben aufgetragen und bearbeitet. Zwischen den Arbeitsvorgängen mit den einzelnen Körnungen ist die Oberfläche sorgfältig zu reinigen. Beim letzten Arbeitsgang wird Hochglanzwachs auf einer weichen Nessel- oder Leinwandscheibe eingesetzt.
Man sieht: Das Herstellen einer perfekten Hochglanzpolitur ist sehr aufwendig und erfordert viel Übung.

Polieren von Metalloberflächen

Metalloberflächen kann man mit relativ hohen Drehzahlen polieren. Die Polierpaste wird entweder manuell direkt auf die Metalloberfläche aufgerieben oder auf die Filzscheibe aufgebracht. Dann wird mit der Filzscheibe der Poliervorgang durchgeführt. Zum Abschluss wird die Oberfläche mit einem Lösungsmittel sorgfältig von allen Polierresten gereinigt und gegebenenfalls mit Glanzwachs nachbearbeitet.
Polieren von Metallen ist sehr zeitaufwendig, wenn es sich um größere Flächen handelt. Wenn immer möglich, sollte man bereits industriell hochglanzpolierte Bleche verwenden. Sie sind mit einer dünnen Kunststofffolie geschützt, die man nur an den Stellen abziehen sollte, wo die Bearbeitung stattfindet. Derartig geschützte Oberflächen müssen

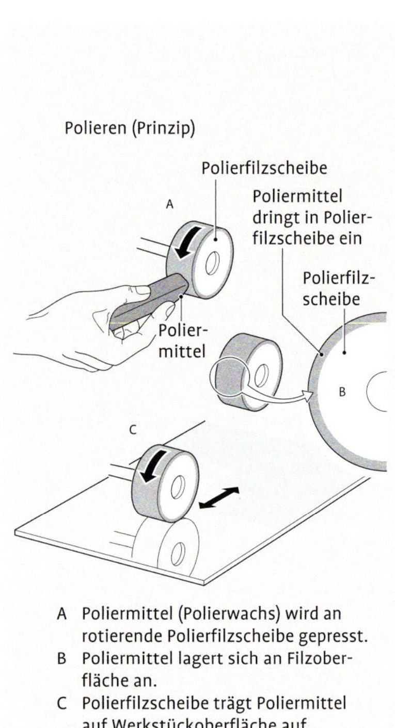

Polieren mit Filzscheibe und Poliermittel.

dann nur noch an den Bearbeitungsstellen poliert werden, wodurch viel Zeit gespart werden kann. Der Mehrpreis lohnt sich in jedem Fall durch die geringere Arbeitszeit. Bei ungeschützten Oberflächen sollte vor der weiteren Verarbeitung die Oberfläche durch geeignete Folien oder Abdeckungen vor Kratzern geschützt werden.

TIPP

Edelstahl- Kupfer- und Messingbleche bekommt man günstig im Recycling- und Altmetallhandel. Hier findet man häufig Abfallstücke, welche nach Gewicht zu einem Bruchteil des Neupreises abgegeben werden.

Polieren von Lackoberflächen

Lackoberflächen werden stets mit passiven Poliermitteln und der feinsten Körnung poliert. Weil Lacke hitzeempfindlich sind, muss mit geringen Drehzahlen und geringem Anpressdruck gearbeitet werden. Meist ist es zweckmäßiger, Lackoberflächen mit der Hand zu bearbeiten.

Polieren von Holz

Nach dem vorausgehenden Feinschliff der Oberfläche wird sie gesäubert und dann ein geeignetes Wachs gleichmäßig aufgetragen und mit geringer Drehzahl und geringem Andruck mit einer weichen Filzscheibe poliert. Wie bei Lackoberflächen ist aber in den meisten Fällen die manuelle Bearbeitung günstiger. Die Faserrichtung des Holzes ist dabei stets zu beachten: Die Bearbeitung muss immer in Faserrichtung erfolgen.

Polieren von Kunststoff

Die Eigenschaften von Kunststoffen sind extrem unterschiedlich. Deshalb macht man am besten zunächst Versuche an einem Probestück. Es empfiehlt sich, mit niedrigen Drehzahlen zu beginnen und mit geringem Andruck zu arbeiten, weil besonders die thermoplastischen Kunststoffe wärmeempfindlich sind. Für Acrylglas und Polycarbonatglas gibt es im Fachhandel spezielle Polierpasten, die sich dafür besonders eignen.

Perfektes Polieren auch an schwer zugänglichen Stellen.

Zahnpasta – ein Wundermittel!

Sie kennen die Zahnpastawerbung: die blendend weißen Zähne der Celebrities in Großaufnahme.
Grundlage jeder Zahnpflege ist neben dem Reinigen der Zahnzwischenräume ein schleifender Arbeitsgang. Durch abrasive Partikel in der Zahnpasta werden Zahnbeläge abgetragen, wodurch die reine Zahnsubstanz wieder zum Vorschein kommt. Natürlich soll nicht zu aggressiv und zu stark geschliffen werden. Das Schleifmittel soll gerade so hart sein, dass es den Zahnbelag abträgt, nicht aber den Zahn selbst angreift. Das Mittel der Wahl ist, wer würde das hinter der zum Teil hochwissenschaftlich argumentierenden Werbung vermuten, im Wesentlichen nichts anderes als Schlämmkreide.
Schlämmkreide hat eine sehr feine Partikelgröße und eignet sich deshalb auch hervorragend zur Feinstbearbeitung von anderer Werkstoffen. Vorteile der Zahnpasta als Feinschliff- und Poliermittel sind die leichte Dosierbarkeit und die Verfügbarkeit, denn Zahnpasta hat man ständig im Haushalt. Natürlich braucht man nicht die teuerste Zahnpasta als Poliermittel. Auch in den billigsten Marken findet sich Schlämmkreide als Grundsubstanz. Zahnpasten auf GEL-Basis und solche, die Mikroplastik enthalten, sollte man allerdings nicht verwenden.

Schmuck ist ein typisches Polierobjekt.

Schärfen

Schärfen ist ein spezieller Schleifvorgang der Metallbearbeitung. Hier geht es darum, den Schneiden von Bearbeitungswerkzeugen wieder ihre ursprüngliche Schärfe zu geben. Schärfen ist nicht so einfach, wie man sich das meist vorstellt. Eine unpräzise Vorgehensweise für stets dazu, dass die Schneide ruiniert wird.

Schärfpraxis

Folgende Forderungen müssen unbedingt erfüllt werden:

- Der ursprüngliche Schneidenwinkel muss erhalten bleiben.
- Die Form der Schneide darf nicht verändert werden.

Schärfen mit der Schleiflehre.

Speziell beim Schleifen einer Schere wird man feststellen, dass zum Beruf des Scherenschleifers ein erhebliches Maß an Fachkenntnis gehört!
Das freihändige Schärfen ist etwas für absolute Spezialisten, wenn das Ergebnis optimal ausfallen soll. Als Anfänger oder beim gelegentlichen Schärfen sollte man unbedingt das Werkstück fest einspannen und auch für eine bequeme Handauflage sorgen. Durch diese Maßnahmen ist es wesentlich einfacher, eine ruhige Maschinenführung zu erreichen. Für das Multitool gibt es den Modellierungstisch, der auch sehr gut als Führung beim Schärfen benützt werden kann. Das Multifunktionswerkzeug wird mitsamt dem Modellierungstisch eingespannt und das zu schärfende Werkzeug dann mit beiden Händen am Modellierungstisch und dem Schleifstift entlanggeführt.
Beim freihändigen Schleifen spannt man das Werkstück ein oder hält es mit einer Hand, während die andere Hand das Werkzeug entlang der Schneide führt. In diesen Fällen lohnt sich der Gebrauch einer Schleiflehre. Mit ihr kann der Schleifstift exakt entlang der Werkzeugschneide geführt werden.

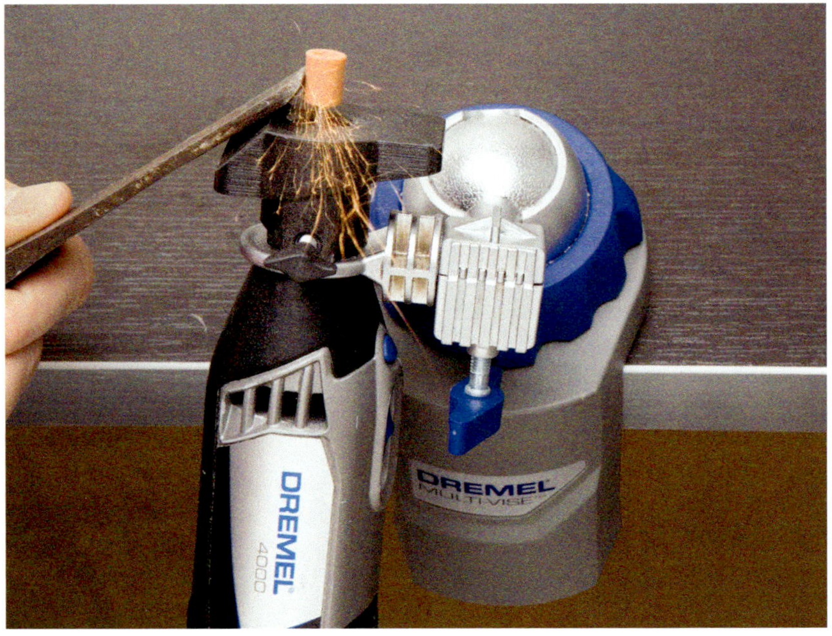

Schärfen einer Schneide mit dem Modellierungstisch.

Schleiflehre.

Schärfen von Stemmeisen und Meißeln

Beim Schärfen von Stemmeisen und Meißeln sind einige Besonderheiten zu beachten. Stemmeisen für die Holzbearbeitung sind nur einseitig geschliffen. Beim Schärfen muss der vorhandene Keilwinkel von 25° eingehalten werden. Holz als weicher Werkstoff benötigt zur Bearbeitung eine besonders scharfe Schneide. Nach dem Schärfvorgang muss die Schneide auf einem feinkörnigen Ölstein nochmals abgezogen werden. Beim Schärfen von Meißelschneiden ist der Verwendungszweck des Meißels zu beachten. Meißel für die Steinbearbeitung haben einen Spitzenwinkel von ca. 75°. Bei Meißeln für die Metallbearbeitung muss das zu bearbeitende Material berücksichtigt werden. Beste Ergebnisse erzielt man mit den folgenden Spitzenwinkeln:

- → bei Stahl ca. 65°
- → bei Kupferlegierungen ca. 55°
- → bei Aluminiumlegierungen ca. 45°

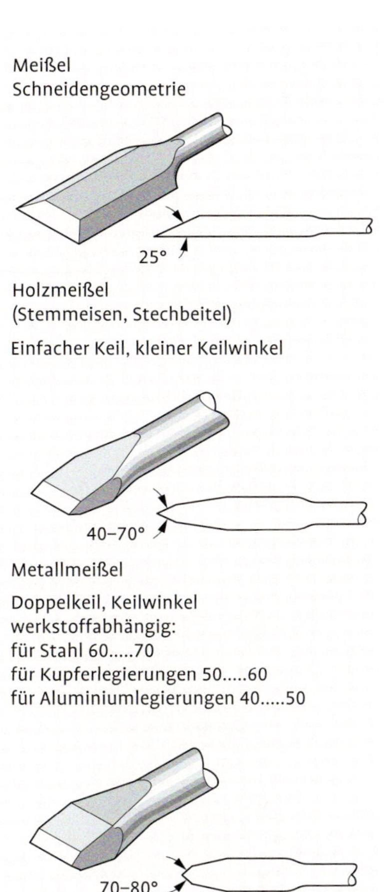

Schneidengeometrie von Meißeln.

Ein spezieller Schärfvorgang: die Sägekette.

Schärfen von Sägeketten

Nur scharfe Sägeketten ermöglichen ein zügiges Arbeiten und haben eine lange Lebensdauer. Stumpfe Schneiden erhöhen die Kettenreibung extrem, die Schneiden erhitzen sich und glühen aus, sodass die Kette komplett unbrauchbar wird. Bei sonst einwandfreier, unbeschädigter Kette können abgestumpfte Schneiden durch Nachschärfen wieder einsatzfähig gemacht werden. Das Schärfen von Sägeketten ist aufwendig, weil sie viele Zähne haben und die vom Kettenhersteller vorgegebenen Winkel und Schneidenformen eingehalten werden müssen.

Vor dem Schärfen der Sägekette ist es wichtig, ihren Aufbau zu kennen. Die Sägekette besteht aus den folgenden Komponenten:

- → den Treibgliedern, die über ein Zahnrad vom Motor angetrieben werden
- → den Schneidgliedern, die mit ihren scharfen Schneiden die Arbeitswerkzeuge sind
- → den Sicherheitsgliedern, die die Spandicke begrenzen und damit Rückschläge vermindern
- → den Verbindungsgliedern, die alle Komponenten miteinander verbinden

Beim Schärfen werden die Schneidglieder bearbeitet. Nur wenn die Höhe der Schneidglieder durch das Schärfen verringert wird, muss auch die Höhe der Sicherheitsglieder etwas zurückgenommen werden.
Am Ende des Schärfens muss die gesamte Sägekette sorgfältig in einem Lösungsmittel, beispielsweise in Terpentin oder Spiritus, ausgewaschen werden, damit keine Metall- und Schleifmittelreste in der Kette zurückbleiben. Sie würden in den Gelenken zur hoher Abnützung führen. Anschließend wird die Kette frisch eingeölt.

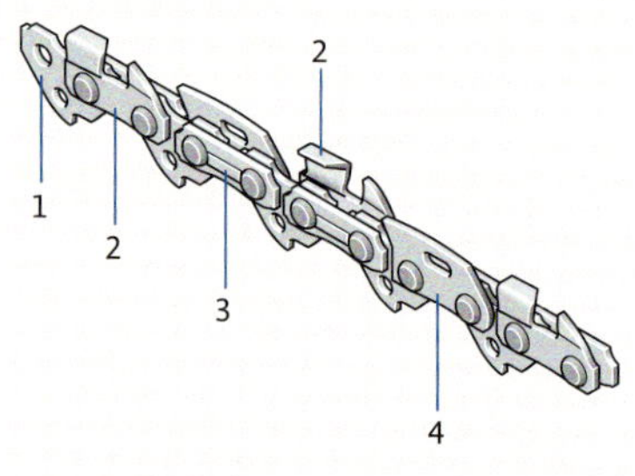

1 Treibglied
2 Schneidglied
3 Verbindungsglied
4 Sicherheitsglied

Aufbau einer Sägekette.

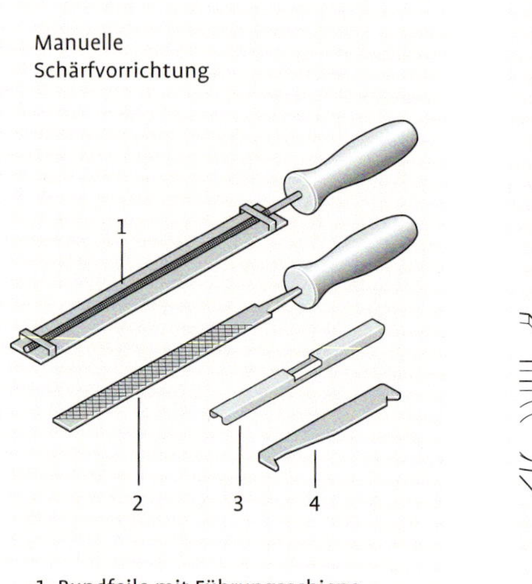

1 Rundfeile mit Führungsschiene
2 Flachfeile
3 Höhenlehre
4 Winkellehre

Werkzeugset zum manuellen Schärfen.

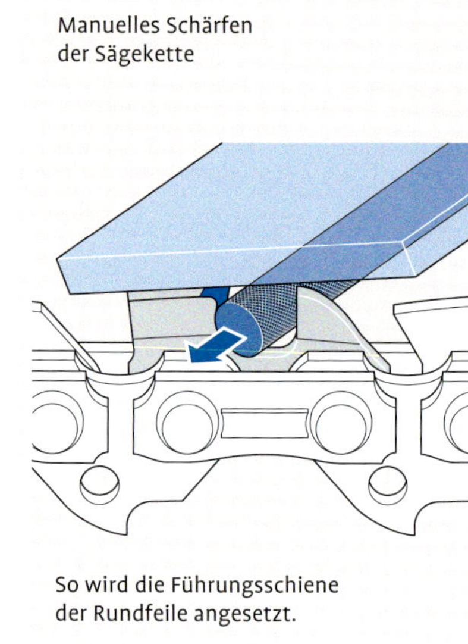

So wird die Führungsschiene der Rundfeile angesetzt.

Anwendung der Führungsschiene.

Das Schärfen ist mit einer einfachen Rundfeile geringen Durchmessers möglich. Ohne entsprechende Erfahrung wird das Ergebnis allerdings nicht zufriedenstellend sein. Bessere Ergebnisse liefert eine Rundfeile mit

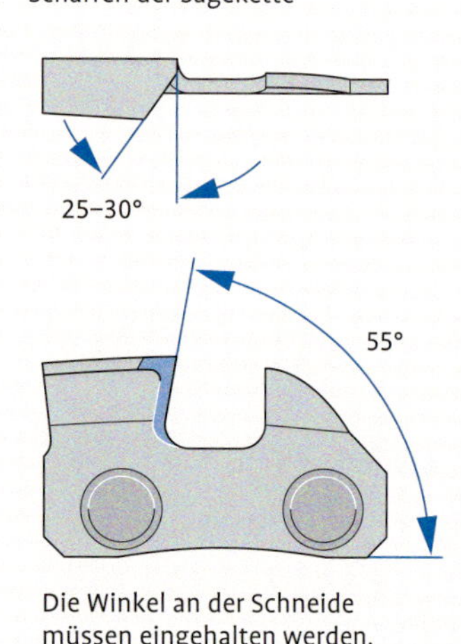

Die Winkel an der Schneide müssen eingehalten werden.

Schneidengeometrie der Sägekette.

Schärfvorsatz für Sägeketten.

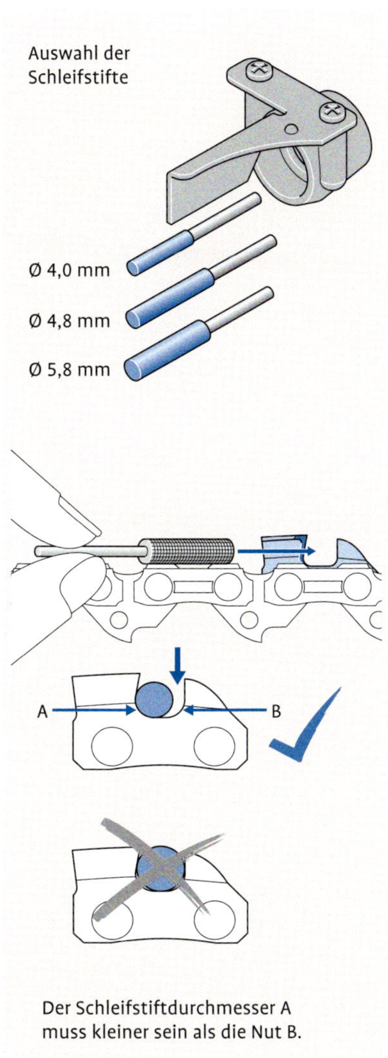

Auswahl des passenden Schleifstifts.

angepasster Führungsschiene, die es als Werkzeugset gibt. Allerdings ist der Zeitaufwand beim manuellen Schärfen recht hoch.

Für schnelles, präzises Schärfen gibt es einen speziellen Schärfvorsatz für das Multifunktionswerkzeug. Er besteht aus einer Schleiflehre, die am Werkzeug angebracht wird, und einer Auswahl an geeigneten Schleifstiften. Entsprechend der Bedienungsanleitung angewendet, werden damit die vom Kettenhersteller vorgegebenen Winkel und Schneidenformen eingehalten.

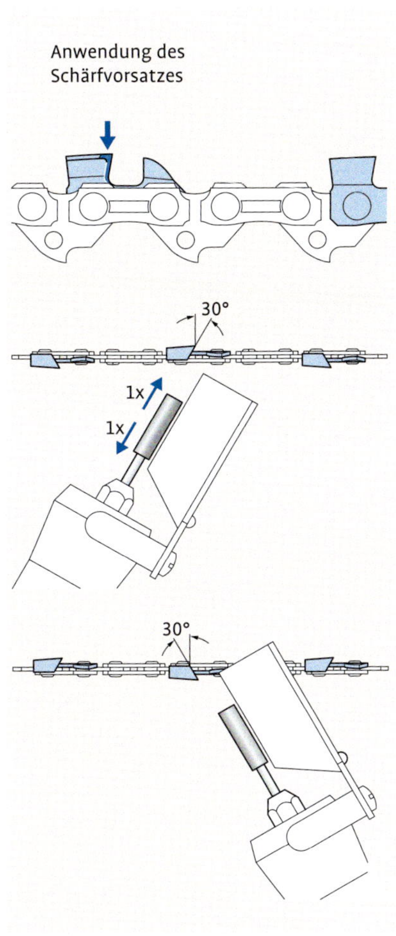

Anwendung des Schärfvorsatzes.

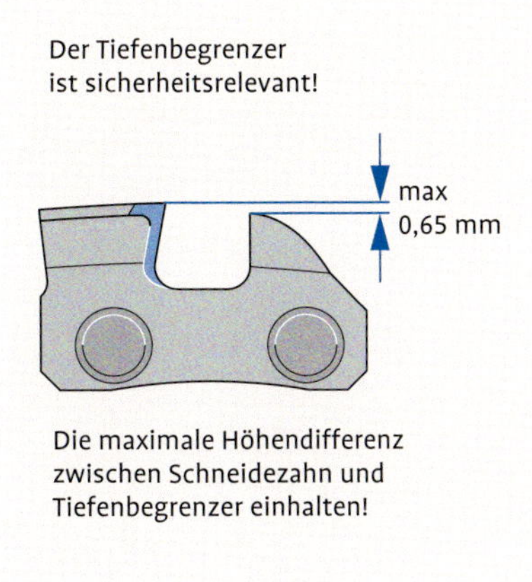

Der sicherheitsrelevante Tiefenbegrenzer.

Wenn durch den Schärfvorgang die Spandicke verändert wird, muss die Spandickenveränderung durch ein Zurücksetzen der Tiefenbegrenzer ausgeglichen werden. Hierbei muss man genau nach Tiefenlehre vorgehen. Ein zu starkes Zurücksetzen des Tiefenbegrenzers macht die Kette gefährlich unkontrollierbar.

SICHERHEIT

Grundsätzlich prüft man die Sägekette vor dem Nachschärfen auf weiteren Verschleiß. Besonders die Treibglieder und die Nietverbindungen sind zu kontrollieren. Beschädigte Sägeketten stellen ein hohes Sicherheitsrisiko dar und dürfen nicht mehr verwendet werden. Beim Wiederauflegen der Kette oder beim Kettenwechsel ist es wichtig, die Richtung zu beachten. Die richtige Richtung erkennt man daran, dass die Schneiden der Zähne auf dem Schwertrücken nach vorn zeigen. Als zusätzliche Orientierungshilfe ist auf den Kettengliedern ein Richtungspfeil eingeprägt.

Unter den Begriff „Trennen“ fallen meist Arbeiten wie das Ablängen oder Besäumen von Werkstücken. Neben der traditionellen Methode durch Sägen kann das Trennen auch durch Trennscheiben erfolgen. Der Arbeitsvorgang ist meist schneller und bei der Verwendung entsprechender Anwendungstechnik auch präziser. Dies gilt besonders dann, wenn kleine und kleinste Werkstücke bearbeitet werden müssen. Beim Multifunktionswerkzeug werden verschiedene Einsatzwerkzeuge zum Trennen verwendet.

Trennen

Trennwerkzeuge

Das Trennen und Ablängen von Werkstücken erfolgt durch abrasive Schleifmittel oder gezahnte Werkzeuge. Beim Trennschliff wirkt das Schleifmittel in die Tiefe statt an der Oberfläche. Die Wirkung ist ähnlich einer Kreissäge, doch anstelle grober Späne entsteht Staub. Das Trennen mit Kleinwerkzeugen basiert häufig auf dem Prinzip des Trennschliffs. Es besteht also eine Analogie zum Trennen mit dem Winkelschleifer und Trennscheibe. Die Schleifarbeit findet an der Stirnseite, am Umfang des Schleifmittels (der Trennscheibe), statt. Welche Materialien getrennt werden können, hängt vom Typ des Einsatzwerkzeuges ab.
Sägeblätter haben an ihrem Umfang Zähne, entsprechend einem Kreissägeblatt. Sie werden für Trennarbeiten in Holzwerkstoffen benützt. Ein Zwischentyp sind beschichtete Trennscheiben. Auf einem formgebenden Trägermaterial („Stammblatt“) befinden sich Schleifmittel auf der Basis von Hartmetallgranulat oder Diamant. Die typischen Einsatzwerkzeuge zum Trennen sind:

→ homogene Trennscheiben
→ beschichtete Trennscheiben
→ Sägeblätter

Homogene Trennscheiben

Bei den homogenen Trennscheiben bildet das Trägermaterial mit dem darin eingelagerten Schleifmittel das Einsatzwerkzeug. Bei der Anwendung verbraucht sich das Schleifmittel zusammen mit dem Trägermaterial. Dies bedeutet, dass sich mit zunehmender Abnützung der Durchmesser mehr und mehr verringert. Dadurch geht nicht nur die Umfangsgeschwindigkeit und damit der Arbeitsfortschritt stetig zurück, sondern auch die beim Trennen so wichtige Schnitttiefe. Als eingelagertes Schleifmittel wird Siliciumcarbid oder

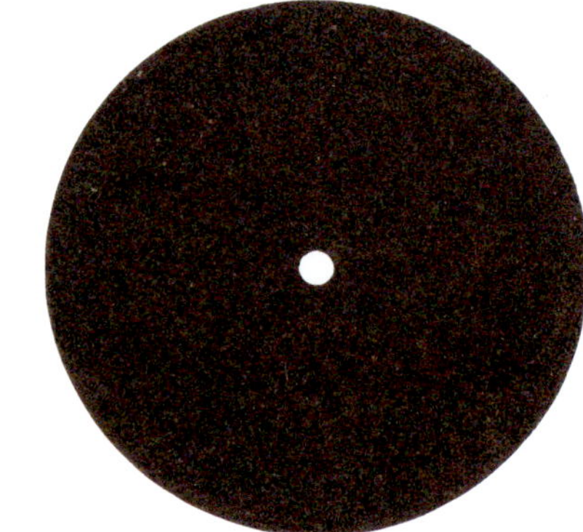

Trennscheiben für weiche und harte Metalle.

Trennen von Überständen.

Ablängen von Kunststoffrohren.

Edelkorund verwendet. Siliciumcarbid besitzt eine harte, scharfkantige Struktur und eignet sich besonders zum Bearbeiten harter und zäher Werkstoffe, aber auch für Gestein und Kunststoffe.
Edelkorund ist sehr hart und zäh und besonders zur Bearbeitung langspanender Werkstoffe wie Holz und Metall geeignet.
Entsprechend ihrer Zusammensetzung sind die Trennscheiben farblich gekennzeichnet.
Für einen geringen Leistungsbedarf und schnellen Arbeitsfortschritt sind die Trennscheiben extrem dünn. Je nach Typ haben sie folgende Abmessungen:

- Scheibendicke: 0,75 bis 1,5 mm
- Scheibendurchmesser: 24, 32, 38 mm

Die faserverstärkte Trennscheibe wird für schwere Trennarbeiten verwendet.

Wegen der geringen Dicke sind die homogenen Trennscheiben sehr empfindlich und brechen leicht, wenn sie verkantet oder verbogen werden. Sie sind nur zum Trennen verwendbar. Oberflächenschliff und Flankenschliff ist mit ihnen nicht möglich. Die seitliche Krafteinwirkung wäre zu hoch. Typische Anwendung dieser Trennscheiben ist das Trennen und Ablängen von Metallprofilen und das Herstellen von Ausschnitten in dünnen Blechen. Für das Trennen und Besäumen von Kunststoffteilen gibt es spezielle Trennscheiben.

Faserverstärkte Trennscheibe.

Beschichtete Trennscheiben

Bei beschichteten Trennscheiben ist das Schleifmittel am Umfang und an den Seiten eines starren Trägers aufgebracht. Bei der Anwendung nützt sich deshalb nur das Schleifmittel ab, die geometrische Form und die Abmessungen bleiben während der gesamten Benützungsdauer also gleich. Hierdurch bleibt die Umfangsgeschwindigkeit immer gleich hoch und auch die Schnitttiefe ändert sich nicht. Als Schleifmittel wird Hartmetallgranulat oder Diamant verwendet. Beide Schleifmittel zeichnen sich durch extrem hohe Härte und Standzeit aus. Der höhere Preis wird durch die wesentlich längere Nutzungsdauer amortisiert.

Hartmetallgranulat

Hartmetallgranulate bestehen aus scharfen Splittern von Wolframkarbid, die durch Hochtemperaturlötung auf das Stammblatt aufgebracht sind. Das Granulat ist relativ grobkörnig, wodurch sich ein aggressiver, schneller Arbeitsfortschritt ergibt. Das Stammblatt ist am Umfang segmentiert, wodurch die Späne gut aus dem Trennspalt herausgefördert werden. Sie eignen sich hervorragend zum Bearbeiten von

- Holz
- Holzwerkstoffen
- beschichteten Holzwerkstoffen
- Kunststoffen
- GFK- und CFK-Laminaten

Zum Trennen von Eisenmetallen sind diese Scheiben nicht geeignet.

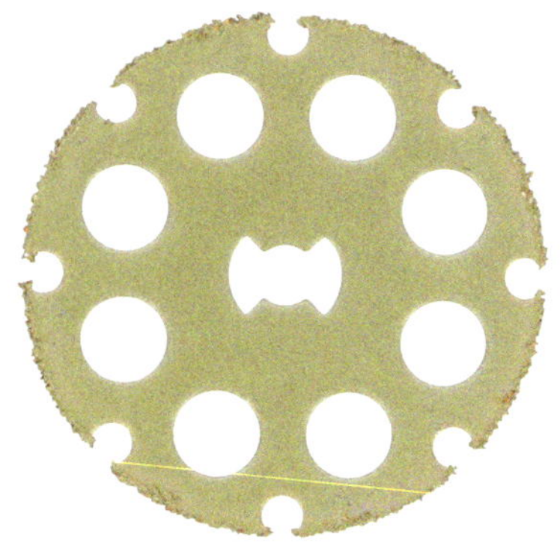

Trennscheibe mit Hartmetallbeschichtung.

Hartmetallbeschichtete Trennscheiben

Trennscheiben mit Hartmetallgranulat sind dicker als homogene Trennscheiben. Sie sind dadurch auch etwas stabiler. Die Beschichtung befindet sich am Umfang, weshalb sie nur zum Trennen geeignet sind. Zum Schleifen können sie nicht verwendet werden.

Hartmetallbeschichtete Trenn- und Formscheiben

Die granulatbeschichteten Trenn- und Formscheiben haben ein dickeres Stammblatt und sind dadurch stabiler als die dünneren Trennscheiben. Außer am Umfang sind sie auch an den Seitenflächen beschichtet und können daher auch schleifend angewendet werden. Ihr Einsatzgebiet wird dadurch wesentlich erweitert. Typische Anwendungen sind das Ausschleifen von Nuten, aber auch gröbere Vorarbeiten beim Schnitzen kleiner Skulpturen.

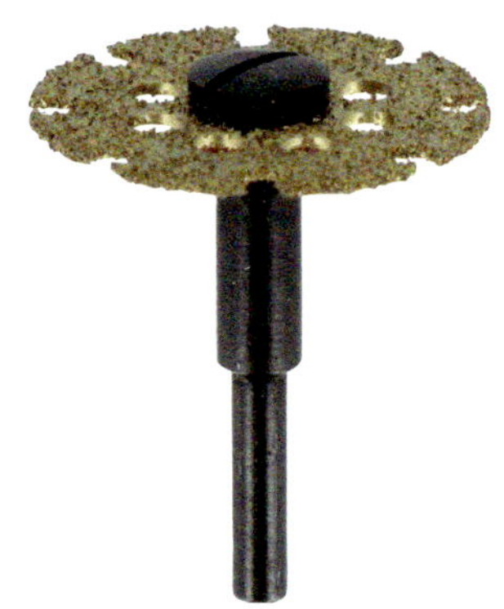

HM-Trenn- und Formscheibe.

TIPP

Kunststoffe haben die Eigenschaft, die Körnung des Schleifmittels zu überdecken und damit unbrauchbar zu machen. Zugeschmierte Trennscheiben mit Hartmetallgranulat kann man reinigen, indem man sie in Verdünner oder Aceton legt. Nach kurzer Zeit wird der angelagerte Kunststoff weich und lässt sich mit einer Zahnbürste entfernen.

Trennen von Laminat mit der Hartmetall-(HM-)Scheibe.

Mit der HM-Trenn- und Formscheibe können auch Holzwerkstoffe geformt werden.

Diamantbeschichtung

Diamant ist das härteste Schleifmittel, weshalb sich diamantbeschichtete Trennscheiben dafür eignen, auch harte keramische Werkstoffe zu bearbeiten. Typische Anwendungsfelder sind das Trennen von:

→ Naturstein
→ Keramik
→ Porzellan
→ Kacheln

Die Diamantbeschichtung ist sehr fein und das Stammblatt mit ca. 0,5 mm Dicke sehr dünn. Damit lassen sich sehr feine und hochpräzise Schnitte durchführen. Gegen seitliche Kräfte ist diese Trennscheibe empfindlich, es darf damit kein Oberflächenschliff oder Flankenschliff erfolgen.
Die Diamantbeschichtung ist sehr feinkörnig. Schmierende Werkstoffe wie Kunststoffe setzen die Oberfläche zu. Die Reinigung erfolgt dann wie bei der granulatbeschichteten Trennscheibe durch Einlegen in ein Lösungsmittel und anschließendes Abbürsten.
Metalle können nicht bearbeitet werden. Der Metallabrieb verschmiert die Diamantkörnung dauerhaft, es kann auch zum Ausbruch der Beschichtung kommen.

Trennarbeiten an Kacheln mit der Diamanttrennscheibe.

Sägeblätter

Für die Multifunktionswerkzeuge gibt es spezielle Sägeblätter für exakte Schnitte in weichen Werkstoffen wie Holz und Laminat. Bei Durchmessern

Sägeblatt.

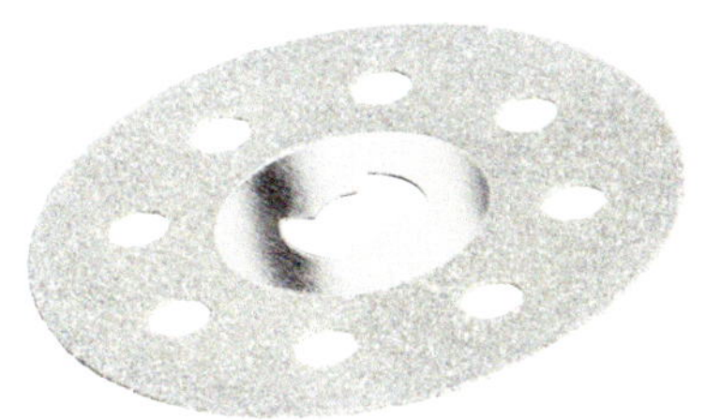

Trennscheibe mit Diamantbeschichtung.

Sägen von dünnen Platten.

Kreissägevorsatz.

Mit dem Kreissägevorsatz wird das Multifunktionswerkzeug zur Minisäge.

Das Trennwerkzeug muss für den zu trennenden Werkstoff geeignet sein. Wenn Werkzeug und Werkstoff nicht aufeinander abgestimmt sind, ist der Arbeitsfortschritt zu langsam oder das Werkzeug verschleißt zu schnell. Man sollte sich bei homogenen Trennscheiben an folgende Empfehlungen halten:

- → rotbraune Trennscheiben für weiche Metalle
- → graue Trennscheiben für harte Metalle und Edelstahl
- → faserverstärkte Trennscheiben für dickere Werkstücke
- → für Kunststoffe die speziell ausgewiesenen Typen verwenden

von ca. 31 mm haben sie mit 48 Zähnen eine sehr hohe Zähnezahl, wodurch sich ein sehr feiner Schnitt mit hoher Qualität ergibt. Die mögliche Schnitttiefe beträgt bei Verwendung des Kreissägevorsatzes etwa 6,5 mm.

Im Gegensatz zu den zuvor genannten Trennscheibentypen muss bei der Montage des Kreissägeblattes auf die richtige Drehrichtung geachtet werden. Bei falscher Montage sägt das Blatt nicht und die Zähne werden beschädigt.

Trennpraxis

Trennscheiben sind extrem dünn, wodurch bei geringem Leistungsbedarf ein schnelles Trennen möglich ist. Weil sie so dünn sind, sind sie aber auch bei Anwendungsfehlern extrem bruchempfindlich. Deshalb sind folgende Hinweise zu beachten:

- → Trennscheiben dürfen nicht zum Schleifen verwendet werden
- → Trennscheiben dürfen nicht verkantet werden
- → Trennscheiben sind nicht für Kurvenschnitt geeignet

Die Hinweise gelten besonders für homogene Trennscheiben. Aber auch beschichtete Trennscheiben sind empfindlich. Beim Verkanten können sie sich verbiegen und werden dadurch unbrauchbar.

Wegen der Empfindlichkeit sollte man vermeiden, das Werkstück mit einer Hand zu halten und mit der anderen Hand das Werkzeug zu führen. Bei einem derartigen freihändigen Schnitt ist ein präzises Trennen nicht möglich und es kommt mit Sicherheit zu einem Verkanten mit den erwähnten Folgen. Besser ist es in jedem Fall, das Werkstück zu fixieren und dann das Werkzeug beidhändig führen.

Gekröpfte Trennscheibe für Bündigschnitte.

Bündiges Trennen mit der gekröpften Trennscheibe.

Bündigschnitt

Bei manchen Trennarbeiten muss bündig zu einer Kante geschnitten werden. Dies ist mit normalen Trennscheiben nicht möglich, da die Befestigungsschraube hervorragt. Für diese Fälle gibt es spezielle Trennscheiben, bei denen das Befestigungsloch in einer Vertiefung liegt („gekröpfte" Trennscheiben). Bei diesen ragt die Mittenbefestigung nicht über das Trennprofil hinaus.

Sicherheit beim Trennen

Bei der Steinbearbeitung entsteht ein sehr feiner Staub. Die Feinheit des Staubes und die meist silikathaltigen Bestandteile sind extrem gefährlich für die Atemwege. Der Staub kann sich in den Lungenbläschen festsetzen und damit zu bleibenden Schäden führen. Neben den Atemwegen sind vor allem auch die Augen gefährdet. Beim Trennen von keramischen Werkstoffen also stets Schutzbrille und Atemmaske tragen!

Bei der Metallbearbeitung entsteht Funkenflug. Dieser kann leicht brennbare Materialien wie Papier, Pappe, Stoffe und auch die eigene Kleidung entzünden. Man wählt deshalb die Schleifposition so, dass der Funkenflug von einem weg erfolgt, damit man ihn stets beobachten kann. Am besten ist es, wenn der Funkenflug gegen eine nicht brennbare Abschirmung erfolgt.

Stets muss beachtet werden, dass durch den Funkenflug auch unbemerkt Schwelbrände entstehen können, die möglicherweise zu einem späteren Zeitpunkt durch einen Luftzug angefacht werden. Ein wirksamer Schutz gegen Funkenflug wird erreicht, wenn man eine Schutzhaube verwendet. Die Schutzhaube ist transparent und ermöglicht eine gute Sicht auf die Schnittposition.

Schutzhaube für Trennarbeiten.

Sicheres Trennen mit der Schutzhaube.

Feilen und Raspeln sind bekannte Handwerkzeuge, die in einer hin- und hergehenden Bewegung über die Werkstückoberfläche geführt werden.
Bei der maschinellen Variante werden rotierende Feilen und Raspeln verwendet. Mit ihnen können auch komplex konturierte Werkstücke bearbeitet werden, was mit den Handwerkzeugfeilen nicht oder nur schwer möglich ist. Damit eröffnen sich neue Möglichkeiten der Anwendung und Gestaltung.
Die große Bandbreite der Einsatzwerkzeuge lässt die Bearbeitung von fast allen Werkstoffen zu.

Feilen, Raspeln

Einsatzwerkzeuge

Die Einsatzwerkzeuge werden als

→ rotierende Feilen
→ rotierende Raspeln
→ Frässtifte

bezeichnet. Ihre Form ist zylindrisch, scheibenförmig, kegelförmig oder rund. Allen Formen ist gemeinsam, dass sie über fein gezahnte Schneiden oder eine entsprechende Beschichtung verfügen. Bei feinster, geriffelter Zahnung spricht man von rotierenden Feilen. Sie werden hauptsächlich für die Metallbearbeitung verwendet. Bei grober Beschichtung lautet die korrekte Bezeichnung Raspeln. Raspeln dienen zur groben und schnellen Bearbeitung von Holzwerkstoffen. Frässtifte haben entweder eine Zahnung oder eine Diamantbeschichtung. Je nach Zahnwerkstoff bzw. Beschichtung verwendet man sie für die Bearbeitung von Metall, Holz, Kunststoff oder mineralischen Werkstoffen.
Im Verlauf der weiteren Beschreibung wird der Einfachheit halber für alle der auch in der Industrie verwendete Sammelbegriff „Frässtift" verwendet. Er beschreibt das Einsatzwerkzeug ziemlich gut und passt auch zu den Dimensionen dieser oft sehr kleinen Einsatzwerkzeuge.

Frässtifte

Die Ausführungsformen der Frässtifte sind so zahlreich wie die Anwendungsmöglichkeiten. Die Durchmesser der Schneidköpfe reichen von einem Zentimeter bis unter einen Millimeter. Wer das nächste Mal beim Zahnarzt genau hinsieht, wird feststellen, dass dessen „Bohrer"sortiment nicht nur ähnliche Größen hat, sondern auch denselben Formenreichtum wie die Frässtifte.
Die Einteilung der Typen erfolgt am besten nach dem Werkstoff des Frässtifts bzw. der Schneiden:

→ Frässtifte aus HSS (Hochleistungs-Schnellschnitt-Stahl)
→ Frässtifte aus Hartmetall
→ Frässtifte mit Hartmetallgranulat
→ Frässtifte mit Diamantbestückung

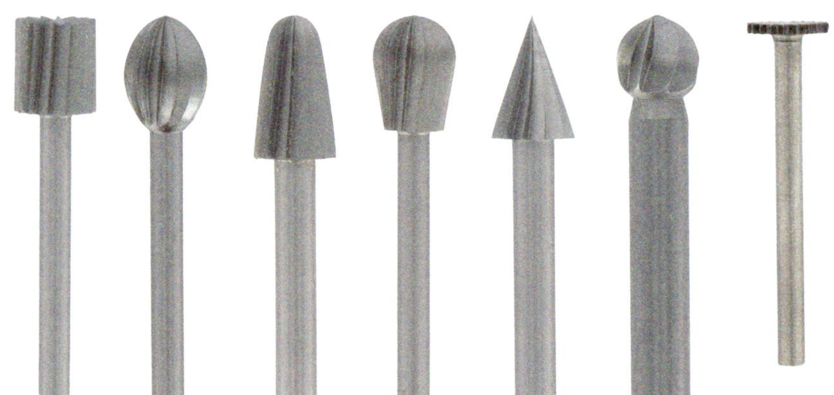

HSS-Frässtifte.

Holzbearbeitung mit dem HSS-Frässtift.

Frässtifte aus HSS

Frässtifte aus HSS können in vielen Formen und Zahnungsarten hergestellt werden. Grobe Zahnungen verwendet man zum Bearbeiten weicher und langspanender Werkstoffe, also bei Hölzern, Kunststoffen und weichen Metallen wie Aluminium und Kupfer. Je härter der Werkstoff ist, umso feiner muss die verwendete

Aushöhlen mit dem Frässtift.

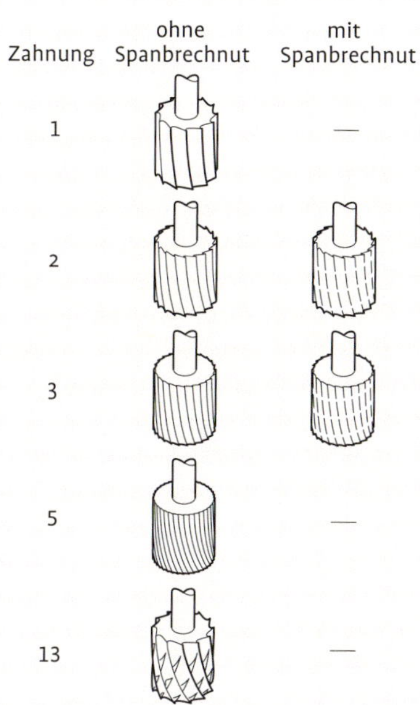

Schneidengeometrie und Zahnungsart von Frässtiften.

Zahnung sein. Für zähharte Edelstähle und keramische Werkstoffe kann man HSS-Frässtifte nicht verwenden.
Die Form des Schneidkopfes richtet sich nach der Arbeitsaufgabe. Zur Flächen- und Kantenbearbeitung wird man zylindrische Formen verwenden, zum Aushöhlen eher runde oder birnenförmige Frässtifte. Für die Bearbeitung von Ecken und in Winkeln gibt es konische und spitze Formen.
Wichtigstes Kriterium der Schneidengeometrie bei Frässtiften ist die Zahnungsart, die auf das zu bearbeitende Material abgestimmt sein muss. Die Verwendungsmöglichkeiten sind herstellerseitig auf der Umverpackung angezeigt. Generell gilt: Je härter der zu bearbeitende Werkstoff, desto feiner muss die Zahnung sein.
Frässtifte zur Bearbeitung von Leichtmetalllegierungen können auch bei Holzwerkstoffen und Kunststoffen, mit der Ausnahme von GFK, verwendet werden.

Frässtifte aus Hartmetall

Bei diesen Frässtiften bestehen Schaft und Schneidkopf komplett aus Hartmetall. Der Schneidkopf ist extrem fein gezahnt. Die feine Zahnung in Verbindung mit Hartmetall ermöglicht die Bearbeitung von Edelstählen, gehärtetem Stahl und keramischen Werkstoffen. Die Formenauswahl ist nicht so vielseitig wie bei HSS-Frässtiften. Sehr kleine Schneidköpfe sind nicht möglich, weil Hartmetall nicht nur sehr hart, sondern

HM-Frässtifte.

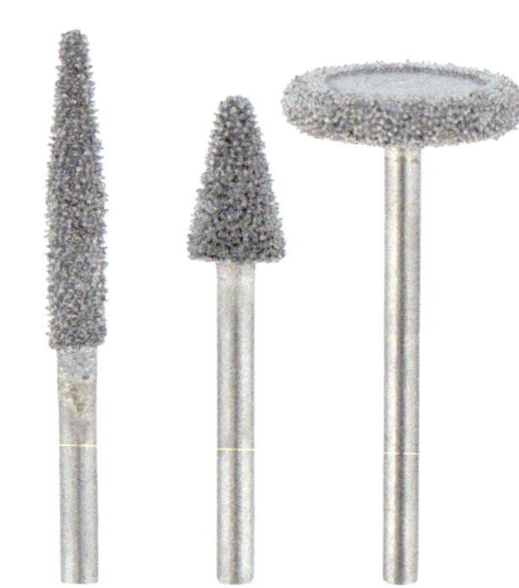

HM-Granulat-Frässtifte.

Skulptieren mit dem HM-Frässtift.

Raspeln mit HM-beschichtetem Fräsrad.

auch sehr spröde ist. Bei zu kleinen Schneidköpfen wäre bei manueller Führung die Bruchgefahr zu groß. Sie werden bevorzugt bei der Bearbeitung von Mineralbaustoffen und zum Ausfräsen von Mörtelfugen verwendet.

Frässtifte mit Hartmetallgranulat
Bei diesen Frässtiften ist der Schaft und der Grundkörper des Schneidkopfes aus Stahl. Der Schneidkopf ist an seiner Oberfläche mit scharfem Hartmetallgranulat beschichtet. Die Körnung ist relativ grob, wodurch sich ein schneller, aber auch rauer Schnitt ergibt. Das Hartmetall erlaubt auch die problemlose Bearbeitung keramischer Werkstoffe sowie von GFK- und CFK-Verbundwerkstoffen. Harte Hölzer, deren Bearbeitung unter Umständen zur

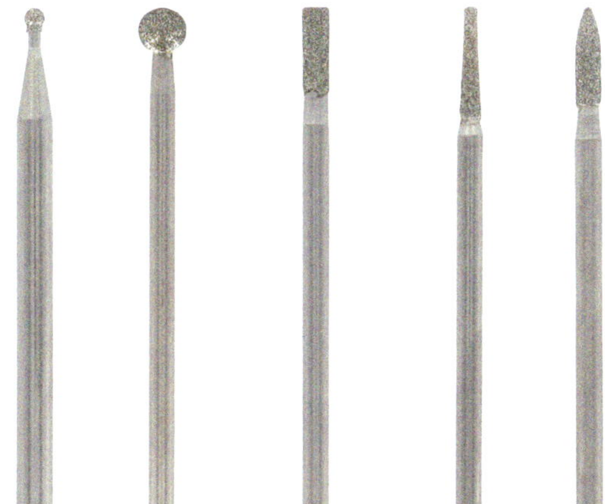

Frässtifte mit Diamantbeschichtung.

Überhitzung von HSS-Frässtiften führt, können mit den granulatbeschichteten Frässtiften hervorragend grob und schnell vorbearbeitet werden.

Frässtifte mit Diamantbeschichtung

Werkstoffe wie Stahl, Glas, Keramik, Halbedelsteine und Kristalle können nur mit Diamant bearbeitet werden. Die zur Bearbeitung verwendeten Frässtifte haben deshalb einen mit

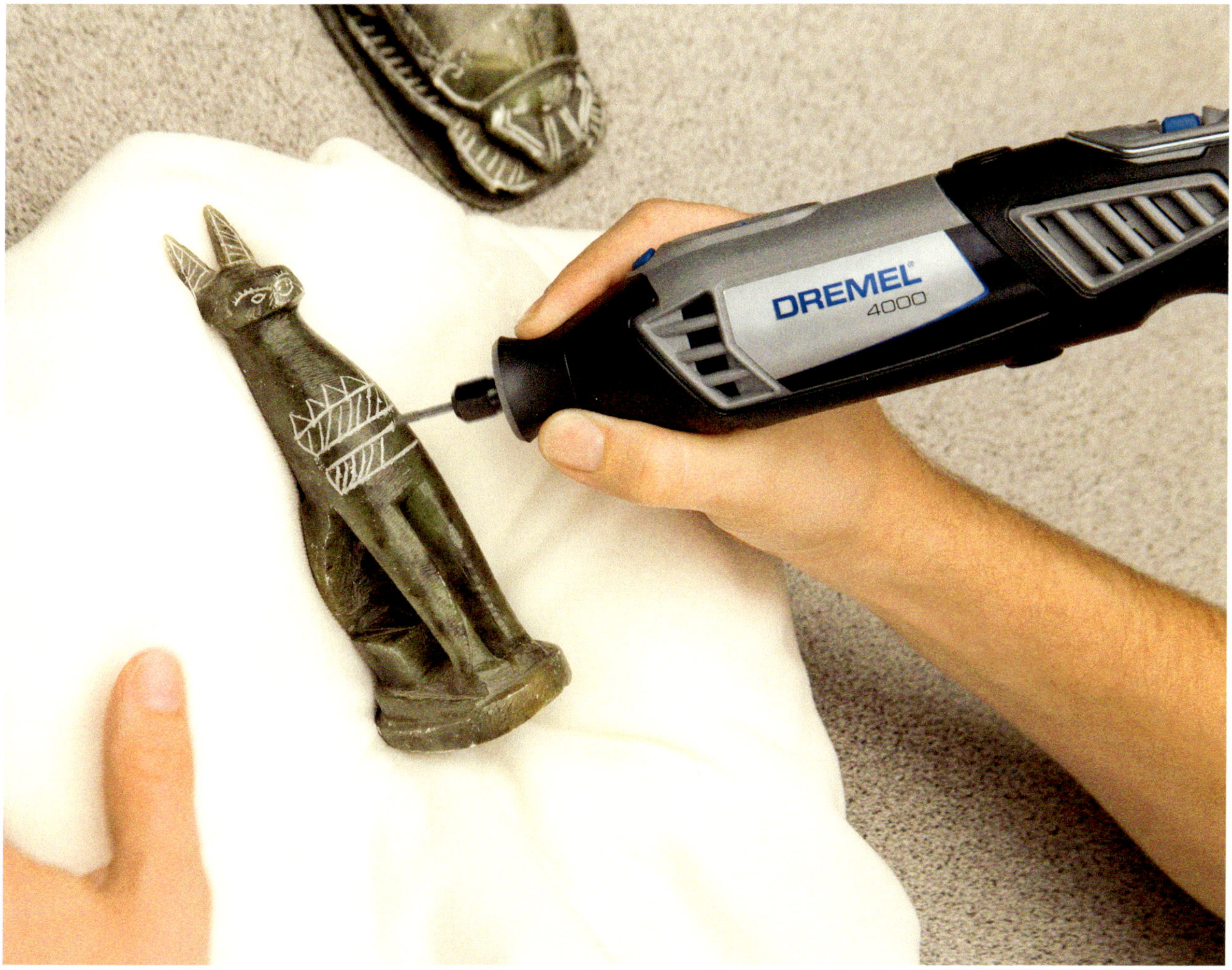

Ziselieren mit dem Diamant-Frässtift.

Diamanten besetzten Schneidkopf. Bei der Anwendung sollte stets mit geringem Andruck gearbeitet werden. Bei zu starkem Andruck kann es zu Überhitzungen kommen, wodurch die Diamantbeschichtung zerstört wird.

Praktische Anwendung

Wer zum ersten Mal Frässtifte benützt, sollte sie an Probestücken des zu bearbeitenden Materials ausprobieren. Dies gilt besonders bei der Metallbearbeitung. Wie bei der Anwendung von Oberfräsen oder rotierenden Bürsten muss die Arbeitsrichtung beachtet werden. Es muss stets im Gegenlauf gearbeitet werden, weil sich so das Werkzeug wesentlich sicherer und präziser führen lässt, also: Arbeitsrichtung immer entgegen der Rotationsrichtung des Frässtiftes (siehe „Fräspraxis“ Seite 73f.).
Lediglich bei sehr kleinen Frässtiften mit den Abmessungen von „Zahnarztbohrern“ spielt die Arbeitsrichtung keine Rolle, weil die Rückdrehmomente extrem gering sind.

Bearbeiten von Metall

Die Aufbewahrung der Frässtifte sollte in den dafür vorgesehenen Verpackungen bzw. Behältern erfolgen, niemals zusammen mit magnetischen Teilen wie beispielsweise magnetischen Schrauberbithaltern. Beim Bearbeiten von Stahl bleiben sonst die Späne in der Zahnung hängen und sind nur schwer zu entfernen. Aluminium und Kupfer sind relativ weiche Metalle. Wie bei Sägeblättern haben Aluminium und Kupfer deshalb auch bei Frässtiften die Tendenz, sich in der Zahnung festzusetzen. Arbeiten mit sehr hohem Andruck begünstigt diesen Vorgang. Es empfiehlt sich deshalb, den Andruck gering zu halten.
Eine zugesetzte Zahnung sollte man nicht mit einer Metallbürste säubern, weil dadurch die Zähne abstumpfen können. Besser ist es, die Zahnung mit einer scharfen Schnitzmesserklinge freizulegen.
Wenn mit den Frässtiften vorher Stahl oder Keramik bearbeitet wurde, sind die Schneiden für Weichmetalle nicht mehr scharf genug und neigen eher zum Zusetzen.

Beim Fräsen von Aluminium verstopfen nicht geschmierte Fräser!

TIPP

Es hat sich bewährt, bei der Bearbeitung von Aluminium und Kupfer den rotierenden Frässtift regelmäßig in eine Wachskerze zu halten. Dadurch lagert sich etwas Wachs in der Zahnung ab und „schmiert“ sie, wodurch sich die Späne weniger stark festsetzen.

Sicherheit beim Einsatz von Frässtiften

Frässtifte werden mit sehr hohen Drehzahlen betrieben. Der Schaft sollte deshalb immer so tief wie möglich eingespannt werden. Schon leicht verbogene Frässtifte erzeu-

gen eine große Unwucht mit hohen Vibrationen. Sie können dazu führen, dass man die Kontrolle über das Werkzeug verliert.
Frässtifte sollen stets in Spannzangen gespannt werden, was durch den einheitlichen Schaftdurchmesser vereinfacht wird. Beim Spannen in einem Bohrfutter ist der Rundlauf nicht so präzise, außerdem sind Bohrfutter für sehr hohe Drehzahlen nicht geeignet.
Die bei der Bearbeitung von Metall entstehenden Späne sind haarfein mit scharfen Spitzen. Sie werden durch die Rotation des Frässtiftes in alle Richtungen weggeschleudert. Deshalb muss grundsätzlich eine Schutzbrille getragen werden. Die unvermeidbare Geräuschentwicklung hat eine unangenehm hohe Tonlage, bei länger dauernder Benutzung ist daher ein Gehörschutz zweckmäßig.
Die Späne lagern sich auch in der Kleidung ab. Sie sind dann selbst durch intensives Waschen nicht vollständig zu entfernen, weshalb die Kleidung durch eine Arbeitsjacke oder Schürze geschützt werden sollte.
Beim Arbeiten mit größeren, grobzahnigen Frässtiften kann es vorkommen, dass man vom Werkstück abrutscht, wodurch es zur Berührung mit dem Frässtift und damit zu schmerzhaften und verschmutzten Verletzungen kommen kann.
Das Tragen von Handschuhen ist deshalb sinnvoll. Es müssen Lederhandschuhe sein, auf keinen Fall Latexhandschuhe. Latex fängt sich blitzschnell in der Zahnung und wickelt sich auf: Die Finger werden dadurch unaufhaltsam direkt in den Frässtift gezogen!

Rotierende Feilen und Raspeln für unbegrenzte Kreativität.

Um den Späneflug zu begrenzen, ist es zweckmäßig, den Arbeitsplatz abzuschirmen. Am einfachsten geht dies, wenn man die Arbeit in einer großen Pappschachtel, beispielsweise in einem Schuhkarton, durchführt.

OFF
DREMEL
DREMEL

Fräsen

Fräsen ist eine spanabhebende Oberflächenbearbeitung. Das Fräswerkzeug steht senkrecht zum Werkstück.
Wenn sich die Werkzeugmaschine über dem Werkstück befindet, spricht man von einer Oberfräse. In diesem Fall wird das Werkzeug von Hand über das fixierte Werkstück geführt. Wenn sich das Werkzeug stationär in einem Frästisch befindet, spricht man von einer Tischfräse. In diesem Fall wird das Werkstück auf den fixierten Frästisch aufgelegt und am Fräser entlanggeführt.
Die typische Anwendung der Fräse ist die Kantenbearbeitung und das Herstellen von Nuten im Werkstück.

Fräswerkzeug

Das Fräswerkzeug besteht aus dem Multifunktionswerkzeug, dem Oberfräsenvorsatz sowie den Fräsern. Weitere Zubehörteile sind der Zirkelvorsatz und der Parallelanschlag sowie Mehrzweckvorsätze.

Betrieb mit dem Oberfräsenvorsatz.

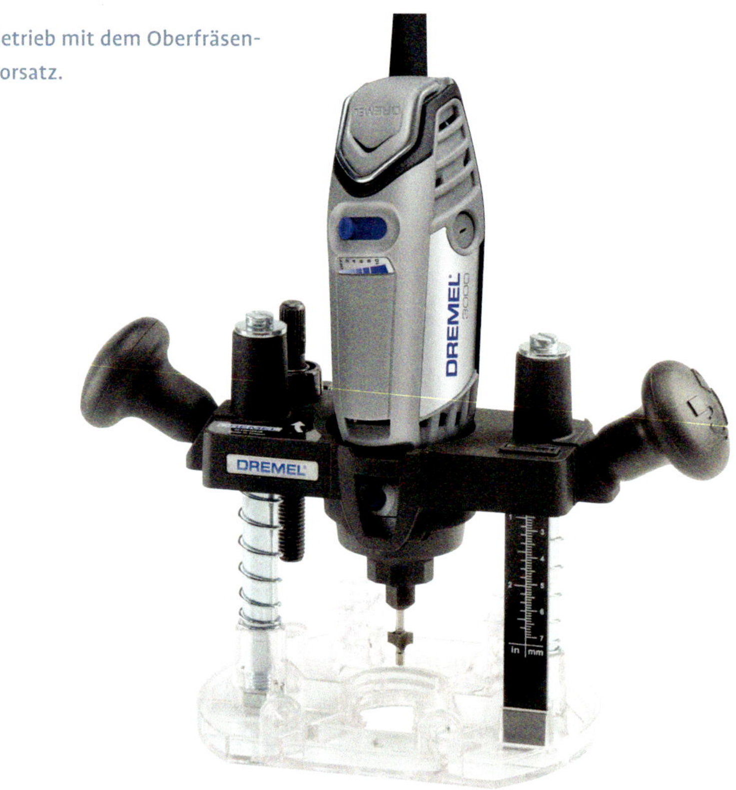

Oberfräsenvorsatz für das Multifunktionswerkzeug.

Frästiefeneinstellung.

Betrieb als Oberfräse

Beim Betrieb als Oberfräse muss ein Oberfräsen-Vorsatzgerät oder ein Mehrzweck-Fräsvorsatz verwendet werden. Ein freihändiges Fräsen ohne diese Vorsätze ist nicht möglich, weil die Fräse dann weder in der Fräsrichtung noch in der Frästiefe präzise zu kontrollieren ist.

Das Vorsatzgerät besteht aus einer Grundplatte mit zwei senkrechten Säulen, zwischen denen der Antriebsmotor in einer verschiebbaren Spannvorrichtung befestigt wird. Zur Führung sind an den Seiten die Handgriffe und die Bedienungselemente angebracht.

Durch das Herunter- oder Hochfahren der Fräse kann der Fräser in das Werkstück eingetaucht oder herausgezogen werden. Zur Kantenbearbeitung kann man die Frästiefe einstellen und fixieren. Beim Eintauchen des Fräsers in die Oberfläche, beispielsweise beim Nuten, kann die Frästiefe mithilfe eines Anschlags voreingestellt werden. Damit wird ein unbeabsichtigtes zu tiefes Eintauchen in das Werkstück verhindert.

TIPP

Durch die Eintauchfunktion eignet sich die Oberfräse auch hervorragend zum Bohren senkrechter und winkelgenauer Bohrungen, wenn man statt des Fräsers einen Bohrer verwendet.

Bei Sacklöchern kann die Bohrtiefe durch den Tiefenanschlag begrenzt werden.

Systemzubehör

Das Oberfräsen-Zusatzgerät wird durch Anschläge für die Kantenführung (Parallelanschlag) und eine Kreisführung (Fräszirkel) sowie eine Kopierhülse ergänzt.

Parallelanschlag

Der Parallelanschlag ermöglicht paralleles Fräsen zu den Werkstückkanten. Dabei erfolgt die Führung nur einseitig und man muss für ein sicheres und präzises Fräsen daher die Oberfräse mit dem Anschlag fest gegen die Werkstückkante drücken und daran entlangführen.

Zirkelvorsatz

Mit dem Zirkelvorsatz können Radien bzw. kreisrunde Werkstücke gefräst werden. Bei der Verwendung des Zirkelvorsatzes benötigt man den Oberfräsenvorsatz nicht. Das Multifunktionswerkzeug wird direkt eingesetzt. Die Spitze des Zirkelvorsatzes wird in die Oberfläche eingestochen und dann die Oberfräse um den Einstichpunkt geführt. Wenn das Werkstück nicht beschädigt werden darf, klebt man mit doppelseitigem Klebeband ein Stück Holz über den Drehpunkt und sticht darin die Spitze des Zirkelvorsatzes ein.
Der Zirkelvorsatz kann auch als Parallelanschlag benützt werden.

Fräsen mit dem Parallelanschlag.

Anwendung Parallelvorsatz.

Zirkel- und Parallelvorsatz für das Multifunktionswerkzeug.

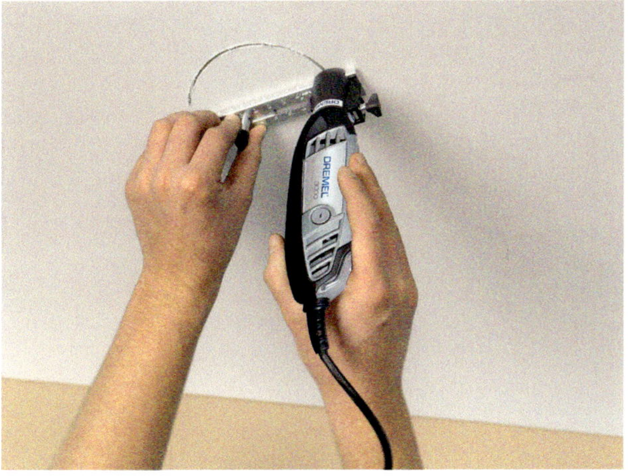

Anwendung Zirkelvorsatz.

90°- und 45°-Mehrzweckvorsatz.

Mehrzweck-Fräsvorsätze

Es gibt Arbeitsaufgaben, bei denen der Oberfräsenvorsatz mit seinen vielen Funktionen bei der Anwendung hinderlich ist. Für diese Fälle ist der Einsatz der Mehrzweck-Fräsvorsätze günstiger. Es gibt folgende Fräsvorsätze:

- → 90°-Vorsatz für Fräsarbeiten in Plattenmaterial
- → 45°-Vorsatz zum Ausfräsen von Fugen

Bei der Anwendung werden spezielle Fräser verwendet. Die Frästiefe bis ca. 20 mm kann am Vorsatz eingestellt werden

Fräser

Die Einsatzwerkzeuge der Fräse sind die Fräser. Sie unterteilen sich in Nutfräser mit verschiedenen Durchmessern sowie in Formfräser. Formfräser werden zur Kantenbearbeitung verwendet, beispielsweise um Kanten abzurunden.
Formfräser haben einen sogenannten Anlaufzapfen, mit dem sie entlang der Werkstückkanten geführt werden. Spitzfräser werden für die Ornamentierung von Oberflächen und zum Fräsen von Beschriftungen benützt.
„Schlüssellochfräser" eignen sich zur Herstellung von T-förmige Nuten und

Multifunktionswerkzeuge mit Mehrzweckvorsätzen.

Präzise Ausschnitte fräsen mit dem Mehrzweckvorsatz.

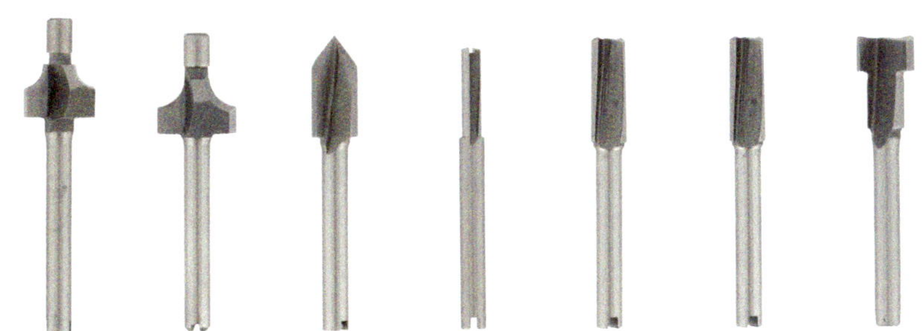

Fräser für das Multifunktionswerkzeug.

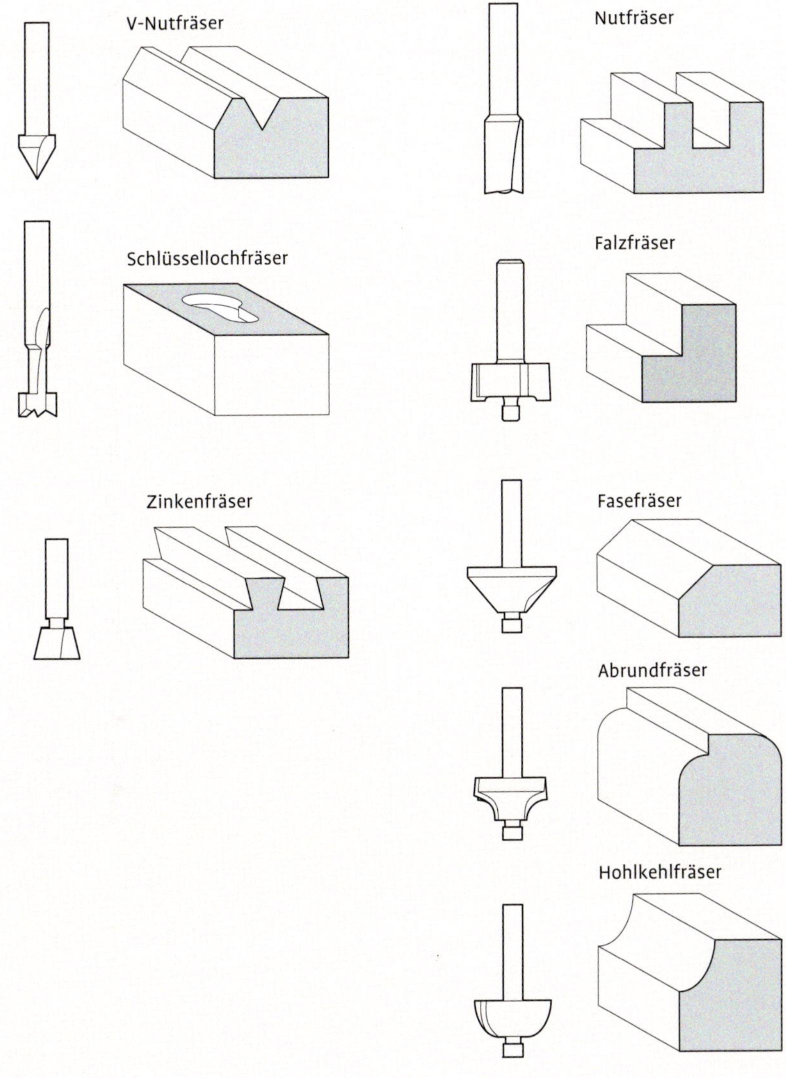

Fräser und ihre Arbeitsprofile.

von Aufhängeösen, beispielsweise für Bilderrahmen.

Fräspraxis

Beim Fräsen mit Kleinwerkzeugen werden meist filigrane Werkstücke bearbeitet. Kein Wunder, dass es hierbei auf beste Arbeitsqualität ankommt. Um diese zu erzielen, müssen je nach bearbeitetem Material und gestellter Aufgabe bestimmte Arbeitstechniken angewandt und Sicherheitsaspekte beachtet werden.

Vorschubrichtung

Die Vorschubrichtung ist bei handgeführten Oberfräsen sicherheitsrelevant. Man unterscheidet in

→ Gleichlauffräsen
→ Gegenlauffräsen

Die richtige Fräsrichtung entscheidet maßgeblich über die sichere Maschinenführung bei allen Fräsvorgängen entlang von Kanten. Beim Fräsen von Nuten, wenn beide Fräserschneiden im Eingriff sind, ist die Vorschubrichtung prinzipiell unwichtig, die Fräsrichtung allerdings ist bestimmend für die Qualität.

Gleichlauffräsen

Beim Gleichlauffräsen entspricht die Vorschubrichtung der Drehrichtung des Fräsers. Der Radeffekt des Fräsers bewirkt ein „Fortlaufen“ des Fräsers auf der Werkstückoberfläche, wodurch die Oberfräse nicht mehr kontrolliert geführt werden kann. Handgeführte Oberfräsen werden deshalb meist nicht im Gleichlauf betrieben.

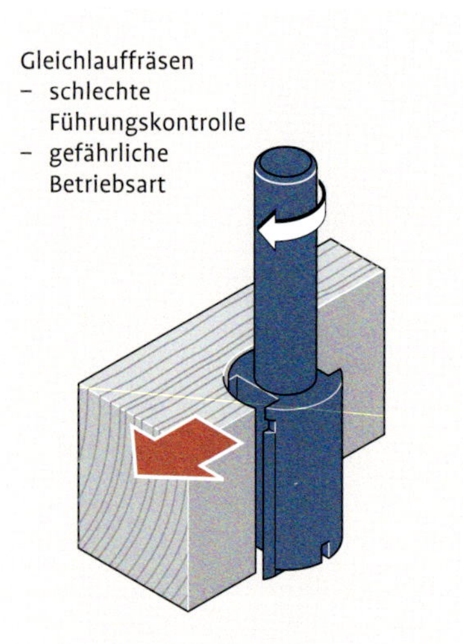

Gleichlauf- und Gegenlauffräsen.

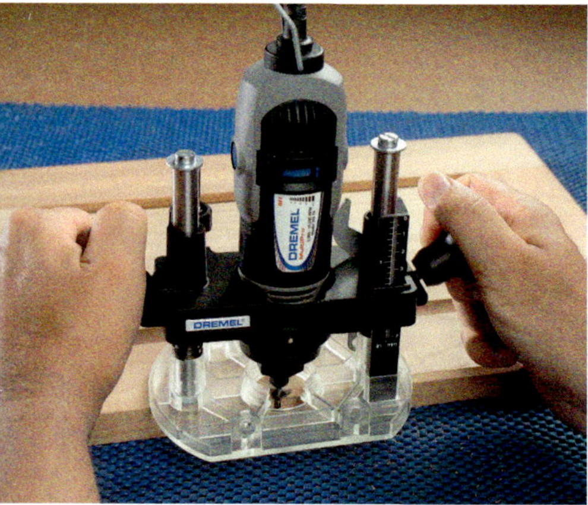

Fräsen einer Kassettentür mit dem Parallelanschlag.

Gegenlauffräsen

Beim Gegenlauffräsen ist die Vorschubrichtung entgegen der Drehrichtung des Fräsers. Hierdurch wird die Fräserschneide in das Material gezogen, zusammen mit Anschlägen oder dem Anlaufzapfen des Formfräsers ergibt sich so eine sehr sichere Maschinenführung. Die Vorschubkräfte können dadurch besser kontrolliert werden.

Fräsrichtungen

Neben den Anwendungen Gleichlauffräsen und Gegenlauffräsen entscheidet auch die Fräsrichtung über die Schnittqualität bei Faserwerkstoffen wie beispielsweise Holz.
Massivholz ist ein Werkstoff mit ausgeprägter Faserrichtung. Deshalb ist die Fräsrichtung bzw. die Rotationsrichtung des Fräsers zum Verlauf der Faser von ausschlaggebender Bedeutung für die Schnittgüte. In den Fällen, wo man in der Wahl der Fräsrichtung Freiheit hat, sollte man die für die Schnittqualität günstigste Fräsrichtung wählen. Die typischen Fräsrichtungen sind:

→ längs der Faser
→ quer zur Faser
→ schräg zur Faser

wobei bei der Fräsrichtung schräg zur Faser die Drehrichtung des Fräsers zur Faser für die Schnittqualität entscheidend ist. Daneben ist beim Fräsen von Nuten mithilfe des Parallelanschlages die Unterstützung der Anschlagwirkung zu beachten.

Fräsen mit dem Parallelanschlag

Beim Fräsen mit dem Parallelanschlag wird prinzipiell im Gegenlauf gefräst, wenn Außenkanten bearbeitet werden. Beim Fräsen von Nuten ist die Fräsrichtung theoretisch gleichgültig, weil auf der einen Nutseite die Schneide im Gegenlauf, auf der anderen Nutseite im Gleichlauf arbeitet. Es sollte aber auch hier stets im Gegenlauf (zur Außenkante gesehen) gearbeitet werden, weil diese Fräsrichtung das Anpressen des Parallelanschlages an die Werkstückkante unterstützt.

Fräsen längs der Faser

Fräsen längs der Faser ergibt eine hohe Schnittgüte. Beim Fräsen von Kanten kann die Schnittgüte noch etwas verbessert werden, wenn man zunächst wie üblich im Gegenlauf fräst, allerdings noch nicht auf Fertigmaß. Man lässt etwa 1/10 bis 1/20 mm stehen und fräst diesen Rest im letzten Fräsgang im Gleichlauf auf Maß.
Bei diesen geringen Spandicken kann man die Oberfräse auch im Gleichlauf noch sicher beherrschen. Diese Methode bewährt sich auch beim Besäumen von Furnierüberständen, weil dadurch ein Einreißen des Furniers verhindert wird.
Bei Fräsen von Nuten, die in einem Arbeitsgang mit dem entsprechenden Fräserdurchmesser hergestellt werden, arbeitet der Fräser wie oben genannt je nach Nutseite im Gleichlauf und im Gegenlauf. Man erzielt auch hierbei eine hohe Schnittgüte, die allerdings durch in der Nut zurückbleibende Späne etwas schlechter ist als eine vergleichbare Fräsung an der Werkstückaußenkante. Eine Absaugung verbessert hier die Schnittgüte.

Fräsen quer zur Faser

Bei allen Stirnflächen („Hirnholz") hat man austretende Fasern, die quer zur Fräsrichtung stehen. Werkstoffbedingt ist die Schnittgüte deshalb weniger gut als in Längsrichtung, die Oberfläche ist rauer. An dieser Tatsache kann nichts geändert werden. Verbesserungsmöglichkeiten bietet beim Fräsen von Kanten auch hier das Fräsen in mehreren Stufen, wobei zum Schluss nur noch ein sehr dünner Span genommen werden sollte.

TIPP

Bewährt hat sich auch ein kurzes Anfeuchten der gefrästen Kante vor dem letzten Durchgang. Nach dem Trocknen haben sich die Fasern etwas aufgerichtet. Wenn man dann nochmals mit derselben Einstellung überfräst, erreicht man eine Verbesserung der Schnittqualität.
Grundvoraussetzung ist in jedem Falle ein scharfer Fräser. Schon geringfügig abgenützte Fräser beeinträchtigen deutlich das Ergebnis.

Fräsen schräg zur Faser

Beim Fräsen schräg zur Faserrichtung entscheidet die Drehrichtung des Fräsers zur Faser die Schnittqualität. Hierbei sind zwei Fälle möglich:

- → Schnitt schräg gegen die Faserrichtung
- → Schnitt schräg mit der Faserrichtung

Weil man aber die Drehrichtung des Fräsers nicht ändern kann, muss man den Fräsbeginn, von rechts oder von links, entsprechend wählen. Nur so ergibt sich ein entsprechender Schnittverlauf.

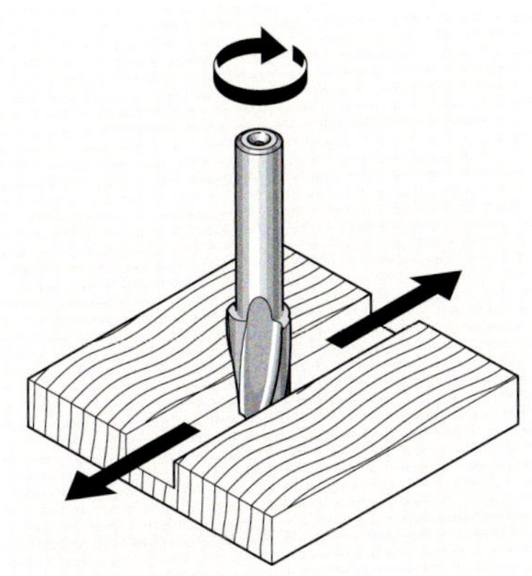

Nutfräsen längs der Faser.

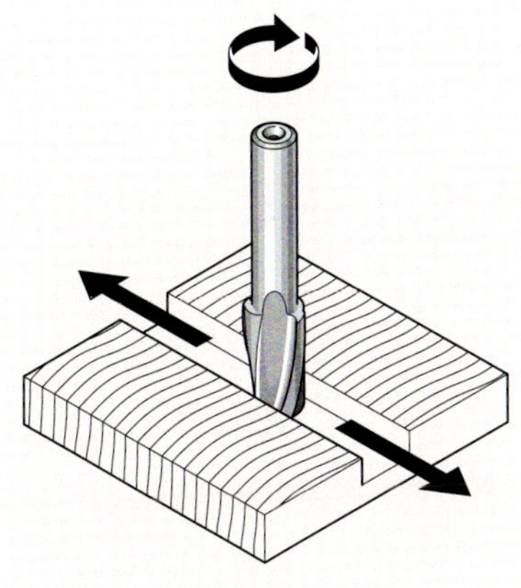

Nutfräsen quer zur Faser.

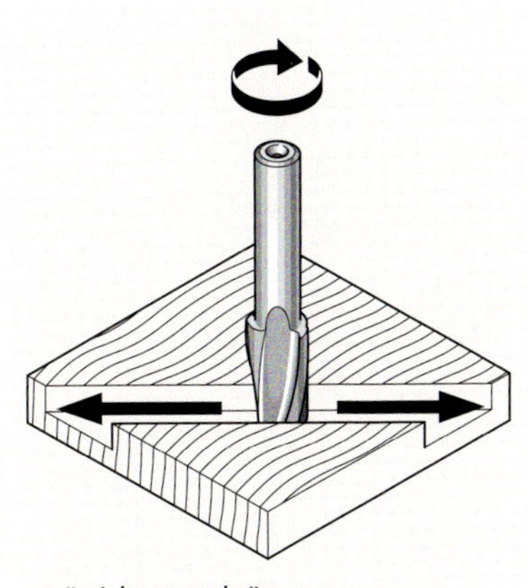

Nutfräsen schräg zur Faser, Rotation gegen Faserrichtung.

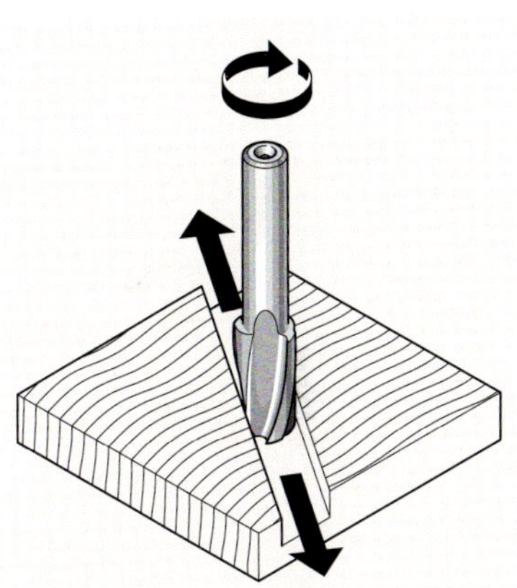

Nutfräsen schräg zur Faser, Rotation mit der Faserrichtung.

Schnitt schräg, Rotation gegen die Faserrichtung

Bei diesem Schnittverlauf löst sich der Faserverbund durch die Spaltwirkung der eindringenden Schneide etwas, wodurch die Schnittgüte sehr rau werden kann. Hierbei gibt es Unterschiede je nach Holzart. Harte Hölzer haben bei dieser Fräsart meist eine bessere Oberflächengüte als weiche Hölzer. Da die Drehrichtung der Oberfräse und damit des Fräsers nicht geändert werden kann, sollte man, wenn immer man die Wahl hat, diese Fräsrichtung vermeiden.

Schnitt schräg, Rotation mit der Faserrichtung

Bei diesem Schnittverlauf werden beim Fräsvorgang die Fasern aneinandergepresst, wodurch Ausrisse vermieden werden. Die erreichbare Schnittqualität ist deshalb sehr hoch. Wenn man die Wahl hat, sollten Fräsarbeiten stets schräg mit der Faserrichtung erfolgen.

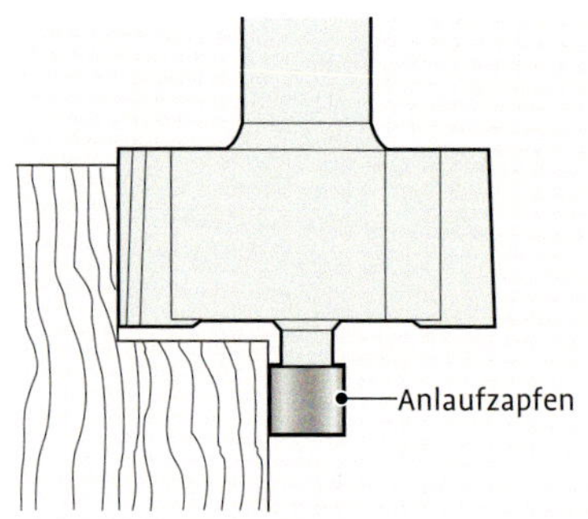

Fräser mit Anlaufzapfen.

Kantenbearbeitung

Die Bearbeitung von Werkstückkanten kann sowohl mit Nutfräsern als auch mit Formfräsern erfolgen. Die beim Profilieren verwendeten Formfräser haben einen Anlaufzapfen, mit dem sie entlang der Werkstückkante geführt werden. Hierbei muss man zügig am Werkstück entlangfahren. Bei zu langem Verweilen an einer Stelle kann der Anlaufzapfen zu Brandspuren am Werkstück führen. Die beste Oberflächenqualität wird erreicht, indem in mehreren Durchgängen gefräst wird, wobei beim letzten Durchgang nur noch eine geringe Spandicke von etwa 1/10 mm abgenommen wird. Je nach Faserrichtung kann es dabei erforderlich sein, den letzten Durchgang im Gleichlauf zu fräsen, wodurch sich eine bessere Oberflächengüte ergibt.

Nutfräsen

Beim Fräsen tiefer Nuten besteht stets die Gefahr, dass Späne die Nut verstopfen. Dies führt zu höherer Reibung und damit zu Brandspuren und rauen Schnittkanten. Abhilfe bietet das Fräsen in mehreren Durchgängen, erst flach, dann auf die Endtiefe. Eine weitere Möglichkeit ist, zunächst mit einem geringeren Frä-

Kantenbearbeitung, Führung durch Anlaufzapfen.

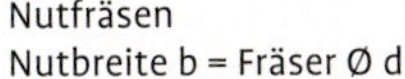

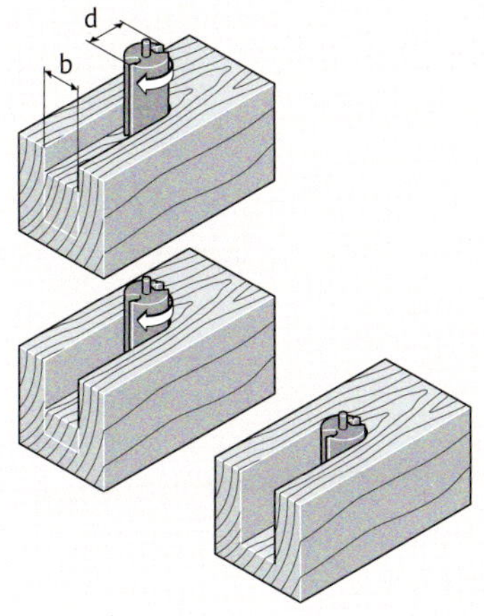

Nutfräsen, stufenweise auf Tiefe fräsen.

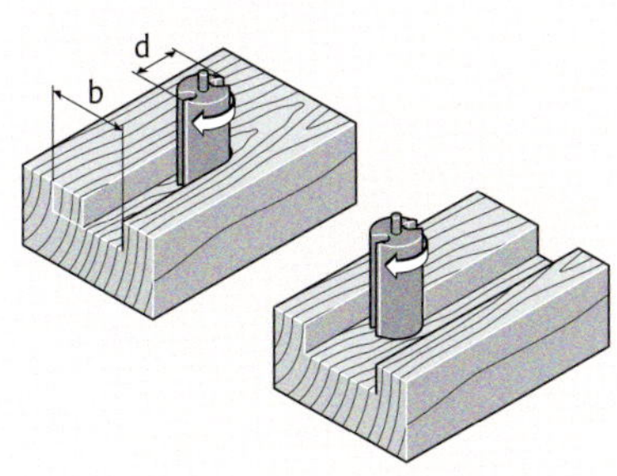

Nutfräsen, stufenweise auf Breite fräsen.

serdurchmesser zu fräsen und erst beim letzten Durchgang den Fräser mit dem gewünschten Durchmesser zu verwenden.

Umfräsen von Werkstücken

Beim Umfräsen von Werkstücken, beispielsweise beim Falzen (das ist eine Stufe an der Kante des Werkstücks), fräst man zwangsläufig mit der Faser und quer zur Faser. Um Ausrisse zu vermeiden, ist es zweckmäßig, eine bestimmte Fräsfolge einzuhalten. Man fräst zunächst die Stirnseiten mit dem Hirnholz und erst dann mit der Faser entlang der Längskanten.

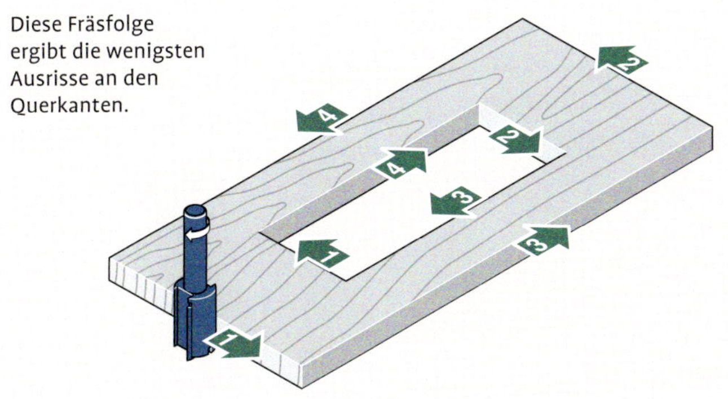

Reihenfolge beim Umfräsen von Werkstücken.

Kopierfräsen

Beim Kopierfräsen wird die Oberfräse entlang einer Schablone geführt. Als Führung dient dabei eine in die Fußplatte der Oberfräse eingesetzte Kopierhülse. Bei der Anfertigung der Schablone muss der Durchmesser der Kopierhülse und der Fräserdurchmesser berücksichtigt werden, denn der Fräsermittelpunkt ist um den halben Außendurchmesser der Kopierhülse vom Schablonenrand entfernt. Die Berechnungsformel für die Entfernung der Fräserschneide von der Schablonenkante lautet: halber Außendurchmesser der Kopierhülse minus halber Fräserdurchmesser.

Kopierfräsen mit Kopierhülse und Schablone.

Kopierhülsen

Kopierhülsen gestatten die formtreue Herstellung vorgegebener Ausfräsungen nach Schablonen. Auch Serienteile können damit hergestellt werden. Weil die Führung nur einseitig ist, muss für sicheres und präzises Fräsen die Oberfräse mit der Kopierhülse fest gegen die Schablone gedrückt werden.

Kopierhülsen für die Oberfräse.

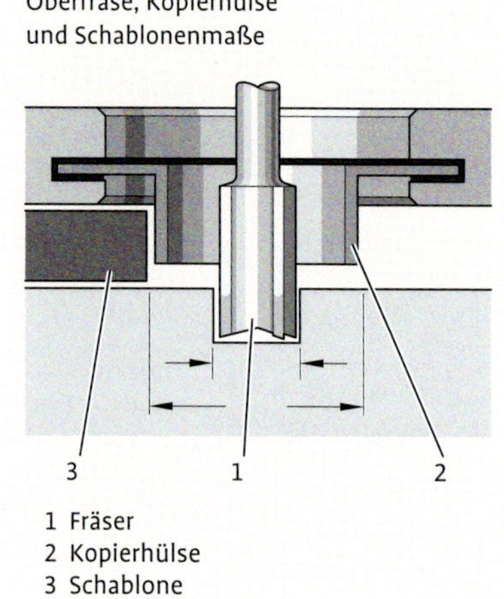

Beim Fräsen mit der Kopierhülse muss deren Maß berücksichtigt werden.

Fräsen mit Schablone

1 2

3 4

1 Ausgangsmaterial
2 späteres Werkstück

3 falsche Schablone, Werkstück wird nicht geschützt
4 richtige Schablone, Werkstück wird geschützt

Schablonenform für Außenkonturen.

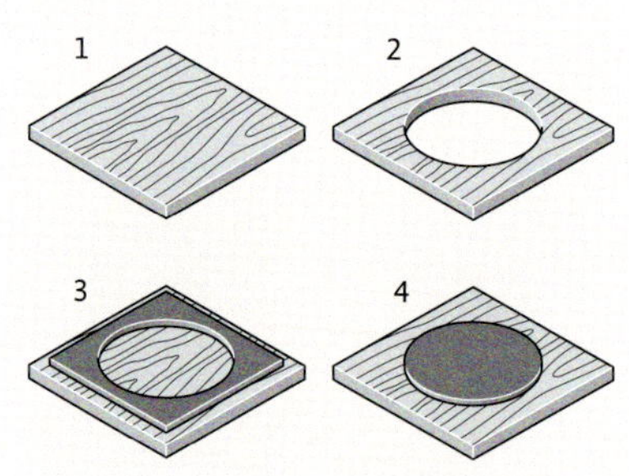

1 Ausgangsmaterial
2 späteres Werkstück

3 richtige Schablone, Werkstück wird geschützt
4 falsche Schablone, Werkstück wird nicht geschützt

Schablonenform für Innenkonturen.

TIPP

Die Schablone sollte stets so angefertigt werden, dass sie das Werkstück schützt. Bei nicht exakter Führung geht dann der Fehlschnitt in die Abfallteile und nicht in das spätere Werkstück.

Gratfräsen

Gratverbindungen dienen als Holzverbindung und können sowohl als fixe Verbindung oder als lose Gleitverbindung ausgeführt werden. In jedem Fall ist eine hochpräzise Arbeitsweise erforderlich. Das Fräsen des Grates erfolgt am besten mit einer Hilfsleistenkonstruktion. Sie verbessert durch die vergrößerte Oberfläche die Auflage und verhindert dadurch das Verkanten der Oberfräse auf der sonst zu schmalen Längskante des Werkstückes.

Kantenbearbeitung von Leisten

Die Lage der Jahresringe an der Kante von Massivhölzern entscheidet über das dekorative Erscheinungsbild der Kante und ist beispielsweise bei der Herstellung von Bilderrahmen und Einfassungen zu beachten.

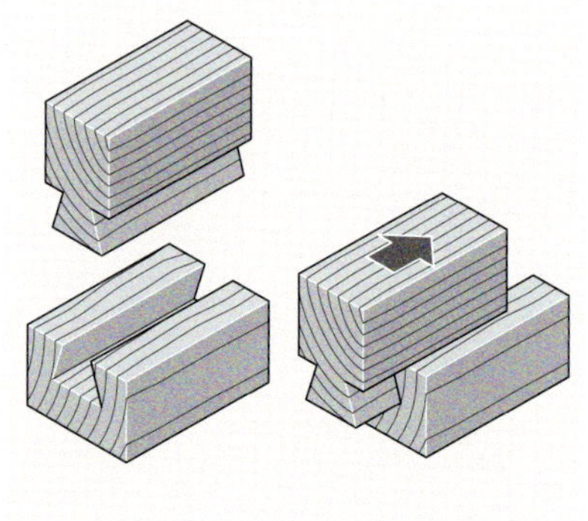

Gratverbindung („Schwalbenschwanz“)

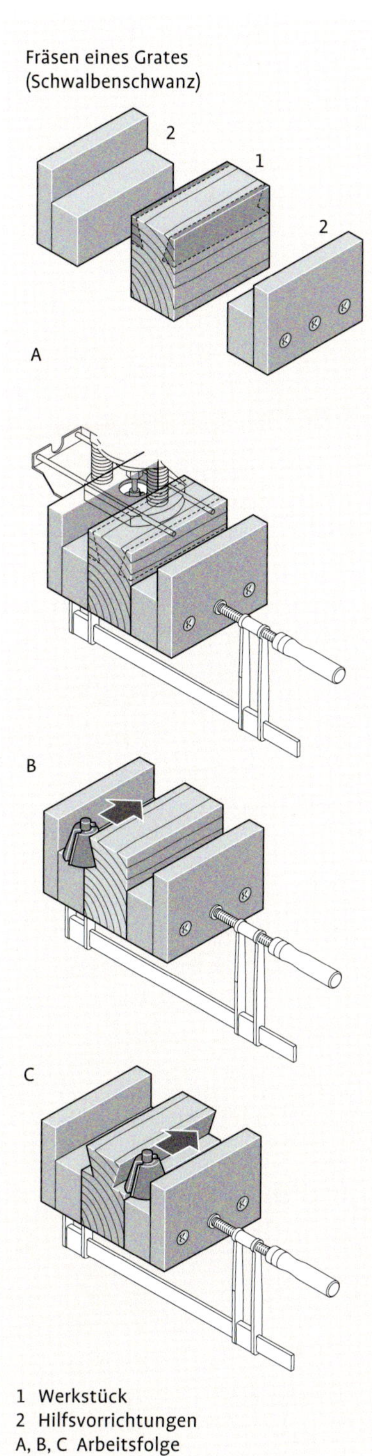

Praktische Ausführung an schmalen Kanten.

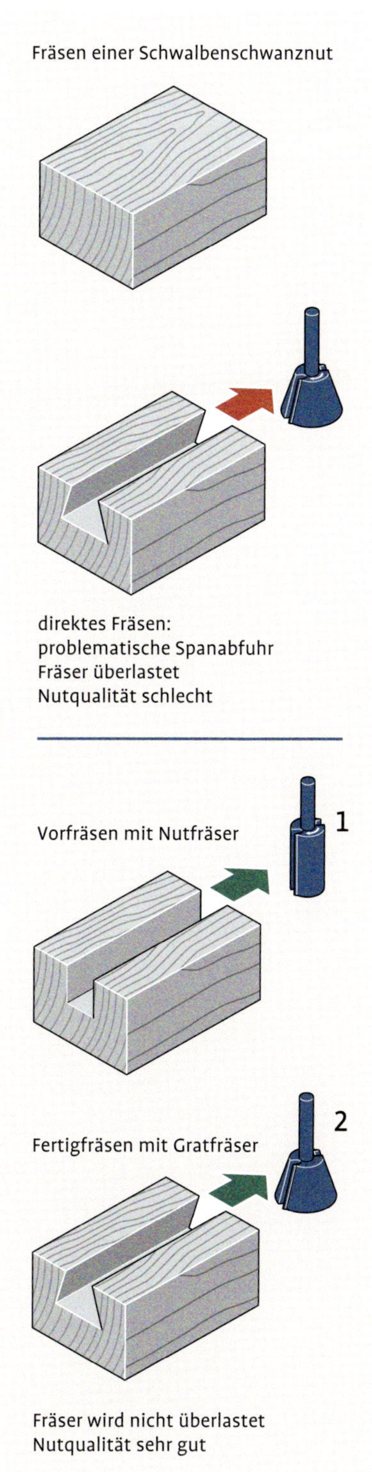

Frästechnik für gutes Arbeitsergebnis.

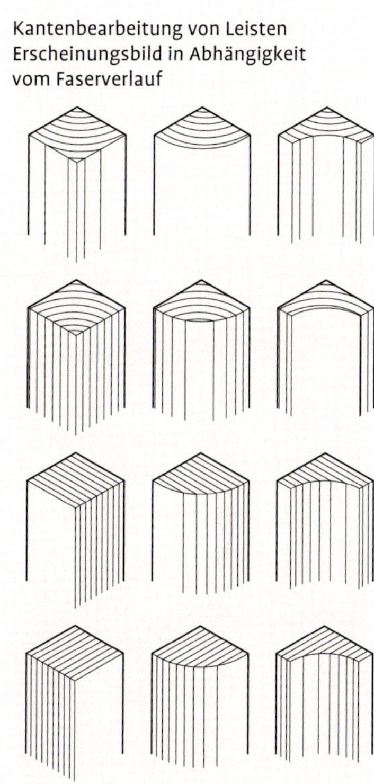

Erscheinungsbilder beim Kantenfräsen.

Fräsen mit Mehrzweckvorsätzen

Die Vorsätze ermöglichen weitere Anwendungen mit dem Multifunktionswerkzeug. Mit dem 90°-Vorsatz lassen sich hervorragend Ausschnitte in Plattenmaterialen herstellen. Die speziellen Fräser sind dünn genug, um fast keine Rückdrehmomente zu erzeugen. Deshalb können komplexe Kurven und Ausschnitte auch freihändig gefräst werden.

Je nach dem zu bearbeitenden Material verwendet man unterschiedlich Fräser:

- → Multimaterial-Fräser für Holzwerkstoffe, Laminate und Kunststoffe
- → Trockenwandfräser für Ausschnitte in Gipskartonplatten

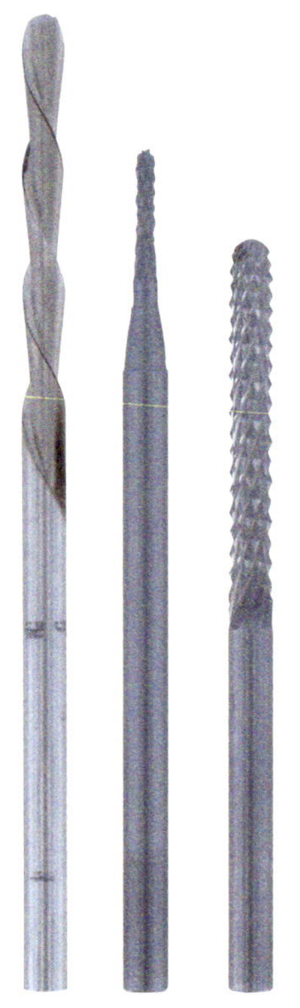

Spezialfräser für Multimaterial, Kachelfugen und Fliesen.

Kurvenschnitte können problemlos gefräst werden.

Beide Fräsertypen fördern die Späne nach unten, wodurch das Sichtfeld auf die Fräserspur sauber bleibt, was eine präzise Führung ermöglicht.
Für die Bearbeitung von Stein- und Keramikwerkstoffen gibt es:

- Fliesenfräser für Wandfliesen
- Fugenfräser für das Ausputzen von Mörtelfugen an Fliesen und Kacheln

Diese Fräser haben eine speziell Hartmetallzahnung. Harte Bodenfliesen können mit diesen Fräsern nicht bearbeitet werden.

Ausschnitte in Wandkacheln.

Ausräumen von Fugen.

Sicherheit beim Fräsen

Wegen der hohen Drehzahl läuft die Oberfräse nach dem Abstellen noch eine Zeit lang nach. Daher darf man die Oberfräse nach Arbeitsende erst ablegen, wenn der Motor zum Stillstand gekommen ist. So werden Verletzungen beim versehentlichen Berühren vermieden.
Wegen der Verletzungsgefahr durch die scharfen Fräserschneiden sollte nach Gebrauch auch der Fräser ausgespannt werden und nicht in der Maschine verbleiben.
Die Schutzbrille muss grundsätzlich immer getragen werden. Da der Staub von Harthölzern und auch von Holzwerkstoffen aus Recyclingmaterial zu Erkrankungen der Atemwege führen kann, ist in diesen Fällen ein Atemschutz und die Absaugung der Späne zu empfehlen.
Ein weiteres Sicherheitskriterium ist die Einspanntiefe. Grundsätzlich muss der Fräserschaft so tief wie möglich in der Spannzange stecken. Je tiefer der Fräserschaft in der Spannzange sitzt, umso präziser und sicherer ist der Rundlauf. Der Schaft muss zu mindestens zwei Drittel seiner gesamten Länge in der Spannzange eingespannt sein.

Zahlreiche Kunstwerke aus Vergangenheit und Gegenwart beweisen: Gravieren ist eine besonders schöpferische Tätigkeit. Gravuren auf Schmuckstücken, Werkstücken aus Keramik, Glas oder Metall steigern den Wert und verleihen dem Werk Individualität. Auch das Kennzeichnen von Gegenständen kann durch Gravur erfolgen.
Man sieht der Gravur oft nicht an, wie viel Arbeit dahintersteckt. Gegenüber der in der Vergangenheit ausschließlich möglichen Arbeit mit dem Handstichel gestatten heutzutage Maschinenwerkzeuge ein wesentlich müheloseres Gestalten.

Gravieren

Gravierwerkzeuge

Manuelle Gravierwerkzeuge arbeiten mit einem Stichel. Mit diesem werden winzige Späne aus dem Werkstück gestemmt, ähnlich der Arbeit mit einem Stemmeisen. Maschinelle Gravuren lassen sich mit den grundsätzlichen Methoden

→ schleifen und fräsen mit rotierenden Werkzeugen
→ stoßend mit hin- und hergehenden Werkzeugen

herstellen. Welche Methode man für die Arbeitsaufgabe wählt, hängt in erster Linie vom zu bearbeitenden Werkstoff und vom gewählten Motiv ab.
Gravieren durch schleifen und fräsen erfolgt mit dem Multifunktionswerkzeug, als Einsatzwerkzeuge dienen kleine und kleinste Frässtifte.
Für das stoßende Gravieren benützt man als Einzweckgerät den Gravierer.

Gravurarbeiten in Holz.

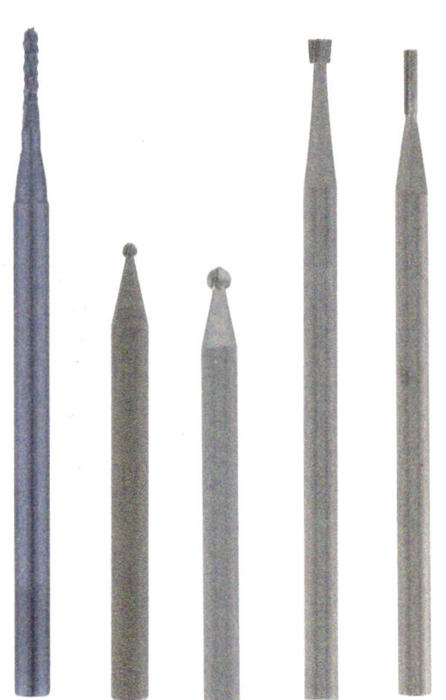
HSS-Gravierstifte.

Gravieren mit Rotation

Das Gravieren erfolgt durch gezielten Materialabtrag. Holz, Kunststoff und Metall werden spanabhebend bearbeitet. Als Einsatzwerkzeug dienen Frässtifte. Der Formenreichtum der Frässtifte erlaubt dabei sowohl großflächige als auch punktuelle Gravuren. Die Gravurtiefe ist frei und dem Motiv entsprechend wählbar.
Sprödharte Werkstücke wie Keramik, Porzellan und Glas müssen schleifend bearbeitet werden. Wegen der langen Standzeit und der universellen Anwendungsmöglichkeit sind diamantbestückte Schleifstifte hierzu besonders geeignet. Bei spröden Werkstoffen besteht naturgemäß eine hohe Bruchgefahr, besonders wenn das Werkstück dünnwandig ist. Bei Gläsern wird deshalb die Gravur meist in Form einer Mattierung der Oberfläche ausgeführt.
Als typisches Maschinenwerkzeug wird das Multifunktionswerkzeug mit dem entsprechend geeigneten Einsatzwerkzeug verwendet.

Gravierstifte

Gravierstifte sind eine Sonderform der HSS-Frässtifte. Sie haben extrem kleine Schneidköpfe mit Durchmessern bis ca. 0,8 mm. Damit lassen sich auch feinste Gravuren in Holz, Kunststoff und in weichen Metallen ausführen.
Wegen der geringen Durchmesser arbeitet man stets mit der höchsten Drehzahleinstellung.

TIPP

Der berühmte Tenor Enrico Caruso (1873–1921) konnte mit seiner Stimme Weingläser zum Schwingen und letztlich zum Zerspringen bringen. Ursächlich waren die Eigenschwingungen, die „Resonanz“ der Gläser. Caruso stimmte sich auf diese Frequenz ein und verstärkte so den Effekt.
Dünne Werkstücke wie Glasplatten, Spiegel und Gläser können durch die Berührung mit dem rotierenden Gravurwerkzeug ebenfalls zu Eigenschwingungen angeregt werden. Diese können sich so weit steigern, dass es zum spontanen Bruch des Werkstücks kommt. Wenn man das Werkstück nicht frei bearbeitet, sondern auf einer schwingungsdämmenden Unterlage, beispielsweise Neoprenschaum oder Knetmasse, lagert, kann man die Eigenschwingung meist recht gut dämpfen.

Gravieren mit Stoß

Nicht immer geht es bei Gravieren um flächige Ornamentik. Ähnlich dem aus der Computersteinzeit bekannten Nadeldrucker kann man Werkstücke auch punktuell bearbeiten. Bei dieser Anwendungsart wird durch eine Stoßbewegung ein Punktemuster in die Werkstückoberfläche eingeprägt. Die Tiefe der Einprägungen wird durch die Anzahl der Stöße auf derselben Stelle bestimmt. Für flächige Gravuren oder Beschriftungen führt man das Werkzeug entsprechend hin und her.
Prinzipiell kann jedes Material graviert werden. Gravuren mit Stoß dienen aber hauptsächlich zum Kennzeichen von Werkstücken, Werkzeugen und Geräten aus Metall. Bei dünnen Glaswerkstoffen muss allerdings mit Rotation graviert werden. Im Zweifel gilt die bewährte Regel einer Arbeitsprobe an einem Musterstück.
Als Maschinenwerkzeug wird statt dem Universalwerkzeug ein spezielles Gravurwerkzeug verwendet, das statt mit Rotation durch Stöße mit hoher Schlagfrequenz arbeitet.

Kennzeichnung durch Gravur.

Gravieren mit der Schablone.

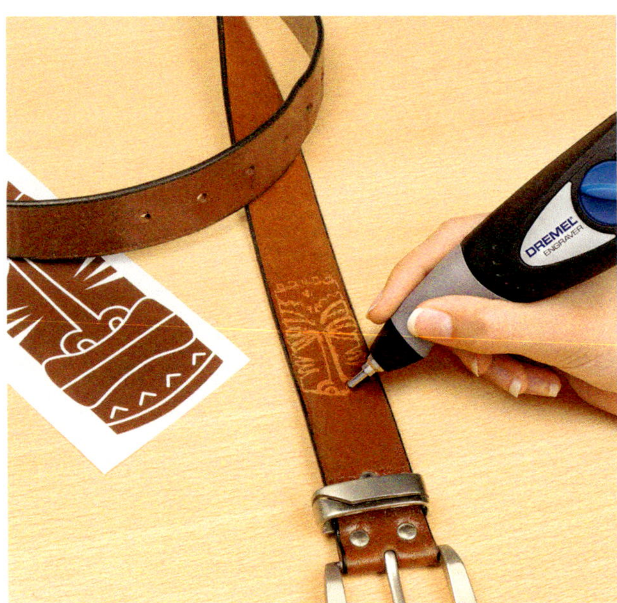

Punzieren von Leder mit dem Gravierer.

Gravurarbeiten in Stein.

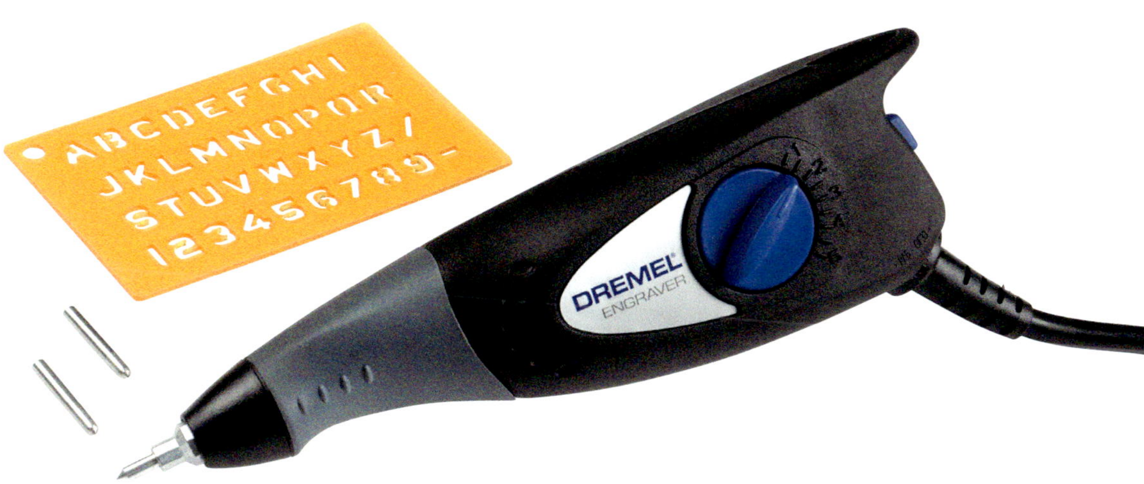

Graviergerät mit Schablone und Gravierstichelн.

Gravierer

Gravierer haben statt der Rotation eine hin- und hergehende Bewegung des Einsatzwerkzeuges. Die Schlagzahl ist mit ca. 6000 Hüben pro Minute hoch, weshalb das Arbeitsgeräusch bei längerer Arbeitsdauer störend wirken kann. Ein Gehörschutz ist daher sehr zu empfehlen. Wegen dem geringen Leistungsbedarf des Gravierers ist das Gerät klein und handlich, wodurch es sich präzise führen lässt.
Die Hubtiefe ist in Stufen einstellbar. Zur Einstellung gilt die Regel:

Links: Hartmetall-Gravierstichel.
Rechts: Gravierstichel mit Diamantspitze.

- → große Hubtiefe für weiche Werkstoffe
- → kleine Hubtiefe für harte Werkstoffe
- → geringste Hubtiefe für spröde Werkstoffe

Das Einsatzwerkzeug des Gravierers ist die Gravierspitze. Sie besteht aus verschleißfestem Hartmetall und ist auswechselbar.
Für die Bearbeitung von Keramik und Glaswerkstoffen gibt es diamantbestückte Gravierstichel. Sie besitzen an der Spitze einen winzigen Diamanten und haben bei den genannten Anwendungsfällen eine längere Standzeit.
Da Gravierer häufig für Kennzeichnungen verwendet werden, gehört eine Buchstaben- und Zahlenschablone zum Standardzubehör.

TIPP

Für spezielle Anwendungsfälle kann man sich aus einem Stück Werkzeugstahl mit dem Durchmesser der Originalstichel selbst die gewünschten Gravierstichel und Meißelchen schmieden oder schleifen. Vor der Anwendung müssen sie durch Glühen und anschließendes Abschrecken gehärtet werden.

Gravur eines Schlüsselanhängers.

Elektrische Handwerkzeuge haben den Vorteil hoher Mobilität: Man hat das gesamte Werkzeug „in der Hand", wodurch, besonders bei Akkuwerkzeugen, der Anwendungsflexibilität praktisch keine Grenzen gesetzt sind. Andererseits gibt es aber Arbeitssituationen, wo die Maschinenarbeit ständig mit der reinen Handarbeit im Wechsel steht. Das kann beispielsweise im professionellen Bereich die Tätigkeit des Goldschmieds sein oder im Hobbybereich der klassische Modellbau. Diese Tätigkeiten spielen sich meist auf der Werkbank ab. Genau für solche Zwecke gibt es den stationären Betrieb, der trotz fixer Montage in der Handhabung eine hohe Arbeitsflexibilität erlaubt.

Stationärbetrieb

Biegsame Welle

Aktuell und doch historisch – so könnte man die biegsame Welle bezeichnen. Es gab sie schon vor über 100 Jahren und sie verdankt ihre Existenz der Tatsache, dass damals Elektromotoren von wenigen 100 Watt Leistung so groß und schwer waren wie das Partyfass beim Grillabend. In der Hand konnte man so etwas nicht halten. Folglich platzierte man den Antriebsmotor an einem Galgen über der Werkbank und verband ihn mit der Werkzeugaufnahme über eine flexible Welle. Unabhängig vom schweren Antriebsmotor war das Werkzeug damit leicht zu führen. Diese Kombination ging unter dem populären Begriff „biegsame Welle" in den Werkstattjargon ein.

Funktion

Der Aufbau und die Funktion der biegsamen Welle ist denkbar einfach. Ähnlich dem vom Fahrrad oder Motorrad bekannten Bowdenzug ist das übertragende Element ein Stahlseil, das in einem Schlauch aus reibungsarmem Kunststoff die Rotation vom Motor auf die Werkzeugspindel überträgt. Damit sich das Stahlseil durch die Rotation nicht wie eine Feder auf- und zudrillt, besteht es aus mehreren abwechselnd rechts und links verdrillten Wicklungen. Hierdurch bleibt es auch dann stabil und gleichzeitig flexibel, wenn hohe Drehmomente übertragen werden müssen. An einem Ende hat es eine Kupplung zum Anschluss an den Antriebsmotor, am anderen Ende die Werkzeugspindel, die gleichzeitig als Handgriff dient. Daran befindet sich als Werkzeugaufnahme eine Spannzange oder ein Bohrfutter.

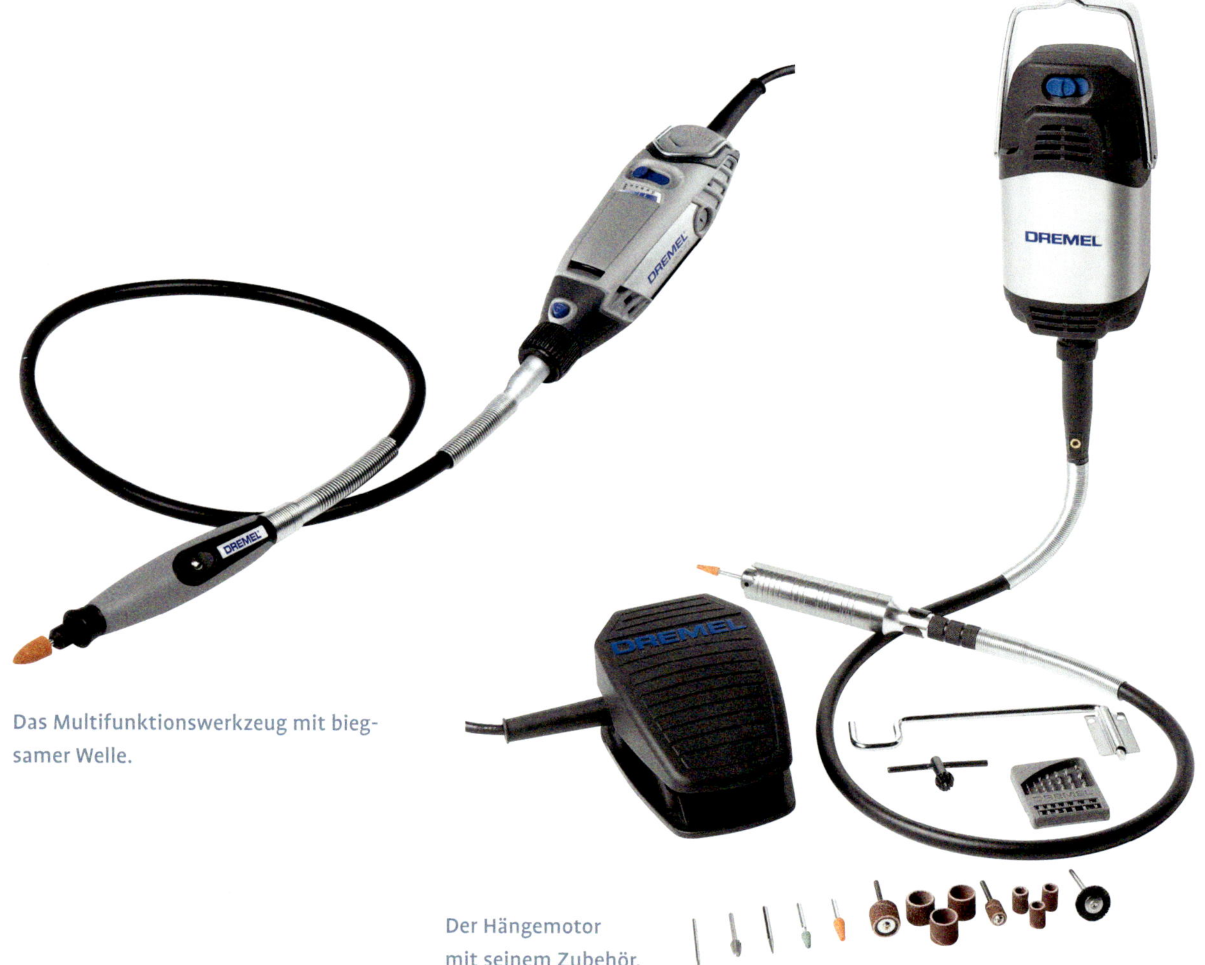

Das Multifunktionswerkzeug mit biegsamer Welle.

Der Hängemotor mit seinem Zubehör.

Die Trennung von Motor und Werkzeugspindel ermöglich gefühlvolleres Arbeiten an empfindlichen Werkstücken.

Skulptieren mit der biegsamen Welle.

Multifunktionswerkzeug und biegsame Welle

Das Multifunktionswerkzeug dient in diesem Fall als Antriebswerkzeug. Die biegsame Welle wird vorne am Werkzeugschaft fixiert. Die Trennung von Antrieb und Werkzeugspindel durch die biegsame Welle ermöglicht es, das Antriebswerkzeug an fast beliebiger Stelle an der Werkbank anzubringen. Die altbewährte pendelnde Aufhängung des Werkzeugs an einem Galgen über der Werkbank ist dabei besonders günstig. Das Werkzeug nimmt keinen Platz auf der Werkbank weg und die Reichweite der biegsamen Welle ist bei dieser Anordnung am größten.

Hängemotor

Bei häufiger Arbeit mit der biegsamen Welle, beispielsweise beim Schnitzen, Skulptieren, Schmuckbearbeitung oder im Modellbau, ist die Anschaffung eines Hängemotors zu empfehlen. Es handelt sich hierbei um einen speziellen Motor höherer Leistung, für den es eine biegsame Welle gibt, die mit unterschiedlichen Werkzeugspindeln ausgerüstet werden kann.

Werkzeugspindel

Die Werkzeugspindel ist das „Handwerkzeug". Sie dient als Handgriff und hat am vorderen Ende die Werkzeugaufnahme. Die Vorteile dieser kompakten Bauart liegen auf der Hand:

→ die Werkzeugspindel kann wie ein Schreibstift geführt werden
→ feinste Arbeiten können hochpräzise ausgeführt werden
→ auch im Dauerbetrieb wird die Ermüdung stark reduziert

Je nach der Arbeitsaufgabe kann eine kleine oder große Werkzeugspindel verwendet werden. Die kleine Werk-

Die Werkzeugspindeln.

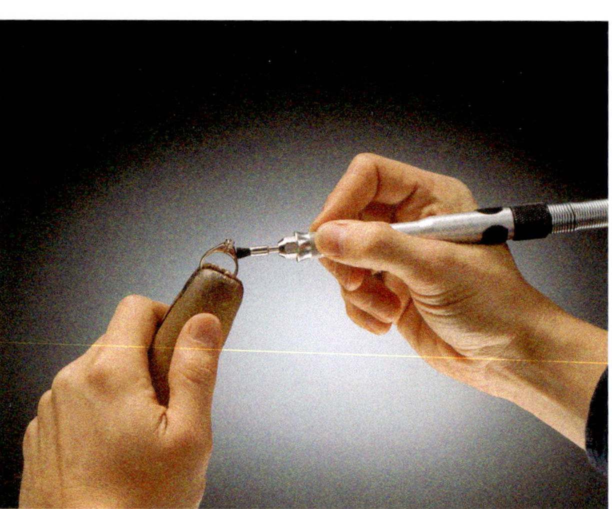
Einsatz der kleinen Spindel.

Einsatz der großen Spindel.

zeugspindel spannt das Einsatzwerkzeug mit Spannzangen, wodurch eine sehr schlanke Bauart möglich ist. Die kleine Werkzeugspindel kann ähnlich einem Kugelschreiber präzise geführt werden.

Die größere Spindel spannt über ein Backenfutter im Bereich von 0,3 bis 4 mm. Mit dieser Spindel lassen sich auch gröbere Arbeiten, beispielsweise mit rotierenden Raspeln und Schleifscheiben, durchführen.

Das Fußpedal zur Drehzahlregelung.

Variable Drehzahl

Der Hängemotor wird vorzugsweise dann verwendet, wenn man mit beiden Händen am Werkstück arbeitet. Eine Drehzahleinstellung direkt am Motor wäre deshalb unpraktisch. Die Lösung für dieses Problem lautet Drehzahlsteuerung durch ein Fußpedal von 0 bis 20 000 U/min.
Diese Art ist nicht neu, man findet sie bei jeder elektrischen Nähmaschine. Für das stationäre Werkzeug mit Hängemotor wurde diese Steuerung übernommen. Nun kann man sich beidhändig dem Werkstück widmen, mit einer Hand das Werkstück halten oder bewegen und mit der anderen Hand das Werkzeug führen.

Praxisanwendungen

Die Anwendungsmöglichkeiten entsprechen denen des Multifunktionswerkzeuges und sind theoretisch unbegrenzt:

- → die Arbeitsdrehzahl geht von 0 bis 20 000 U/min
- → alle Einsatzwerkzeuge des Multifunktionswerkzeugs sind verwendbar
- → Werkzeugschäfte von 0,3 bis 4,0 mm können gespannt werden

Mit diesem breiten Funktionsbereich lassen sich fast alle Anwendungsmöglichkeiten ausschöpfen, beispielsweise:

- → Bohren
- → Trennen
- → Säubern
- → Schleifen
- → Polieren
- → Feilen
- → Gravieren

Für hochpräzise Arbeiten an empfindlichen Werkstücken wie beispielsweise bei Schmuckherstellung oder Modellbau kann man eine besonders schlanke Werkzeugspindel verwenden. Sie ist mit Spannzangen für die Standard-Schaftdurchmesser 2,4 und 3,3 mm ausgerüstet und kann leicht und präzise wie ein Bleistift geführt werden.

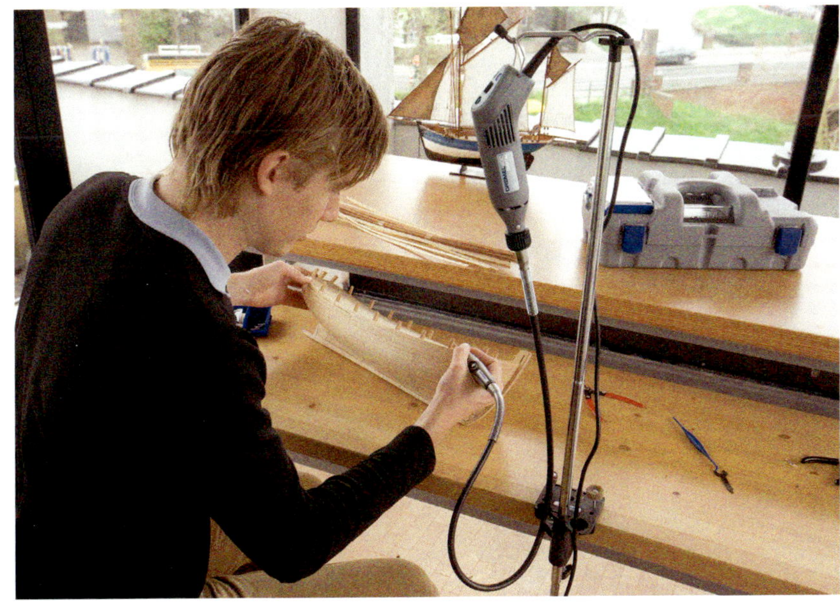

Feinarbeit mit der biegsamen Welle.

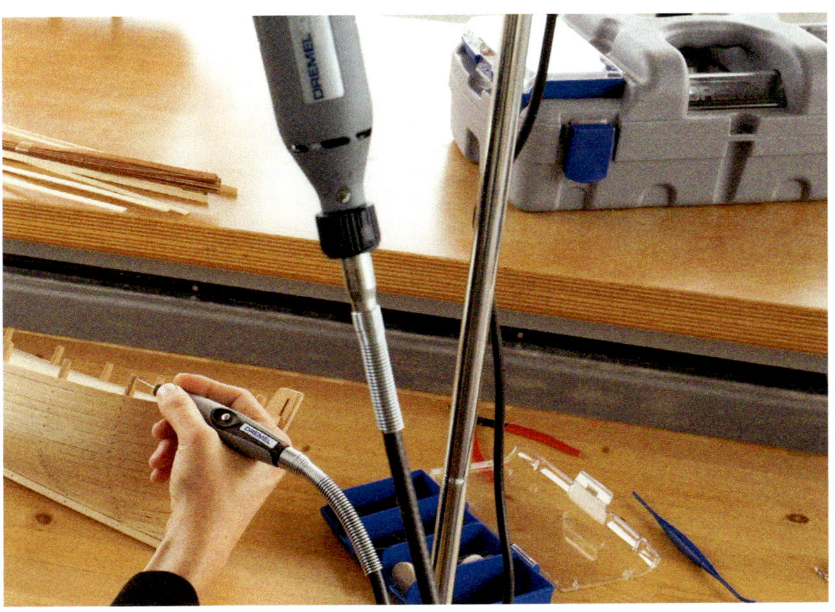

Präzises Schleifen mit der biegsamen Welle.

Sägen dienen zum Trennen von Werkstoffen. Das Arbeitswerkzeug ist das Sägeblatt. Man unterscheidet Sägen in Rotationssägen und Hubsägen. Bei Rotationssägen sind die Zähne am Umfang eines kreisrunden Sägeblatts angeordnet. Typische Vertreter sind die Kreissäge und die Kompaktsäge. Mit ihr sind nur gerade Schnitte möglich. Die Schnittqualität ist sehr gut, der Arbeitsfortschritt sehr schnell.

Bei Hubsägen befindet sich die Zahnung an der Vorderseite eines hin- und hergehenden, schmalen Sägeblattes. Dabei wird in den Arbeitshub und den Leerhub unterschieden. Hierdurch ist der Arbeitsfortschritt wesentlich langsamer als bei der Rotationssäge. Wegen des schmalen Sägeblattes kann man auch Kurvenschnitte machen. Typische Hubsägen sind Stichsägen und Dekupiersägen.

Sägen

Kompaktsäge

Wenn exakte Schnitte und Ausschnitte in kleinen oder dünnen Werkstücken gefordert sind, steht man oft vor einem Dilemma: Die Stichsäge sägt nicht präzise genug, die oszillierende Säge ist zu langsam und die Handkreissäge ist zu groß. In diesen Fällen kann die Kompaktsäge ihre Vorteile ausspielen.
Die Kompaktsäge sägt so präzise wie eine normale Kreissäge, ist aber wesentlich kleiner, leichter und handlicher. Dadurch lässt sie sich besonders einfach bedienen und sicher führen – sogar einhändig, was bei einer großen Handkreissäge aus Sicherheitsgründen nicht empfehlenswert ist. Dazu trägt der Stabgriff bei, durch den die Kompaktsäge immer gut und bequem in der Hand liegt. Mit dem absenkbaren Sägeblatt sind einfach und sicher präzise Tauchschnitte möglich. Eine Absaugung für die Sägespäne ist möglich.
Die Schnitttiefe beträgt mit Rücksicht auf die Handlichkeit des Gerätes 20 mm. Der Überstand des Sägeblattes über die Fußplatte lässt sich einstellen, wodurch man die Schnitttiefe bestimmen kann.
Für Tauchschnitte wird die Arretierung gelöst, wodurch sich das Sägeblatt aus der Nullstellung in das Werkstück einschwenken lässt.

Einsatzwerkzeuge

Die Einsatzwerkzeuge der Kompaktsäge unterscheiden sich wesentlich von den Sägeblättern für Kreissägen. Es sind keine Sägeblätter im eigentlichen Sinne, sondern Trennscheiben. Hierdurch ergibt sich ein vibrationsarmer, präziser Schnitt. Je nach dem zu trennenden Material verwendet man:

- → Trennscheiben mit Hartmetallbeschichtung
- → Trennscheiben aus Abrasiv-Schleifmitteln (homogene Trennscheiben)
- → Trennscheiben mit Diamantbeschichtung

Kompaktsäge.

HM-Trennscheiben, gerade und gekröpfte Form.

Trennscheiben mit Hartmetallbeschichtung

Zur Verwendung in weichen Werkstoffen werden Trennscheiben verwendet, deren Segmente am Umfang mit Hartmetallgranulat beschichtet sind. Zwischen den Segmenten ist der Durchmesser zurückgesetzt, wodurch Späne besser abgeführt werden. Die Trennscheiben sind maßhaltig, sie ändern ihren Durchmesser und damit die Schnittgeschwindigkeit mit zunehmender Gebrauchsdauer nicht.
Für Bündigschnitte entlang von Führungsschienen, Beilagen oder Ecken verwendet man Scheiben mit gekröpfter Form.

Homogene Trennscheiben für Metalle und Steinwerkstoffe.

Homogene Trennscheiben

Diese Trennscheiben entsprechen den Trennscheiben von Winkelschleifern. Sie sind bei der Anwendung der Abnützung unterworfen, wodurch sich mit zunehmender Gebrauchsdauer der Durchmesser und damit die Umfangsgeschwindigkeit verringert.
Homogene Trennscheiben verwendet man vorzugsweise zum Bearbeiten von Metallen und weichen Steinwerkstoffen. Bei der Anwendung ist darauf zu achten, dass der passende Typ verwendet wird: Die Trennscheiben für Metall und Steinwerkstoffe unterscheiden sich in der Zusammensetzung des Schleifmittels. Der jeweilige Verwendungszweck ist auf der Trennscheibe angegeben.

Diamanttrennscheiben

Die Trennscheiben haben am Umfang eine Beschichtung, in die feinste Industriediamanten eingebettet sind. Mit diesen Trennscheiben können härteste Werkstoffe wie beispielsweise gebrannte Keramik, Porzellan, Marmor und Beton bearbeitet werden. Für Metalle eignen sie sich nicht, weil sich die Metallspäne in die Beschichtung einlagern. Diamanttrennscheiben sind maßhaltig, sie ändern ihren Durchmesser und damit die Schnittgeschwindigkeit mit zunehmender Gebrauchsdauer nicht.

Diamanttrennscheibe für Naturgestein, Kacheln und Keramik.

Die richtige Trennscheibe

Materialien	DSM-Scheibentyp				
	500	600*	510	520	540
Naturholz	x	x			
Sperrholz	x	x			
Schichtholz	x	x			
Spanplatten	x	x			
Faserplatten	x	x			
MDF	x	x			
Duroplaste	x	x	x	x	x
Thermoplaste	x	x	x		
Elastomere	x	x	x		
Gipskarton	x	x	x	x	x
Steinwerkstoffe				x	
Mauerwerk				x	
Beton					x
Porzellan					x
Keramik					x
Kacheln					x
Fliesen			x		x
Aluminium			x		
Buntmetalle			x		
Stahl			x		

*DSM 600: gekröpfte Scheibe für Bündigschnitt

Systemzubehör

Die Zubehöre der Kompaktsäge machen die Anwendung bequemer und das Arbeitsergebnis präziser. Folgende Zubehöre können verwendet werden.

→ Absaugadapter
→ Parallelanschlag
→ Balkenführungsvorsatz
→ Winkel- und Gehrungsanschlag

Absaugadapter

Der Absaugadapter ermöglich die Verwendung eines Staubsaugers. Dieser wird über eine Schlauchleitung mit dem Adapter verbunden. Bei der Bearbeitung von Steinwerkstoffen sollte grundsätzlich abgesaugt werden, da die extrem feinen Staubpartikel zur Schädigung der Augen und der Atemwege führen können.

Parallelanschlag

Mit dem Parallelanschlag kann die Säge an der Werkstückkante entlanggeführt werden, wodurch parallele Schnitte möglich sind.

Balkenführungsvorsatz

Beim freihändigen Trennschnitt von Balken, Kanthölzern und Latten wird das Schnittergebnis in horizontaler und vertikaler Richtung selten sehr präzise und winkelgenau. Hier kann durch die Verwendung des Balkenführungsvorsatzes erheblich genauer gearbeitet werden. Der Vorsatz wird über das Werkstück gestülpt und mit einer Zwinge fixiert. Zusammen mit der gekröpften Hartmetalltrennscheibe kann dann exakt am Vorsatz entlang abgelängt werden.

Winkel- und Gehrungsanschlag

Beim Zuschnitt von Sockelleisten, Verkleidungen, Deckenleisten und bei der Herstellung von Rahmen muss der Schnitt exakt im Winkel von 45° erfolgen. Im Freihandschnitt lässt sich dies nicht mit hoher Genauigkeit erreichen. Bei diesen Anwendungsfällen ist der Winkel- und Gehrungsanschlag für ein präzises Arbeitsergebnis unentbehrlich. Neben dem exakten Winkelschnitt kann mit dem Anschlag auch auf Gehrung geschnitten werden.

Absaugadapter, Parallelanschlag und Balkenführungsvorsatz.

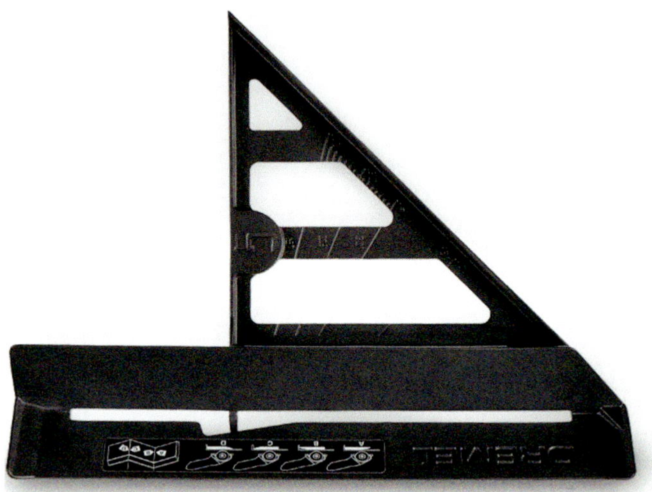

Winkel- und Gehrungsanschlag.

Exakter 45°-Winkelschnitt mit dem Winkel- und Gehrungsanschlag.

45°-Gehrungsschnitt mit dem Winkel- und Gehrungsanschlag.

Randnaher Schnitt mit dem Parallelanschlag.

Exakter 90°-Schnitt mit dem Balkenführungsvorsatz.

Sägepraxis

Grundsätzlich gilt für die Kompaktsäge: Die Säge stets mit laufendem Werkzeug in das Werkstück einfahren oder eintauchen. Wenn man diese Regel nicht befolgt, kann es zu Rückschlägen des Werkzeugs kommen!

Trennschnitte

Die Kompaktsäge kann genauso wie eine „normale“ Handkreissäge für Trennschnitte in Holzwerkstoffen verwendet werden.

Trennen von Steinwerkstoffen

Zum Trennen von Steinwerkstoffen wie dünnen Platten oder Fliesen wird die Kompaktsäge mit einer Diamanttrennscheibe ausgerüstet. In der Praxis trennt man dickeren Stein nicht komplett, sondern sägt an der Schnittlinie tief ein und bricht dann den Stein an dieser Stelle. Dünne Platten oder Kacheln können auch ganz durchgetrennt werden. Gegen das Abrutschen der Trennscheibe auf der Oberfläche hilft ein dickes Klebeband auf der Kachel, worauf die Schnittlinie aufgezeichnet wird.
Zur Steinbearbeitung unbedingt eine Absaugvorrichtung für den Staub verwenden!

Randnahe Schnitte

Das Sägeblatt für randnahe Schnitte ist gekröpft, wodurch die Spannschraube am Flansch nicht über das Sägeblatt hinaussteht. Hierdurch sind randnahe Schnitte möglich, beispielsweise Schattenfugen und Bündigschnitte an Holzdecken, an Ver-

Trennschnitt mit der Kompaktsäge.

Zuschnitt von Stein.

Bündigsägen einer Bodenleiste.

Tauchschnitt im Bodenbelag.

täfelungen und bei Parkett- und Laminatböden.

Tauchschnitte

Tauchschnitte werden bei der Herstellung von Ausschnitten in Plattenmaterial benötigt. Mit der Kompaktsäge kann dies sehr präzise erfolgen. Die Säge wird entsprechend der Markierungen aufgesetzt, dann wird das laufende Sägeblatt in die Oberfläche eingeschwenkt. Danach erfolgt der Vorschub entsprechend der Abmessungen des Ausschnitts.

Maßnahmen gegen Kantenausriss

Beim Ablängen von Brettern lässt man üblicherweise das abzutrennende Stück frei überstehen. Auf den letzten Zentimetern des Schnittes verlagert sich das Gewicht des abzutrennenden Stücks auf einen sehr kleinen Materialquerschnitt. Kurz vor dem Ende des Schnittes bricht das abgetrennte Stück ab, wobei es zum Kantenausriss kommen kann. Unter Umständen ist dadurch das Werkstück zerstört. Um einen solchen

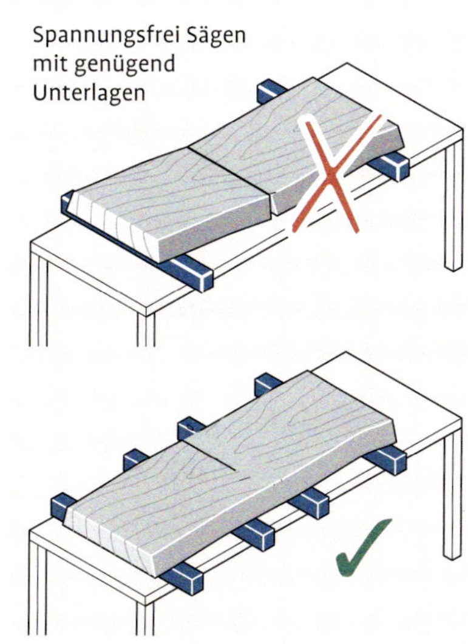

Richtiges Unterlegen verhindert Ausrisse.

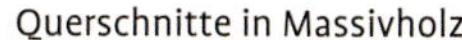

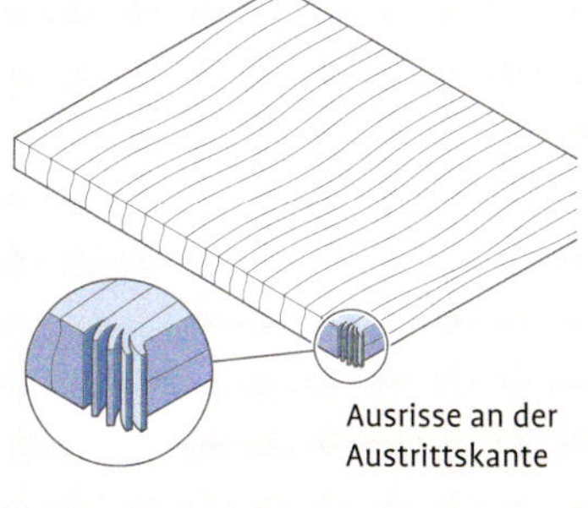

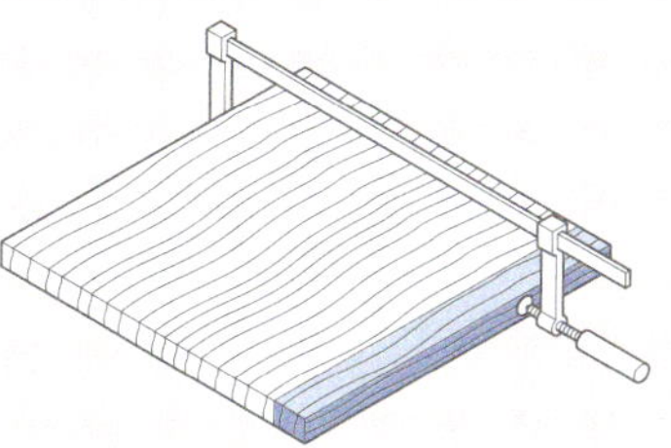

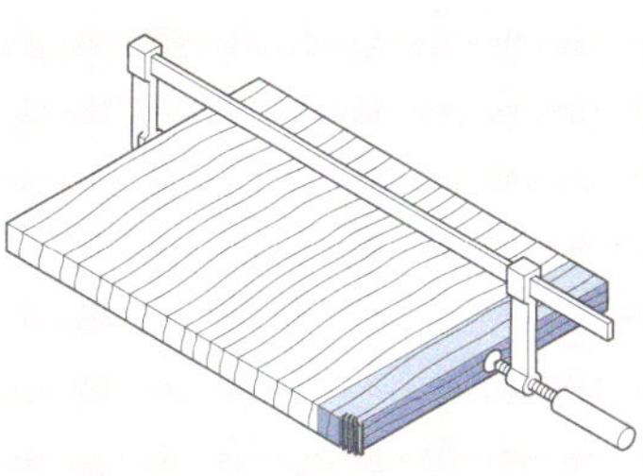

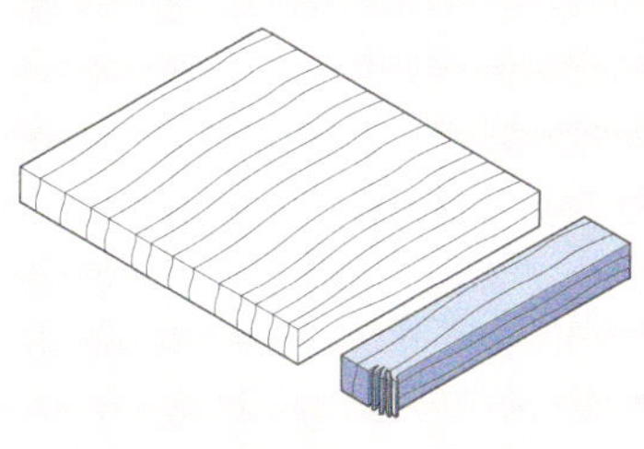

Maßnahmen gegen Kantenausriss.

Sicherheit bei der Verwendung der Kompaktsäge

Die Kompaktsäge verwendet keine gezahnten Sägeblätter, sondern homogene abrasive Trennscheiben, granulatbeschichtete Sägeblätter und Diamanttrennscheiben. Dies führt zu einer vibrationsarmen und „weichen" Arbeitsweise, wodurch sich die Säge sehr gut und sicher führen lässt. Trotzdem sind einige Grundregeln zu beachten.

Einhandbedienung

Die bei der Kompaktsäge mögliche Einhandbedienung verführt dazu, mit einer Hand das Werkstück zu halten. Wenn man dies macht, sollte die haltende Hand mindestens eine Handbreit, also etwa 15 cm, von der Sägeposition entfernt sein. Die Bilder zeigen, welche Positionen gefährlich und welche sicher sind.

Metallbearbeitung

Trennarbeiten an Metallen, insbesondere an Stahl, erzeugen Funkenflug. Die Funken, aber auch heiße Metallpartikel können brennbare Materialien entzünden. Bei der Arbeit muss also darauf geachtet werden, dass sich kein brennbares Material im Bereich des Funkenfluges befindet. Dies gilt auch für die Kleidung, die man trägt, weshalb der Funkenflug stets vom Körper weg zeigen sollte. Das Tragen einer Schutzbrille ist bei Metallarbeiten zwingend notwendig!

Steinbearbeitung

Wie bereits erwähnt, sind Mineralstäube für die Augen und die Atemwege gefährlich. Auch wenn der Staub abgesaugt wird, sollte stets eine Schutzbrille und ein Atemschutz getragen werden.

Gefährliches Arbeiten – die Hand ist zu nahe an der Säge!

Sicheres Arbeiten – die Hand hat deutlichen Abstand zur Säge!

Bei der Metallarbeit Funkenflug beachten!

Auch Metallgitter können problemlos getrennt werden.

DREMEL
MOTO-SAW

Dekupiersäge

Ältere Heimwerker werden sich vielleicht an ihre ersten Sägearbeiten erinnern: das Aussägen von Figuren aus dünnen Sperrholzplättchen. Die dazu benützte Säge war eine Laubsäge.

Das Arbeiten mit der Laubsäge ist mühsam. Die Handhabung ist ungewohnt und sehr ermüdend, gleichzeitig muss auf den Sägeschnitt und darauf geachtet werden, dass man das Sägeblatt nicht verkantet. Dieses anstrengende Multitasking war es dann auch, was den anfangs erwähnten Albert Dremel vor rund 60 Jahren auf die Idee brachte, eine handgeführte elektrische Laubsäge zu entwickeln.

Moderne Laubsäge

Die Laubsäge wird heute auch Dekupiersäge genannt, aber das Prinzip ist gleich geblieben: ein Handgriff mit einem großen Bügel und einem dazwischen eingeklemmten dünnen Sägeblatt, von dem man stets einen großen Vorrat haben musste, weil sie so leicht abbrachen.

Funktion

Bei der manuellen Dekupiersäge wird die komplette Säge auf und ab bewegt, gleichzeitig geführt und vorwärts bewegt. Bei der elektrischen Säge erfolgt nur die Führung und Vorwärtsbewegung von Hand, die vertikale Bewegung des Sägeblattes übernimmt der Motor.

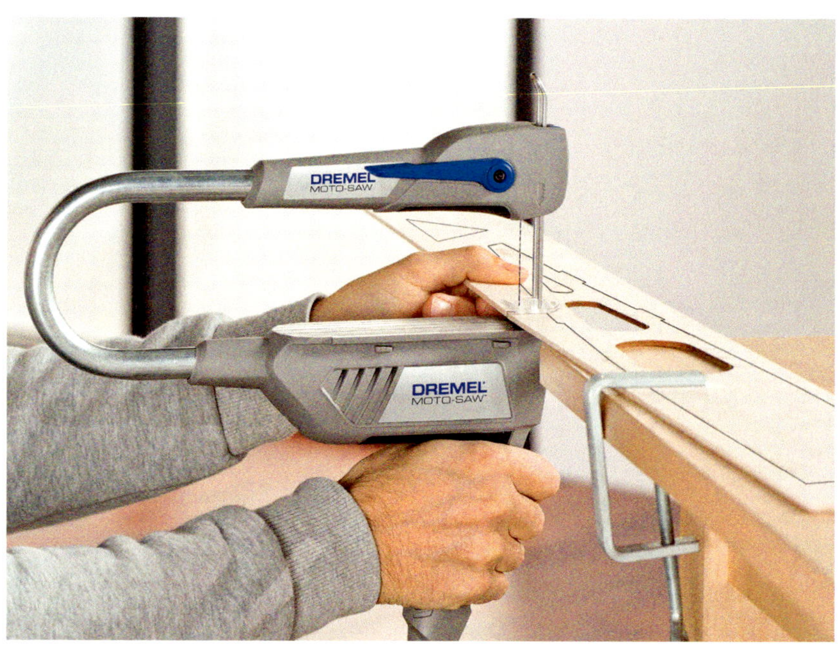

Betrieb als Handsäge.

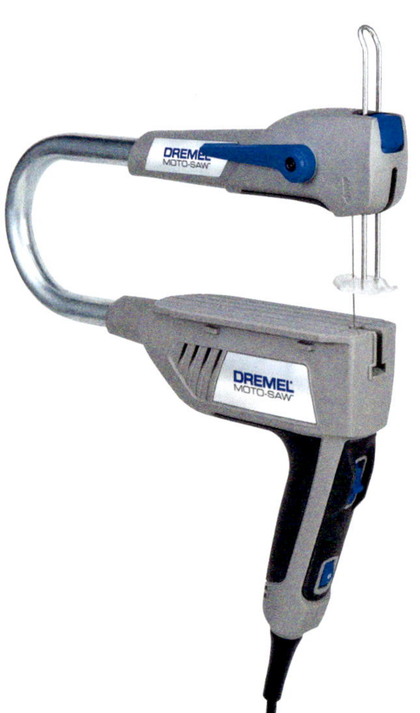

Dekupiersäge als Handsäge.

Der Motor befindet sich im Handgriff und bewegt durch einen Exzenter das Sägeblatt. Wegen der geringen Dicke der Sägeblätter genügt eine Motorleistung von weniger als 100 Watt, wodurch die Säge leicht und handlich ist und deshalb ermüdungsarm geführt werden kann. Je nach der Arbeitsaufgabe und dem zu sägenden Werkstoff kann die Hubzahl zwischen 1500 bis 2250 Hübe/Minute bei einer Hubweite von ca. 8 mm eingestellt werden. Die Bügeltiefe beträgt 25 cm.

Welche Betriebsvarianten gibt es?

Im Gegensatz zur handgeführten Laubsäge ermöglicht die elektrische Dekupiersäge zwei Betriebsvarianten:

→ als Handsäge
→ als Stationärsäge

Betrieb als Handsäge

In dieser Betriebsvariante liegt das Werkstück auf dem Arbeitstisch auf, wobei es von Vorteil ist, wenn man es festspannt. Die Säge wird angesetzt und mit besonders ruhiger Hand geführt, damit sich das Sägeblatt nicht im Sägespalt verkantet. Bei dickeren Werkstücken ist dies schwierig und erfordert eine hohe Konzentration, damit das Sägeblatt nicht bricht.
Die handgeführte Anwendungsart ist besonders für große Werkstücke geeignet.

Betrieb als Stationärsäge

Im Stationärbetrieb wird die Dekupiersäge in einen Sägetisch eingespannt. Die Betriebsart ist wesentlich günstiger als die Führung von Hand. Die Gründe hierfür sind:

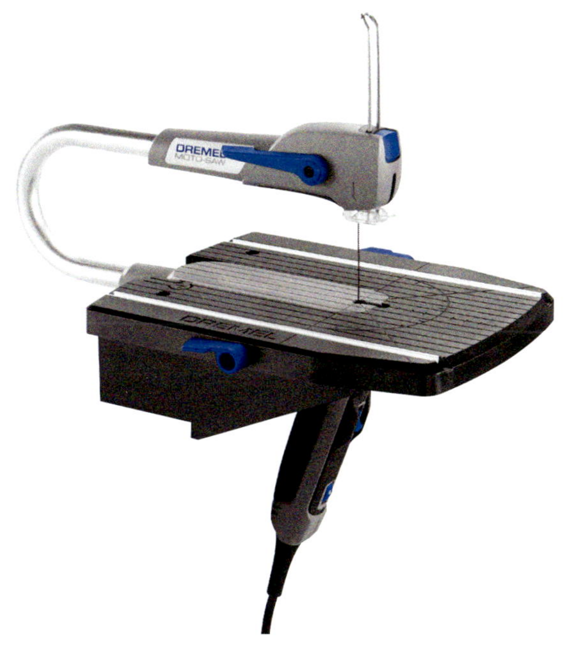

Dekupiersäge mit Sägetisch.

Die Säge wird mit Schraubzwingen an der Tischkante befestigt.

- → vibrationsarme, feste Auflage
- → das Werkstück kann beidhändig sehr viel präziser geführt werden
- → extrem filigrane Sägearbeiten sind möglich
- → ermüdungsfreies Arbeiten

Ein weiterer Vorteil des stationären Betriebs ist die präzise Werkstückführung auf der Grundplatte. Durch die sichere Auflage ist die Gefahr, das Werkstück zu verkanten, sehr stark verringert.

Sägeblätter

Wer schon mit der Laubsäge gesägt hat, kennt die Probleme: Die dünnen Sägeblätter sind sehr empfindlich, schon ein geringes Verkanten lässt sie brechen. Andrerseits müssen die Sägeblätter nicht nur dünn, sondern auch sehr schmal sein, damit man engste Radien sägen kann. Nur dann

Betrieb als Stationärsäge.

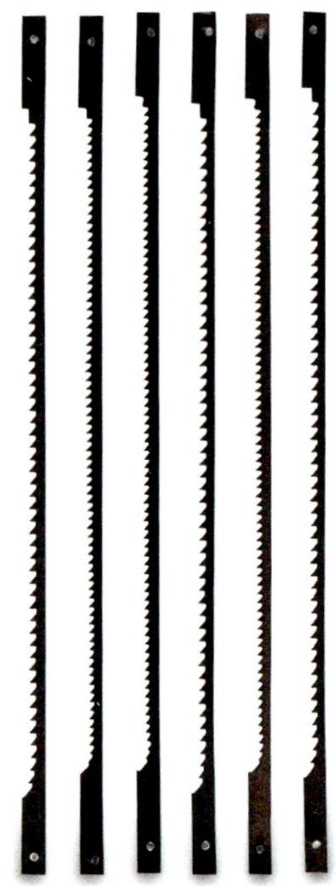

Sägeblätter für die Dekupiersäge.

ist es nämlich möglich, auch sehr filigrane Werkstücke anzufertigen.
Je nach Anwendungsfall können spezielle Sägeblatttypen verwendet werden. Sie unterscheiden sich in Breite und Stärke sowie der Zähnezahl pro Zentimeter Länge. Der Sägeblatttyp wird wie folgt ausgewählt:

- Zähnezahl niedrig für dicke Werkstücke
- Zähnezahl hoch für dünne Werkstücke
- dickes Blatt für hartes Holz
- dünnes Blatt für weiches Holz
- breites Blatt für gerade Schnitte
- schmales Blatt für Kurvenschnitte

Systemzubehör

Mit dem zusätzlichen Zubehör wird die Arbeitsqualität weiter erhöht. Die

Das richtige Dekupier-Sägeblatt

Material	**Sägeblatt-Typ**		
	MS 51	**MS 52**	**MS 53**
Weichholz	x	x	
Hartholz	x	x	
Sperrholz	x	x	
Laminat	x	x	
Spanplatten	x	x	
Faserplatten	x	x	
Kunststoffe	x	x	
Weichmetalle			x
Schnittform			
Geradschnitt	x		x
große Radien	x	x	x
enge Radien		x	
Schnitttiefe	18	12	3
Sägeblattbreite	2,5 mm	1,9 mm	1,9 mm
Sägeblattdicke	0,4 mm	0,2 mm	0,2 mm
Zähnezahl/cm	6	7	10

Sägetisch für die Dekupiersäge.

Der einstellbare Winkelanschlag.

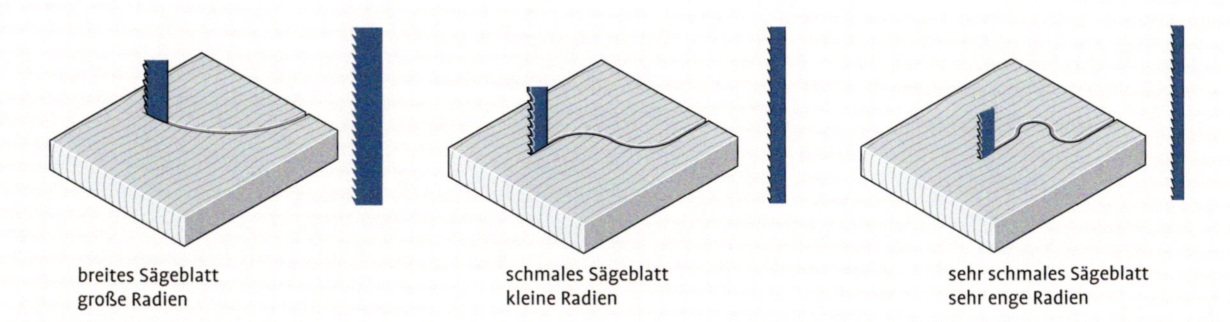

Je enger die Kurven, desto schmäler das Blatt.

Dekupiersäge verfügt hierzu über folgendes Systemzubehör:

- → Sägetisch
- → Winkelanschlag

Mit dem Sägetisch wird die Dekupiersäge zur stationären Säge. Im stationären Betrieb ist stets eine höhere Präzision möglich. Außerdem ist es die einzige Möglichkeit, auch kleinste Werkstücke sicher zu bearbeiten.
Der einstellbare Anschlag ermöglicht absolut gerade rechtwinklige und Winkelschnitte, die im handgeführten Betrieb so nicht möglich wären. Unterstützend für die exakte Winkeleinstellung ist die Skalierung der Winkelgrade am Anschlag und auf dem Stationärtisch.

Sägepraxis

Die typische Anwendung umfasst alle Sägearbeiten, für die andere Sägen zu grob oder zu unhandlich sind. Die ist hauptsächlich der Fall bei

- → Modellbauarbeiten
- → der Herstellung von Spielzeug und Dekoartikeln
- → feinsten Metall- und Schmuckarbeiten

Je nach dem zu bearbeitenden Werkstoff werden Sägeblätter mit mittlerer bis grober Zahnung für Holzwerkstoffe und Kunststoffe eingesetzt, wobei Werkstücke bis zu einer Dicke von ca. 20 mm gesägt werden können, wenn man mit geringem Vorschub arbeitet.

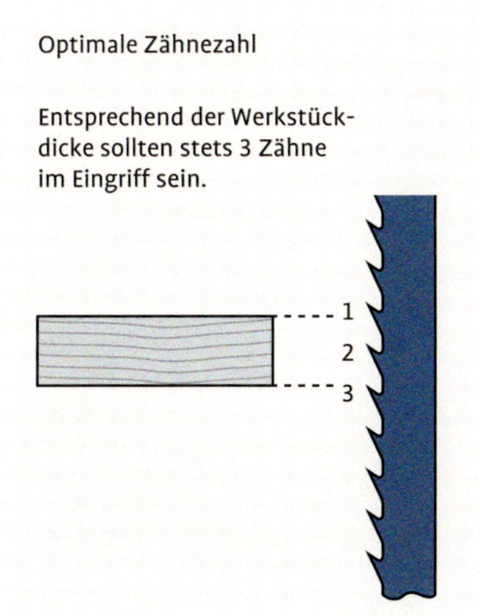

Die Zähnezahl richtet sich nach der Werkstückdicke.

Niederhalter zu hoch eingestellt, das Werkstück kann flattern.

Niederhalter einstellen

Der einstellbare Niederhalter ist ein ideales Hilfsmittel beim Sägen kleiner und dünner Werkstücke. Er verhindert das berüchtigte Springen und Flattern des Werkstücks, was meist zu seiner Beschädigung führt und auch den Bruch des Sägeblattes zur Folge haben kann. Die merklich ruhigere Führung des Werkstücks ist weniger ermüdend und die Arbeitsqualität wird deutlich verbessert. Zum Sägeblattwechsel kann der Niederhalter hochgeschoben werden.

Sägen von Holz

Holz ist das eigentliche Anwendungsgebiet der Dekupiersäge. Da der Hub des Sägeblattes ca. 8 mm beträgt, sind Schnitte in Werkstücken bis zu dieser Dicke absolut problemlos. Die Sägespäne werden durch die Hubbewegung gut aus den Sägespalt gefördert.
Bei dickeren Werkstücken ist weniger die Leistung der Säge als der Spänetransport maßgebend. Es empfiehlt sich deshalb, dickere Werkstücke nur mit leichtem Andruck zu sägen, damit der Späneauswurf erleichtert wird.
Bei Naturholz ist unbedingt auf die Faserrichtung zu achten. Bei Schnitten schräg zur Faser an dicken Werkstücken folgt das Sägeblatt bei starkem Andruck gerne der Faserrichtung und kann dadurch die vorgesehene Schnittrichtung verlassen. Die einzigen Möglichkeiten, das Abweichen zu verhindern, sind die Verwendung dicker Sägeblätter und ein behutsamer Vorschub mit geringem Andruck.

TIPP 

Bei sehr dicken Werkstücken besteht das Problem, dass die Sägespäne nicht genügend aus dem Sägespalt gefördert werden. Hierdurch kann das Sägeblatt überlastet werden und brechen. In solchen Fällen hat es sich bewährt, nur mit sehr geringem Vorschub zu arbeiten und regelmäßig etwas vor- und zurückzugehen, damit die Späne besser herausgeschafft werden.

Sägen von Weichmetallen

Zu den gut bearbeitbaren Metallen zählen:
- → Leichtmetalllegierungen
- → Kupferlegierungen
- → Edelmetalle wie Gold und Silber

Niederhalter richtig eingestellt, das Werkstück bleibt ruhig.

Beim Sägen von Metall werden Sägeblätter mit sehr feiner Zahnung verwendet. Hiermit können Werkstücke aus Nichteisenmetallen bis etwa 3 mm Dicke problemlos bearbeitet werden. Dickere Werkstücke erfordern behutsame Arbeitsweise mit geringem Andruck.

TIPP

Beim Sägen von Aluminiumlegierungen kann es zu Ablagerungen an den Sägezähnen kommen, die das Sägeblatt verstopfen. Eine Abhilfe gegen diesen Effekt kann man durch Schmieren der Sägeblätter erreichen. Eine im Gegensatz zur Verwendung von Schmierfett wesentlich saubere Anwendung ist das Schmieren mit Wachs. Hierzu hält man am besten eine Wachskerze in regelmäßigen Zeitabständen kurz an das laufende Sägeblatt.

Sägen von Eisenmetallen

Das Sägen von Stahl ist problematisch und kann mit Ausnahme dünner Bleche aus weichem Baustahl nicht empfohlen werden. Weil wegen der empfindlichen Sägeblätter nur mit sehr geringem Anpressdruck gearbeitet werden darf, ist der Arbeitsfortschritt äußerst langsam. Das Sägeblatt ist dabei unbedingt mit Öl zu kühlen. Trotzdem sind Sägeblattbrüche nicht auszuschließen.
Edelstähle sind zäh und etwa doppelt so hart wie normales Stahlblech. Von der Bearbeitung ist abzuraten.

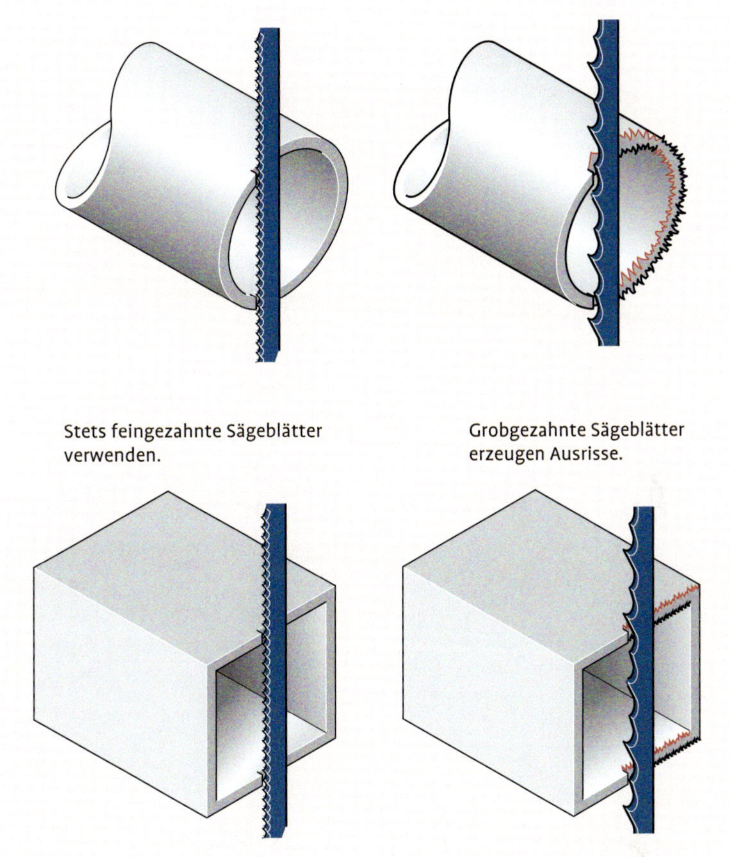

Sägen von Hohlprofilen.

Sägen von Hohlprofilen

Hohlprofile haben manchmal sehr dünne Wandungen. Bei der Verwendung grob gezahnter Sägeblätter können unangenehme Vibrationen entstehen, die zum Bruch des Sägeblatts führen können. Ebenso ergibt sich durch die grobe Zahnung ein rauer Schnitt. Es ist also günstiger, in diesen Fällen fein gezahnte Sägeblätter zu verwenden.

Hitze ist für bestimmte Aufgaben ein hervorragendes Arbeitsmittel. Werkstoffe werden durch Hitze flexibel und können verformt werden. Hitze verflüssigt Werkstoffe und kann sie durch Löten oder Schweißen miteinander verbinden. Mit Hitze kann man Oberflächen reinigen und strukturieren. Auch Arbeitsprozesse wie beispielsweise Kleben und Leimen kann durch Hitze beschleunigt werden. Und nicht zuletzt kann man auch die Werkstoffeigenschaften durch Hitze ändern.

Mit Hitze arbeiten

Gasbrenner

Handgeführte Gasbrenner, deren Brenngas im Griffgehäuse untergebracht ist, haben gegenüber der Kombination Brenner – Schlauch – Gasflasche entscheidende Eigenschaften, die sie für den Heimwerker besonders geeignet machen:

- → handliche, kompakte Form
- → leichte Bedienbarkeit
- → sehr feine Flammregulierung
- → ausreichend hohe Flammtemperatur bis 1200 °C

Die Gasbrenner verwenden als Brenngas ein Flüssiggasgemisch. Sie können sowohl mit offener Flamme betrieben werden als auch mit der flammlosen katalytischen Verbrennung und einer Lötspitze. Dadurch und durch eine Vielzahl an Systemzubehör unterscheiden sie sich grundlegend von den Flambierbrennern im Haushalt und der Gastronomie.

Die Zündung der Gasbrenner erfolgt auf Knopfdruck piezoelektisch, die Gasmenge kann eingestellt werden. Eine Kindersicherung ist vorhanden.

Gerätetypen

Den unterschiedlichen Einsatzfällen entsprechend gibt es zwei unterschiedliche Typen von Gasbrennern:

- → das handliche Stabgerät
- → das universelle Standgerät

Stabgerät

In vielen Anwendungsfällen ist es praktisch, wenn man den Brenner wie einen Kugelschreiber führen und handhaben kann. Dafür ist das Stabgerät ideal. Es eignet sich hervorragend für:

- → Lötungen an Elektronikteilen
- → Heißschneiden in Holz
- → Brandmalerei
- → Schrumpfen
- → zur Lackentfernung
- → zum Schmelzen
- → Hochtemperaturlötung an Schmuckstücken

Für diese Funktionen können spezielle Zubehörteile verwendet werden. Der besondere Vorteil des Stabgeräts ist die ergonomische Gestaltung, die eine sehr präzise Führung ermöglicht, die für Detailarbeiten unerlässlich ist. Der Gasverbrauch des Gerätes ist optimiert. So sind trotz der kleinen, handlichen Form je nach Betriebsmodus Brennzeiten bis zu ca. 90 Minuten möglich.

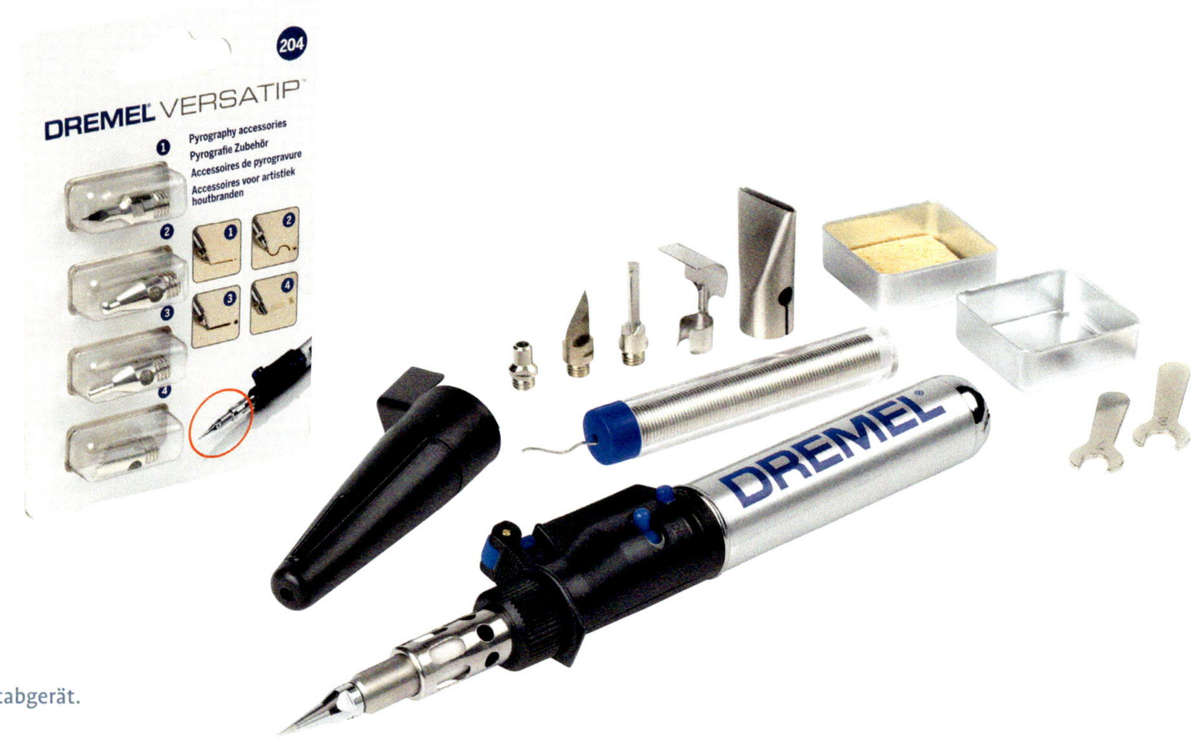

Das Stabgerät.

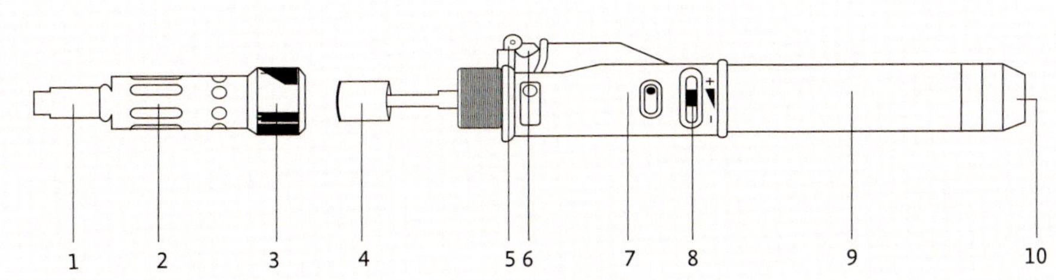

Aufbau des Stabgerätes.

Standgerät

Das Standgerät hat einen etwas größeren Brenner, wodurch für umfangreichere Anwendungen eine größere Flamme bzw. Heißluftmenge erzeugt werden kann. Der Betrieb ist sowohl im Stand möglich als auch im Handbetrieb. Die Griffposition am Brennergehäuse ermöglicht ein ermüdungsfreies und genaues Führen des Gerätes, es kann somit im klassischen Stil einer „Lötlampe" angewendet werden. Die typischen Anwendungsmöglichkeiten sind:

- Wärmebehandlung von Kunststoffen
- größere Weichlötarbeiten
- Glühen und Härten von Stahl
- Hartlöten und Hochtemperaturlöten
- Abbrennen von Beschichtungen
- Anzünden von Grill und Kamin
- Flambieren und Karamellisieren von Speisen

Die Flammengröße und die Heißluftmenge wird über die Gasmenge eingestellt. Für Weichlötarbeiten wird eine Lötspitze aufgesteckt. Für die unterschiedlichen Heißluftapplikationen werden spezielle Luftdüsen aufgesetzt.

Das Standgerät.

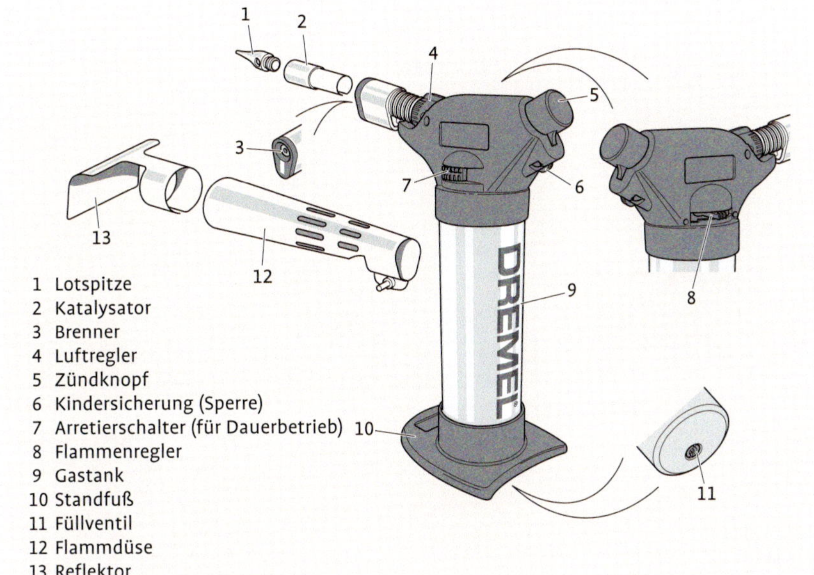

Aufbau des Standgerätes.

Flammbetrieb

In diesem Modus arbeiten die Gasbrenner mit einer offenen Flamme. Die Flamme erreicht durch die Verbrennung von Flüssiggas mit dem Luftsauerstoff eine Temperatur bis ca. 1200 °C. Diese Temperatur reicht auch bei kleinen Gasbrennern aus, um beispielsweise Metall zu bearbeiten. Auch Hochtemperaturlöten („Hartlöten") ist damit bei nicht zu großen Werkstücken problemlos möglich.
Die Temperatur der Gasflamme bleibt im Wesentlichen gleich, während die Flammengröße durch die Gasmenge bestimmt wird und eingestellt werden kann.

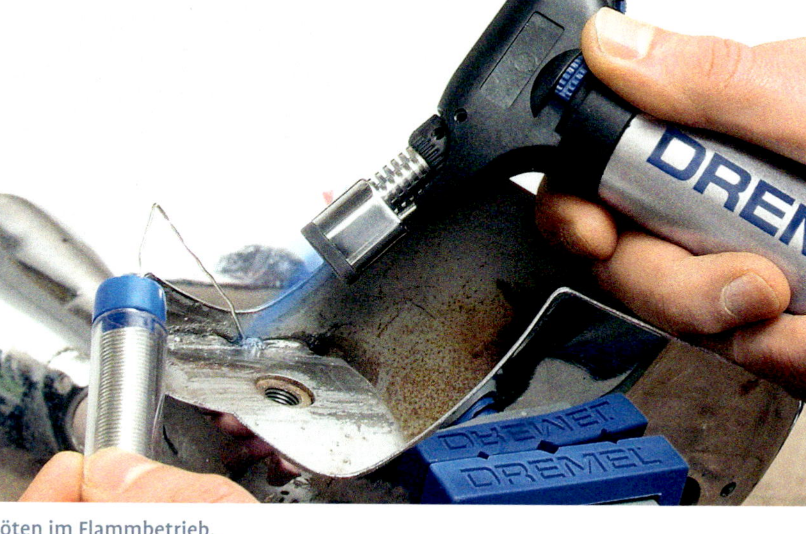

Löten im Flammbetrieb.

Biegen von Kunststoffteilen mit Heißluft.

Heißluftbetrieb

Neben der offenen Verbrennung ist auch eine flammenlose Verbrennung möglich. In diesem Modus erzeugt der Gasbrenner lediglich heiße Luft. Mithilfe der flammlosen Verbrennung können also auch Werkstoffe bearbeitet werden, die sich bei der offenen Verbrennung an der Flamme entzünden würden. Die erzeugte Hitze kann durch die Gasmenge eingestellt werden und reicht von ca. 680 bis 1000 °C. Diese Hitze ist wesentlich höher als die von Heißluftgebläsen mit meist ca. 100 bis 650 °C.

Katalytische Verbrennung
Diese Verbrennungsart erzeugt im Betrieb keine offene Flamme. Zum Start wird zunächst eine Flamme gezündet, die den Katalysator, meist eine platinhaltige Legierung, erhitzt. Nachdem der Katalysator innerhalb weniger Sekunden genügend heiß ist, wird die Luftzufuhr zur Flammendüse geschlossen. Die Flamme erlischt darauf wegen Sauerstoffmangel, aber das ausströmende Gas zersetzt sich am Katalysator und erhitzt ihn dabei, der seinerseits die vorbeiströmende Luft erhitzt.
Mit dieser Heißluft lassen sich dann weitere Zubehörteile wie Luftdüsen, Schneidklingen oder Lötspitzen erhitzen.

Systemzubehör

Im Gegensatz zu den Gasbrennern aus dem gastronomischen Bereich und den großen Gasbrennern mit Camping-Wechselkartuschen verfügen die hier beschriebenen Gasbrenner über ein umfangreiches Systemzubehör. Durch dieses Zubehör wird der Anwendungsbereich gegenüber den gastronomischen Gasbrennern erheblich erweitert.

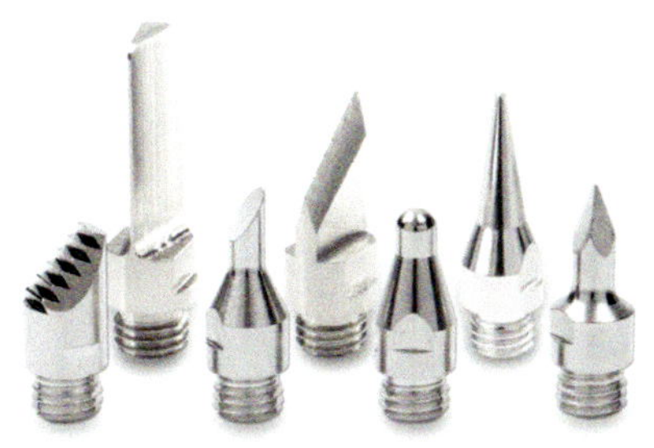

Systemzubehör.

Anwendungen

Beim Arbeiten mit offener Flamme ist es wichtig, die unterschiedlichen Temperaturzonen innerhalb der Flamme zu kennen. Bei etwas abgedunkelter Umgebung sind die einzelnen Zonen deutlich sichtbar. Der Bereich vor dem Flammenkegel ist die heißeste Zone.

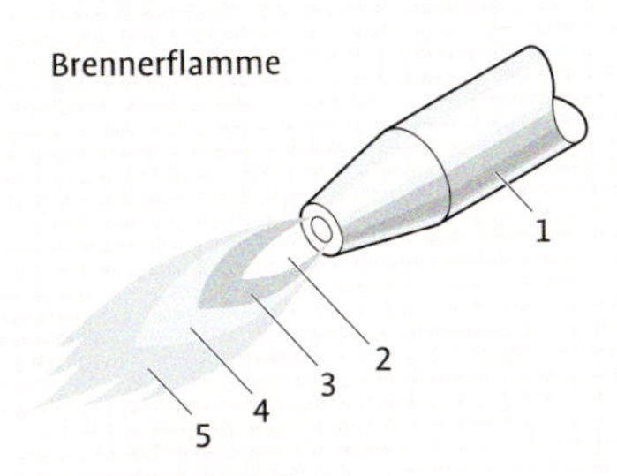

Die Temperaturzonen der Brennerflamme.

Löten von Kupferrohren.

Typische Flammenbilder.

Hochtemperaturlöten von Schmuck. Ein Schamottestein dient als feuerfeste Unterlage.

Flammloses Löten

Beim flammlosen Löten beheizt die Heißluft die Lötspitze. Die mögliche Höchsttemperatur liegt bei ca. 550 °C und ist somit für alle Arbeiten mit Weichlot hoch genug. Dank der feinen Lötspitze sind auch punktuelle Lötungen in Elektronikbereich möglich.

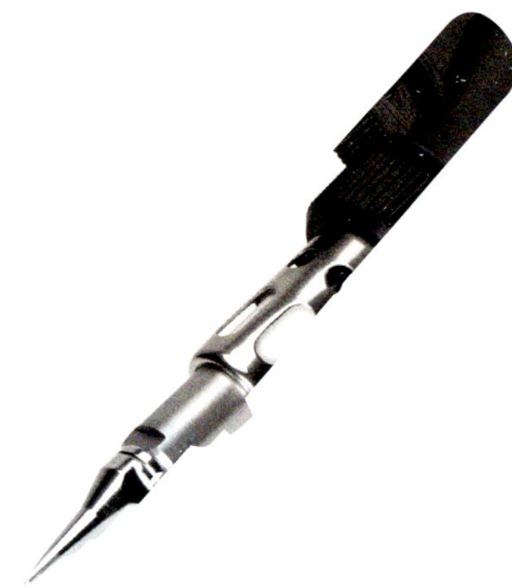

Gasbrenner mit aufgesetzter Lötspitze.

Flammlöten

Beim Verlöten von Installationsleitungen aus Kupfer reichen elektrische Lötkolben meist nicht aus, um eine zuverlässige und dichte Lötung zu erzeugen. Die Kupferrohre leiten die Wärme sehr schnell ab, wodurch die Lötstelle nicht richtig heiß wird. Im Gegensatz dazu erzeugt der Gasbrenner eine wesentlich größere Wärmemenge. Durch den Umschlag der Flamme um das Rohrprofil wird die Hitze auch wesentlich besser verteilt und schneller in die Lötstelle eingebracht.

Bei der Schmuckherstellung verwendet man meist die Hochtemperaturlötung. Für diese Lötarbeiten ist die Flammlötung notwendig. Die Flamme kann sehr fein eingestellt werden, wodurch punktuelle Lötstellen möglich sind, die gut positioniert werden können. Als feuerfeste Unterlage hat sich ein hitzebeständiger Schamottestein bewährt. Diese Steine sind im Ofenhandel erhältlich.

Flammlose Lötarbeiten in der Elektronik.

Lötpraxis

Löten ist ein Verfahren zum Herstellen einer Verbindung von zwei oder mehr Werkstücken aus gleichen oder verschiedenen, jedoch für das Löten geeigneten Metallen unter Verwendung eines Zusatzmaterials (Lot), dessen Schmelzpunkt unter dem der zu fügenden Metalle liegt. Zusätzlich kommen Flussmittel und/oder ein Lötschutzgas zur Anwendung, um eine Oxidbildung an der Lötstelle zu verhindern.

Die Lötverbindung entsteht durch feste Benetzung des Lotes an den Fügeflächen, wobei es in deren Randzone einlegiert. Die Einteilung der Lötverfahren erfolgt nach der Arbeitstemperatur in

- → Weichlöten (Niedertemperaturlöten)
- → Hartlöten (Hochtemperaturlöten)

Die Arbeitstemperatur an der Lötstelle ist die niedrigste Oberflächentemperatur des Werkstückes, bei der sich das Lot benetzen, ausbreiten und in den Werkstoff einlegieren kann. Vorteilhaft gegenüber der Schweißtechnik ist, dass sich das Lot durch die Kapillarwirkung in enge Spalten (ca. 0,05 bis 0,2 mm) hineinzieht und hierdurch, zum Beispiel bei Rohrverlötungen, eine großflächige und vor allem dichte Verbindung schafft.

Alle Edelmetalle, Kupfer und Kupferlegierungen (Messing, Bronze) können sehr gut gelötet werden, Eisenmetalle und Leichtmetalle teilweise nur mit umfangreichen Vorbereitungen oder gar nicht. Nichtmetallische Werkstoffe können nicht gelötet werden.

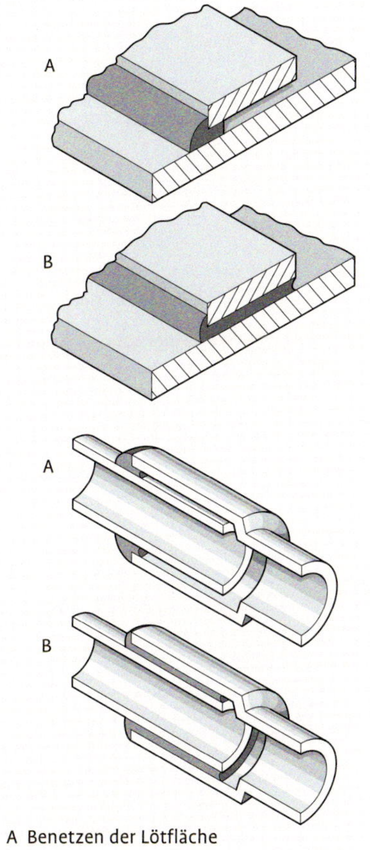

Die Kapillarwirkung zieht das Lot in den Spalt.

Weichlöten

Weichlöten findet bei Temperaturen unterhalb von ca. 450 °C statt. Als Lot werden Zinn- oder Zinn-Blei-Lote verwendet. Weichlote mit einer Schmelztemperatur bis 200 °C werden als Schnelllote oder Sickerlote bezeichnet. Die Wärmezufuhr erfolgt bei kleinen Werkstücken durch einen elektrisch oder mit Gas betriebene Lötkolben. Großflächige Werkstücke werden durch Flammlötung (gasbetriebene Lötbrenner) erhitzt.

Weichlote

Weichlote werden in der Praxis meist als „Lötzinn" bezeichnet, weil Zinn der Hauptbestandteil des Lotes ist. Man unterscheidet die Weichlote in

- → bleihaltige Zinnlote
- → bleifreie Zinnlote

Blei ist ein umweltkritisches Metall. Die beim Löten mit bleihaltigen Zinnloten entstehenden Dämpfe sind gesundheitsschädlich.

Unbedenklich sind bleifreie Weichlote. Sie bestehen fast vollständig aus Zinn mit geringen Legierungsanteilen an Kupfer oder Silber. Sie

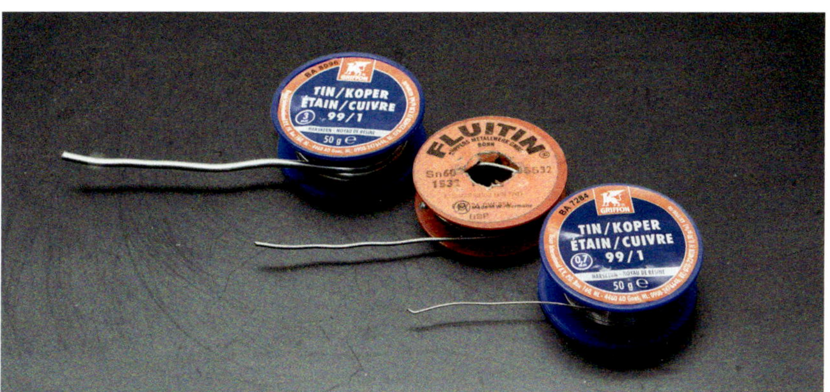

Weichlote mit 1, 2 und 4 mm Durchmesser für Elektronik, Elektrotechnik und Installation.

Eigenschaften von Weichloten

Lotart	Kurzbezeichnung	Schmelzbereich	Löttemperatur	Anwendung
		°C	Lötstelle min. °C	
Blei-Zinn	PbSn 12 Sb	250–295	295	Weichlöten Kupfer
	PbSn 20 Sb 3	186–270	270	Weichlöten Bleche
	PbSn 40	183–235	235	Verzinnen von Blechen
Zinn-Blei	Sn 63 Pb	183	183	Elektronik
	Sn 60 Pb	183–190	190	Elektrotechnik
bleifreie Lote	SnCu 3	230–250	250	Elektronik
	SnZn 10	200–250	250	Weichlöten Aluminium
	SnSb 5	230–240	240	Weichlöten Kupfer
	SnAg 5	221–240	240	Elektronik

haben einen etwa um 50 °C höheren Schmelzpunkt als Zinn-Blei-Lote. Für den gesundheitsbewussten Heimwerker wird die Verwendung bleifreier Zinnlote empfohlen.

Flussmittel für Weichlote

Flussmittel sind nötig, um nach vorhergegangener Reinigung der Lötstelle die Bildung einer den Lötvorgang behindernden Oxidschicht zu vermeiden, damit das Lot die Fügeflächen vollständig benetzen kann. Für Weichlöten gibt es sogenanntes Lötfett, das bei großflächigen Lötstellen und beim Verzinnen von Blechen verwendet wird. Lötfette enthalten aggressive Bestandteile, sie müssen daher nach dem Löten sorgfältig entfernt werden.
Bei Kleinlötungen wird als Flussmittel meist Kolophoniumharz verwendet. Es ist chemisch neutral, gut riechend und hat keine aggressiven Bestandteile. Es kann als Pulver aufgetragen werden, ist aber meistens im hohlen Lötdraht enthalten, wodurch die Anwendung wesentlich bequemer ist.

Praxis Weichlöten

Weichlöten findet im Heimwerkerbereich hauptsächlich in der Elektrotechnik und bei kleinen Metallwerkstücken im Modellbau und im Kunsthandwerk Anwendung. Es handelt sich dabei meist um kleine Lötstellen, die schnell die nötige Lötwärme erreichen. Wenn sich im Umfeld der Lötstelle hitzeempfindliches Material befindet, kann eine zu lange Lötzeit zu Beschädigungen führen. Das gilt besonders, wenn die zu verlötenden Bauteile selbst sehr wärmeempfindlich sind, was vor allem auf Elektronikbauteile wie beispielsweise Halbleiter und Kondensatoren zutrifft. Aus diesem Grund scheiden Flammlötung und Heißluftlötung grundsätzlich aus, weil mit ihnen die Lötstelle nicht punktgenau erhitzt werden kann.
Eine schnelle und schonende Lötung erfordert folgende Vorgehensweise:

- → Lötstellen von Beschichtungen und Oxidschichten säubern, beispielsweise mit einem Glasfaserradierer
- → Bauteile positionieren, eventuell provisorisch fixieren
- → Die Lötspitze muss metallisch sauber sein und wird vor der Lötung mit etwas Lötdraht verzinnt
- → Lötspitze mit hoher Temperatur ansetzen und Lötdraht zuführen
- → Sobald sich das Lot verflüssigt und die Lötstelle gleichmäßig benetzt, die Lötspitze von der Lötstelle entfernen

TIPP

Beim Bestücken von Leiterplatten mit Elektronikbauteilen werden die überstehenden Drahtenden erst nach dem Verlöten abgeschnitten. Sie nehmen beim Abkühlen der Lötstelle einen großen Teil der Wärme auf, wodurch die Lötstelle schneller abkühlt und das Bauteil sich weniger erwärmt.

Beim Weichlöten großflächiger Bauteile, beispielsweise beim Verbinden von Blechen oder dem Verlöten von Kupferrohren im Installationsbereich, ist statt der Benützung der Lötspitze die Flammlötung oder Heißluftlötung vorteilhafter. Mit diesen beiden Lötverfahren kann eine große Wärmemenge schneller in die Lötstelle eingebracht werden. Nachteilig ist aber, dass durch die Flamme oder die Heißluft die Metalloberfläche an der Lötstelle wieder oxidieren kann, wodurch die Benetzung durch das flüssige Lot gestört wird. Das Lot wird dann nicht zügig fließen, sondern kleine Schmelzperlen bieten. Abhilfe kann durch folgende Vorgehensweise geschaffen werden:

→ wenn möglich, Lötstellen von der Rückseite erwärmen
→ zeitnah Flussmittel auftragen
→ bei der Bildung von Schmelzperlen bei gleichzeitiger Hitzezufuhr Lötstelle mit feiner Drahtbürste (Edelstahl!) oder Glasfaserradierer von der Oxidhaut befreien

Kalte Lötstelen

Wenn das Lot wegen mangelnder Hitze nicht dünnflüssig wird, sondern nur einen breiigen Zustand erreicht, hält die Lötstelle nicht. Man spricht dann von einer „kalten Lötstelle". Speziell bei Lötungen in der Elektrotechnik kann es zu Kontaktstörungen kommen, die auf den ersten Blick oft nicht erklärbar sind, aber meist auf kalte Lötstellen zurückzuführen sind. Kalte Lötstellen entstehen oft auch dadurch, dass die zu verbindenden Teile während der Abkühlung des flüssigen Lotes nochmals bewegt wurden!

TIPP

Kalte Lötstellen erkennt man an der rauen und matten Oberfläche. Gute Lötungen haben eine glatte und glänzende Oberfläche.

Hartlöten

Hartlötungen sind Verbindungen mit Loten, deren Schmelzpunkt über 450 °C liegt. Hierzu werden Lote aus Kupfer-Zinn- und Kupfer-Zink-Legierungen (Kupferlote und Messinglote) oder Kupfer-Zink-Silber-Legierungen (Silberlote) verwendet. Hartlötungen erfolgen durchweg als Flammlötung.

Hartlote

Die Auswahl des geeigneten Hartlotes richtet sich für den Heimwerker hauptsächlich nach dem zu verbindenden Werkstoff und der Löttemperatur:

→ Kupfer- und Messinglote haben eine hohe Schmelztemperatur
→ Silberlote haben eine niedrige Schmelztemperatur

Die niedrige Schmelztemperatur der Silberlote ist für den Heimwerkerbereich, speziell bei kleinen Lötstellen, angenehmer zu verarbeiten. Allerdings bestimmt der Silbergehalt des Lotes die Kosten. Sie betragen ein Vielfaches der Kupfer- und Messinglote.
Die Festigkeit der Lötstelle ist nur in zweiter Linie vom verwendeten Lot abhängig, wenn die Lötfuge nicht weiter als ca. 0,2 mm ist.

Flussmittel

Ohne die Verwendung von Flussmitteln ist keine sichere Hartlötung erreichbar. Grund hierfür ist, dass sich an der Lötstelle durch die hohen

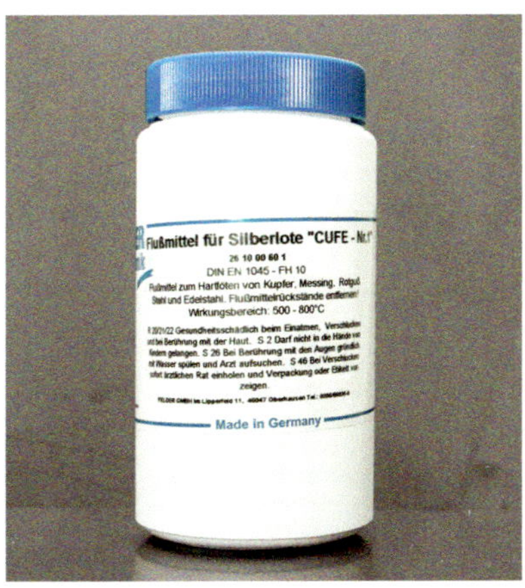

Flussmittel für Hartlote.

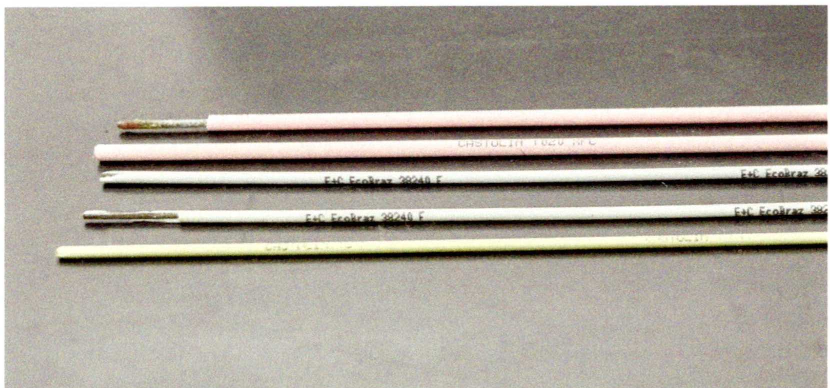

Mit Flussmittel ummantelte Silberlote, Messinglote und Kupferlote.

Eigenschaften von Hartloten

Lotart	Kurzbezeichnung	Schmelzbereich	Löttemperatur	Anwendung
		°C	Lötstelle min. °C	
Kupferlote	Cu 86 Sn	970–990	990	universell
	CuSn 6	910–1040	1040	Stahl
	CuP 8	710–740	740	Kupfer
Messinglote	CuZn 40	890–900	900	universell
Silberlote	Ag 5	820–860	870	Stahl
	Ag 15	650–700	800	Kupfer
	Ag 44	675–730	735	universell
	Ag 55	620–650	660	universell
Goldlote	Au 80 Cu 910	910	910	Elektronik, Edelmetalle
	Au 82 Ni 950	950	950	Elektronik, Edelmetalle

Temperaturen und den direkten Kontakt mit der Flamme durch den Luftsauerstoff eine starke Oxydschicht bildet. Nur wenn die Lötstelle durch das Flussmittel abgedeckt wird, hat der Luftsauerstoff keinen Zugang. Es gibt verschieden Formen des Flussmittels:

- → Flussmittelpaste
- → Flussmittelpulver
- → mit Flussmittel umhülltes Lot

Praxis Hartlöten

Das Hartlöten erfolgt mit offener Flamme und sehr hohen Temperaturen. Besondere Bedeutung hat deshalb die Einrichtung des Arbeitsplatzes, für den folgende Regeln gelten:

- → feuerfeste Unterlage
- → keine brennbaren Gegenstände im Arbeitsbereich
- → persönliche Schutzausrüstung tragen
- → Löschmittel wie Wasserbehälter, nasse Lappen und Feuerlöscher bereitstellen
- → als Feuerlöscher Nasslöscher (Schaumlöscher) verwenden

Wie auch beim Weichlöten ist eine perfekte Vorbereitung der Lötstelle der Schlüssel zum Erfolg. Spaltmaße der zu fügenden Bauteile sollten 0,2 mm möglichst nicht überschreiten und vor allem gleichmäßig sein, damit das Lot durch die Kapillarwirkung gut einziehen kann. Je dünner die Lötschicht ist, umso besser ist die spätere Festigkeit. Das Lot wie einen Kitt zum Ausfugen anzuwenden, ist schlechtes Löten.
Die zu fügenden Bauteile müssen passend so positioniert werden, dass die Lötung von oben oder von der Seite erfolgen kann. Von unten nach oben („über Kopf") zu löten, ist nicht empfehlenswert. Die Fügeteile müssen durch entsprechende Spannwerkzeuge wie beispielsweise Schraubstock und Gripzangen fixiert werden, da zum Löten beide Hände benötigt werden, um Lötbrenner und Lot sicher zu halten und zu führen.

Die Hartlötung erfolgt je nach Lot bei Temperaturen zwischen 700 und 1000 °C. Wann die Löttemperatur erreicht ist, kann man bei Stahl auch bei Tageslicht sehr gut an den Glühfarben erkennen (siehe Tabelle im Kapitel Werkstoffe, Unterkapitel Metallwerkstoffe). Bei Nichteisenmetallen, beispielsweise bei Messing, Bronze, Kupfer, sind die Glühfarben bei Tageslicht nicht so eindeutig sichtbar. Um die Sichtbarkeit zu verbessern, hat es sich bewährt, den Arbeitsbereich etwas abzudunkeln. Während das Flussmittel bereits in kaltem Zustand oder der Erwärmungsphase aufgetragen werden kann, wird das Lot erst zugeführt, wenn die Lötstelle auf die Endtemperatur erhitzt ist. Wird das Lot bereits in der Erwärmungsphase an die Lötstelle gehalten, dann erhitzt sich das Lot schneller als die Lötstelle, verflüssigt sich und perlt an der Lötstelle ab. Es tropft dann herunter und kann Sekundärschäden und Verbrennungen verursachen.

Mit Flussmittel umhülltes Lot ist in der Anwendung bequemer. Das Lot gleicht den Elektroden für das Elektroschweißen. Bei kleinen Werkstücken, welche die Schmelztemperatur des Lotes sehr schnell erreichen, wird das Lot zusammen mit der Lötstelle erhitzt, wobei das Flussmittel schmilzt und sich über die Lötstelle legt.
Bei Eisenmetallen ist zu beachten, dass Kupfer-, Messing- und Silberlote aus edlerem Material bestehen. Wird die ungeschützte Lötstelle beispielsweise der Witterung oder einer salzhaltigen Umgebung ausgesetzt, dann kann es an der Lötstelle zu Kontaktkorrosion kommen. Deshalb muss die Umgebung der Lötstelle durch eine geeignete Lackierung geschützt werden.

TIPP

Beim Hartlöten braucht man unbedingt eine feuerfeste Unterlage für das Werkstück. Auch auf heruntertropfende, geschmolzenen Metallteile und Flussmittel muss geachtet werden. In der Praxis verwendet man als Unterlage einen Schamottestein. Schamottesteine werden zum Ausmauern von Öfen verwendet, sie sind also hochhitzebeständig. Man bekommt sie beim Ofenhändler oder Ofenbauer.

Wärmebehandlung von Metallen

Hitze bewirkt bei Metallen eine Gefügeveränderung, die zur Bearbeitung verwendet werden kann. Generell gilt die Regel, dass Metalle bei hohen Temperaturen leicht zu verformen sind. Wer je einem Schmied bei der Arbeit zugesehen hat, wird das bestätigen.
Zur Wärmebehandlung wird der Flammbetrieb des Gasbrenners verwendet. Eisenmetalle lassen sich am besten bei hellroter Glühfarbe bearbeiten, bei Kupfer und seinen Legierungen ist die Glühfarbe unter Umständen schlecht erkennbar. In diesem Falle helfen Versuche an einer Materialprobe.
Aluminium verhält sich bei der Wärmebehandlung kritisch. Temperaturen bis ca. 200 °C haben sich bewährt. Höhere Temperaturen führen beim Biegen zum Bruch an der Biegestelle. Ebenso sind die üblichen Aluminium-Magnesium-Legierungen für Profilmaterial nach der Wärmebehandlung nicht voll belastbar. Sie benötigen einige Tage Ruhezeit zur Rückänderung des Gefüges.

Weichglühen

Bei der Kaltverformung bekommen Metalle eine Gefügeveränderung. Beim Kunstwerken durch Hämmern und Treiben „verhärtet“ sich das Material, wodurch das Verformen immer schwieriger wird und schließlich zur Rissbildung oder zum Bruch führen kann. Durch das sogenannte Weichglühen werden harte oder durch mechanische Bearbeitung (Umformung) verfestigte Werkstoffe wieder bearbeitbar gemacht.
Die erforderliche Glühtemperatur und Glühzeit ist werkstoffabhängig. Bei Stahl sind dazu Temperaturen zwischen 650 und 720 °C nötig, bei Nichteisenmetallen liegen die Temperaturen darunter. Nichteisenmetalle kann man nach dem Glühen in Wasser abschrecken. Im Gegensatz zu Stahl findet keine Härtung statt.

Aluminium löten
Aluminium ist beim Löten ein Sonderfall. Normale Weichlote verbinden sich nicht mit dem Aluminium, das beim Erhitzen auch dann sofort eine dicke Oxydschicht bildet, wenn man es kurz vorher blankgeschliffen hat. Mit einem Speziallot, das durch einen sehr hohen Siliziumgehalt einen niedrigeren Schmelzpunkt hat und sehr schnell dünnflüssig und damit benetzend wirkt, können Bauteile aus Alu-Legierungen miteinander verlötet werden. Hierzu muss die Oxidschicht an der Lötstelle mit einem Stahlstichel (notfalls scharfe Schraubendreherklinge!) angekratzt werden. Das Lot fließt dann unter die Oxidschicht und verbindet die Bauteile.
Diese Aluminium-Basislote werden auch als Aluminium-Reibelote bezeichnet und bieten die einzige Möglichkeit, an komplexen Aluminiumteilen Reparaturen durchzuführen. Bei Gussteilen aus Aluminium ist allerdings große Vorsicht geboten, da die Gussteile ebenfalls einen hohen Siliziumgehalt haben.
Eine interessante Information zum Thema Aluminiumlote findet man auf der Website http://www.alu-loeten.de.

Härten

Härten dient dazu, das Werkstück als Ganzes oder Teile davon widerstandsfähiger gegen Verschleiß und Beanspruchung zu machen. Im Heimwerkerbereich wird hierzu ausschließlich das thermische Härten angewendet. Thermisches Härten dient dazu, im Stahl den martensitischen Gefügezustand, der sich durch besonders hohe Härte auszeichnet, einzustellen. Hierbei wird der Stahl entsprechend seiner Legierung auf die sogenannte Härtetemperatur erwärmt. Sie beträgt für:

- → niedrig legierte Stähle je nach Kohlenstoffgehalt ca. 780–950 °C
- → Kalt-/Warmarbeitsstähle ca. 950–1100 °C
- → Schnellarbeitsstähle ca. 1150–1230 °C

Aus dieser Temperatur wird möglichst rasch auf Raumtemperatur abgekühlt („abgeschreckt"), sodass der durch die Erhitzung erreichte Gefügezustand quasi eingefroren wird. Je nach Stahlsorte erfolgt die Abkühlung durch Luft („Lufthärter"), Öl („Ölhärter") oder Wasser („Wasserhärter"). Nur härtbare Stahlsorten können gehärtet werden.

Anlassen

Anlassen dient dazu, dem gehärteten und spröden Werkstoff eine höhere Zähigkeit zu geben und das Risiko von Härtespannungen und Rissbildung zu vermindern. Durch partielles Anlassen kann man beispielsweise die Schneide eines Meißels hart lassen, dem Schaft aber eine gewisse Elastizität verleihen.
Das Anlassen geschieht durch Erwärmen auf Temperaturen zwischen 180 und 650 °C. Als Richtwerte gelten für:

- → unlegierten Vergütungsstahl ca. 180 °C
- → niedriglegierten Kaltarbeitsstahl ca. 250 °C
- → Warmarbeitsstahl ca. 500 °C
- → Schnellarbeitsstahl ca. 550 °C

Temperaturindikatoren von Stahl

Bei der Wärmebehandlung (Glühen und Anlassen) von Stahl werden die erforderlichen Temperaturen in der Praxis anhand der Glühfarben und Anlassfarben festgestellt.
Zum Ermitteln der Anlassfarben ist das Werkstück vorher durch Schleifen oder Bürsten mit einer blanken Oberfläche zu versehen. Mit einiger Übung können dann die Temperaturen mit praxisgerechter Genauigkeit ermittelt werden. Ein gutes Beispiel für die Temperaturanzeige durch Anlassfarben findet man an den Auspuffkrümmern von Motorradmotoren!

Glüh- und Anlassfarben von Eisenmetallen

Glühfarbe	Temperatur ca. °C	Anlassfarbe	Temperatur ca. °C
Braunrot	630	blankes Metall	< 100
Dunkelrot	680	Blassgelb	200
Dunkelkirschrot	740	Strohgelb	220
Kirschrot	780	Dunkelgelb	230
Hellkirschrot	810	Braun	240
Hellrot	850	Purpur	260
gut Hellrot	900	Violett	280
Gelbrot	950	Dunkelblau	290
Hellgelbrot	1000	Kornblumenblau	300
Gelb	1100	Hellblau	320
Hellgelb	1200	Blaugrau	350
Gelbweiß	1300	Grau	400

Wärmebehandlung von Kunststoffen

Der weitaus größte Teil der Kunststoffe sind Thermoplaste. In einem vom Kunststofftyp abhängigen Temperaturbereich, meist zwischen 120 und 200 °C, können diese Kunststoffe plastisch verformt werden, wobei sie die Verformung nach dem Abkühlen beibehalten.
Bei der Kunststoffbearbeitung ist die katalytische Verbrennung, also die Heißluftapplikation vorzuziehen, weil damit die Hitzeeinbringung besser kontrolliert werden kann.
Vor der Bearbeitung müssen stets an Materialmustern Versuche gemacht werden, da sich die einzelnen Kunststofftypen in ihren Eigenschaften erheblich unterscheiden.

Biegen mit Heißluft und Umlenkdüse.

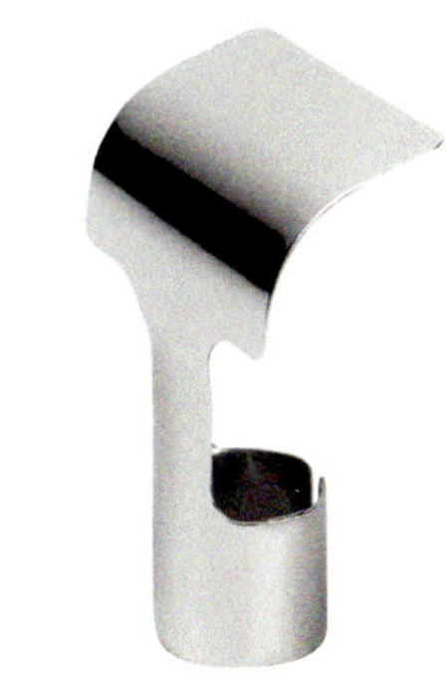
Umlenkdüse.

Schrumpfen

Die Verwendung von Schrumpfschläuchen ist in der Elektrik und Elektronik gang und gäbe. Im Elektronikhandel stehen entsprechend Schrumpfschläuche in vielen Abmessungen und Farben zur Verfügung. Schrumpffaktoren zwischen 2 und 5 sind üblich. Schrumpfschläuche mit Schmelzkleber ermöglichen luft- und wasserdichte Abdichtungen von Drähten und Kabeln.

Bei kleineren Schrumpfarbeiten verwendet man die Heißluftdüse. Bei größeren Schrumpfarbeiten, besonders aber dann, wenn sich in der Nähe der Schrumpfstelle wärmeempfindliche Teile befinden, ist es günstiger, die Umlenkdüse zu verwenden. Hier wird der Heißluftstrom um die Schrumpfstelle herumgeführt. Die bewirkt eine schnellere, gleichmäßigere Schrumpfung und hält den Heißluftstrom von anderen Bauteilen ab.

Eine spezielle Anwendung von Schrumpfschläuchen ist die Verwendung an Stelle eines Taklings an Leinen, Schoten und Festmachern im maritimen Bereich. Wo früher eine aufwendige Bandage das Ende der Leine vor dem Aufdröseln schützte, genügt heute ein kurzes Stück Schrumpfschlauch mit Schmelzkle-

Schrumpfen mit der Heißluftdüse.

Schrumpfen mit der Reflektordüse.

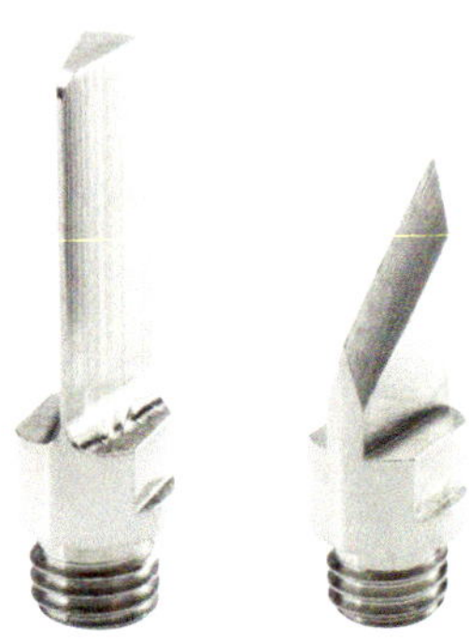

Heißmesser und Schneidklinge.

Spitzen für Brandmalerei.

ber. Der Schrumpfschlauch drückt die Fasern zusammen und sorgt mit dem Schmelzkleber für einen innigen und dauerhaften Abschluss.

Heißschneiden

Mit der aufsteckbaren Schneidspitze kann Holz bearbeitet werden. Ähnlich wie mit einem Schnitzmesser kann man das Holz mit der heißen Schneidspitze modellieren. Die Bearbeitung hinterlässt eine Bräunung, die die Konturierung bewusst betonen kann.
Heißschneiden wird auch zum Trennen von thermoplastischen Kunststoffteilen verwendet. Bei der Anwendung sollten Vorversuche gemacht werden, da Kunststoffe unterschiedliche Schmelztemperaturen und Schmelzeigenschaften haben.

SICHERHEIT

Kunststoffe entwickeln bei der Hitzebehandlung Dämpfe, wenn die Temperatur zu hoch ist. Diese Dämpfe können gesundheitsgefährdend sein. Der Arbeitsplatz muss deshalb gut durchlüftet sein. Bei größeren Arbeiten benötigt man eine Atemschutzmaske!

Brandmalerei

Bildliche Darstellungen können nicht nur mit Zeichenstift oder Pinsel geschaffen werden. Auch mit Hitze lässt sich Holz bemalen und ornamentieren. Diese Brandmalerei genannte Technik hat eine lange Tradition. Der Vorteil der Brandmalerei mit dem Stabgerät und der feinen Lötspitze ist die Möglichkeit, auch feinste Ornamentik präzise auf Holzoberflächen zu zeichnen. Breite, runde und geriffelte Spitzen erweitern den Gestaltungsspielraum.

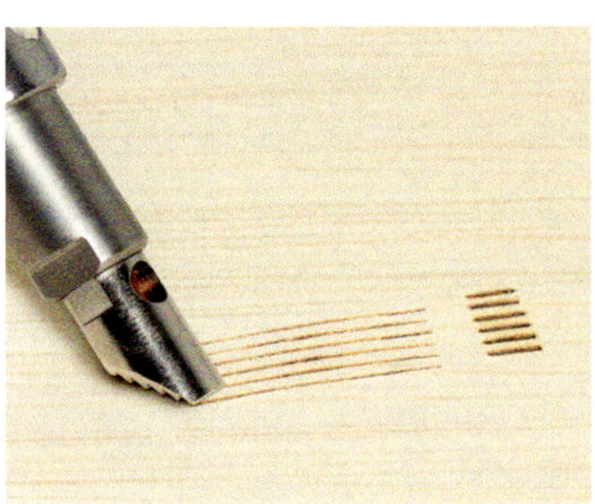

Brandmuster der unterschiedlichen Spitzen.

Auch fein strukturierte Motive sind bei der Brandmalerei möglich.

Strukturieren von Holz

Auch Holz kann man mit Wärme auf vielfältige Art bearbeiten, es kommt aber auf die Holzart an. Laubhölzer sind meist gut geeignet, bei Nadelhölzern muss man darauf achten, dass das Holz wenig Harz enthält. Ein beliebtes Mittel zur Strukturierung ist die Behandlung von Holzoberflächen mit Hitze und Drahtbürste. Ein typisches Anwendungsgebiet sind Möbel und Skulpturen aus Massivholz, die durch dieses Verfahren ein antikes Erscheinungsbild bekommen.
Zunächst wird die Oberfläche durch Hitzeeinwirkung „eingebräunt", anschließend mit der Drahtbürste in Faserrichtung bearbeitet. Die weichen Bestandteile zwischen den harten Fasern werden stärker abgetragen, wodurch die Faserstruktur durch die Bräunung besonders stark und deutlich hervortritt.

Der Brenner lässt sich wie ein Zeichenstift führen.

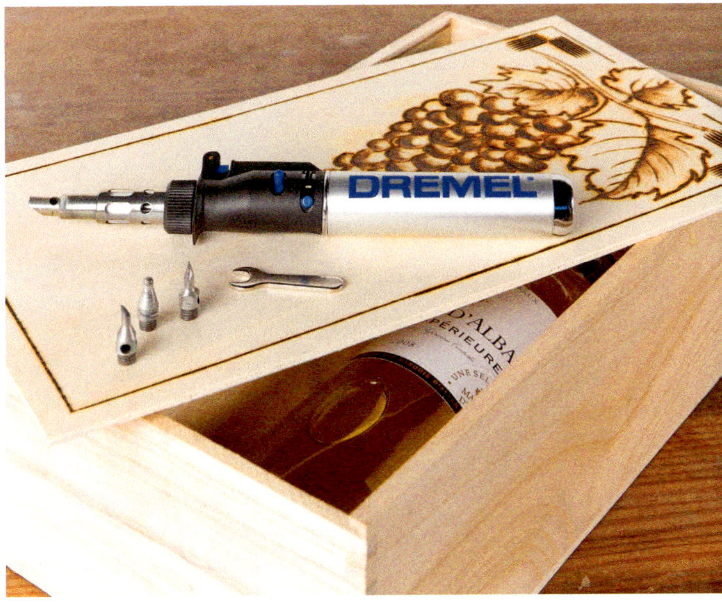

Aus der Weinkiste wurde ein individuelles Geschenk.

So gelingt eine Crème brûlée im Handumdrehen.

Je nach gewünschtem Effekt kann zum Strukturieren die Brennerflamme oder Heißluft verwendet werden. Mit Heißluft lässt sich kontrollierter arbeiten, mit der Brennerflamme können einzelne Stellen punktuell nachbearbeitet werden.

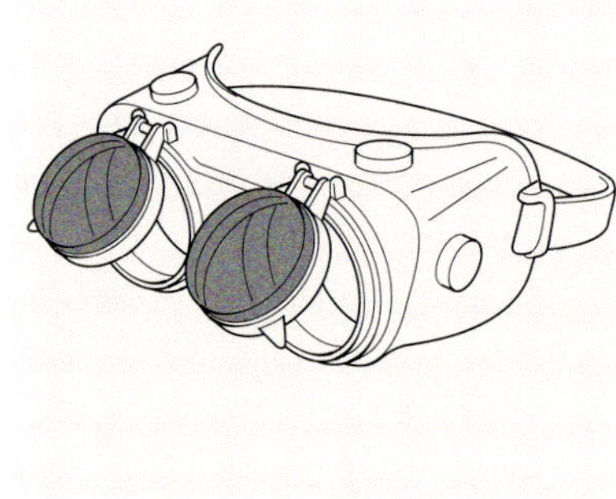

Schutzbrille für Arbeiten mit dem Gasbrenner.

Bon appétit
Eins der bekanntesten Desserts der französischen Küche ist die „Crème brûlée". Auf die Oberfläche der Karamellcrème wird Zucker gestreut und anschließend mit einem kleinen Gasbrenner karamellisiert.
Allein diese Anwendungsmöglichkeit des Gasbrenners ist schon ein Grund für seine Anschaffung.

Sicherheit

Der Umgang mit offenem Feuer ist grundsätzlich gefährlich. Die Flamme kann leicht brennbare Materialien entzünden, was besonders beim Gebrauch in geschlossenen Räumen zu einem unkontrollierbaren Brand führen kann. Wenn immer man mit einer offenen Flamme arbeitet, dürfen in der Arbeitsumgebung keine brennbaren Materialien vorhanden sein. Die Arbeitsunterlage muss aus feuerfestem Material bestehen. Für alle Fälle sollte ein Feuerlöscher bereitstehen, der ohnehin in jeden Heimwerkerhaushalt gehört!
Die Brennerflamme ist extrem heiß, weshalb auch kürzeste Berührungen erhebliche Brandwunden verursachen. Schutzhandschuhe aus hitzebeständigem Material sollten deshalb stets getragen werden.
Auch kleine sehr heiße Flammen haben im Kern eine große Helligkeit, die bei dauernder Betrachtung zu

vorübergehenden Augenschädigungen führen können. Ebenso schädlich ist die nicht sichtbare infrarote Strahlung für die Augen. Als Schutzmaßnahme ist das Tragen einer Schweißerbrille empfehlenswert. Besonders praktisch sind Brillen, bei denen die dunklen Schutzgläser hochgeklappt werden können. Die Brillen können mit hochgeklappten Schutzgläsern auch als „normale" Schutzbrillen verwendet werden.

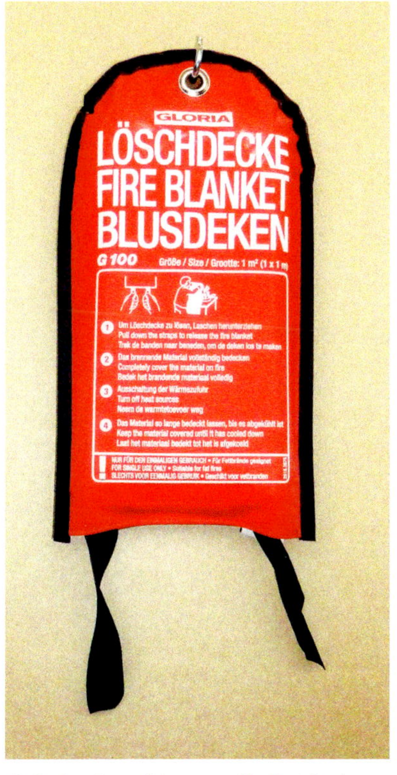

Einfach, aber wirkungsvoll: die Löschdecke.

Feuerlöscher

Im Handel gibt es für den Haushalt die Feuerlöschertypen

- **Pulverlöscher**
- **Schaumlöscher**
- **CO_2-Löscher**

Die Auswahl ist leider wie die Wahl zwischen Pest und Cholera.
Pulverlöscher sind für die Bekämpfung elektrischer Brände zulässig, der Löschstaub verteilt sich allerdings überall hin und ist nur sehr umständlich zu entfernen. Außerdem reizt er sehr stark die Augen und die Atemwege.
Schaumlöscher hinterlassen eine klebrige Substanz, die ebenfalls nur schwer zu entfernen ist.
CO_2-Löscher verwenden Kohlendioxid, das den Brandherd kühlt und ihm Sauerstoff entzieht. Der Gebrauch hinterlässt keine Spuren. Allerdings ist die Verwendung im Innenbereich, besonders in kleinen geschlossenen Räumen (Hobbykeller!), gefährlich, weil die CO_2-Übersättigung zur Erstickung führen kann!
Eine gute Alternative für Kleinbrände (auch für Fettbrände in der Küche!) ist die gute alte und preiswerte Löschdecke aus speziell imprägniertem Gewebe. Es gibt sie in einer praktischen Aufreißpackung, die wenig Platz einnimmt und überall platziert oder aufgehängt werden kann. Sie sollte wirklich in keinem Haushalt fehlen!

Verbrannt – was tun?

Trotz aller Vorsichtsmaßnahmen: Man hat sich verbrannt! Wenn man beim Erste-Hilfe-Kurs aufgepasst hat, weiß man, was zu tun ist: Sofort mit dem verbrannten Körperteil unter den Kaltwasserhahn und abkühlen. Wenn möglich, Eiswürfel auflegen. Beim Abkühlen unter dem Wasser beachten, dass das Abkühlen mindestens 5–10 Minuten fortgeführt wird, damit es auch bis in die tieferen Hautschichten wirksam wird. „Großmuttermethoden" wie das Aufbringen von Mehl, Puder oder Fett sind kontraproduktiv und können die Verletzung verschlimmern!
Bei starken Verbrennungen grundsätzlich sofort zum Arzt!

Schmelzkleben unterscheidet sich grundlegend von der „normalen" Klebetechnik. Zum einen sind Schmelzkleber in fester Form konfektioniert, zum anderen ist für die Klebung ein Gerät, genannt Klebepistole, erforderlich. Deshalb wird der Schmelzklebetechnik an dieser Stelle ein besonderer Abschnitt gewidmet.

Schmelzkleben

Heißklebepistole

Das Arbeitswerkzeug zum Schmelzkleben ist die Heißklebepistole. Die Geräte verfügen über ein Heizelement und ein Vorschubsystem. Mit dem manuell betätigten Vorschubsystem wird der stabförmige Klebstoff durch die Heizpatrone gedrückt und dort erhitzt. Er tritt dann verflüssigt durch eine Düse aus. Die Temperatur der Heizpatrone ist elektronisch geregelt. Das Aufheizen erfolgt mit hoher Leistung. Nach dem Erreichen der Arbeitstemperatur wird die Heizleistung automatisch stark zurückgeregelt, weshalb es auch im Dauerbetrieb nicht zur Überhitzung kommt.

Schmelzkleber

Schmelzkleber sind stabförmig und werden als Klebesticks bezeichnet. Es gibt unterschiedliche Durchmesser, die auf den Typ der Klebepistole abgestimmt sind. Typisch sind beispielsweise Durchmesser von 11 mm und 7 mm.

Die Schmelzkleber sind lösungsmittelfrei, ungiftig und werden als umweltneutral eingestuft. Es gibt Schmelzkleber mit unterschiedlichen Eigenschaften:

- → verschiedene Härtegrade in erstarrtem Zustand
- → Arbeitstemperaturen je nach Typ zwischen 130 und 200 °C
- → unterschiedliche Farben und Farbeffekte

Die Endfestigkeit von Schmelzklebern reicht bis etwa 50 °C. Bei höheren Temperaturen verringert sich die Festigkeit.

Die Alterungsbeständigkeit von Schmelzklebern ist gut, dauernder Einfluss von Lösungsmitteln und Feuchtigkeit kann aber die Klebkraft verringern oder sogar aufheben. Die Festigkeitsverminderung kann auch durch die Feuchtigkeitsaufnahme des zu verklebenden Werkstoffes, beispielsweise Holz im Außenbereich, oder durch die Unterwanderung der Klebestelle verursacht werden.

Was kann heiß verklebt werden?

Grundsätzlich können alle Werkstoffe verklebt werden, wenn sie folgende Voraussetzungen erfüllen:

- → Die Wärmebeständigkeit oder der Entzündungspunkt der zu verklebenden Werkstoffe ist höher als die Arbeitstemperatur des Klebers von ca. 130 bis 200 °C.
- → Die Wärmeabfuhr durch die Bauteile darf nicht so hoch sein, dass der Schmelzkleber bereits beim Auftrag auf die Klebestelle schnell abkühlt und erstarrt.

Heißklebepistole.

Klebesticks für verschiedene Anwendungen.

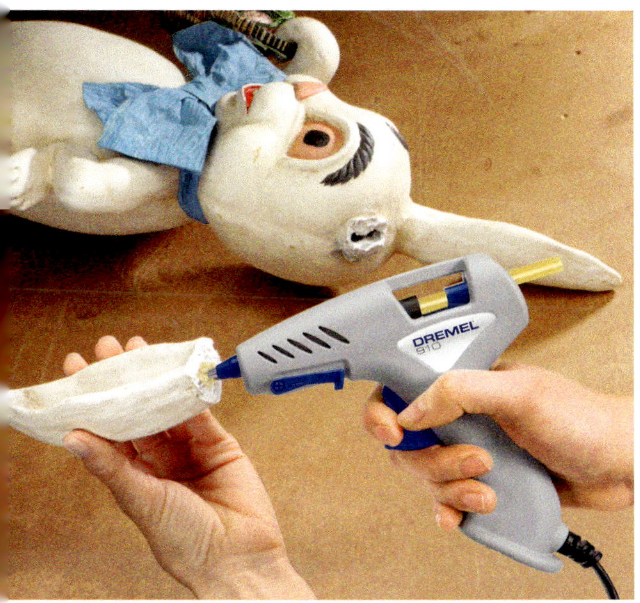

Reparatur von Keramik.

Auch Kleinteile können verklebt werden.

Sehr gut können Werkstoffe mit saugfähigen oder porösen Oberflächen verklebt werden, wenn sie entsprechend hitzebeständig sind wie beispielsweise

- → Holz und Holzwerkstoffe, Kork
- → Steinwerkstoffe, Keramik, Porzellan
- → Faserwerkstoffe wie Gewebe, Leder, Karton und Papier

Werkstoffe mit extrem glatten und porenfreien Oberflächen können nicht verklebt werden, hierzu zählen beispielsweise spezielle Kunststoffe wie Polypropylen, Polyethylen, Silikone oder Teflon. Auch geschäumte Kunststoffe mit niedriger Schmelztemperatur wie Polystyrol (Markenname z. B. Styropor®) sind nicht geeignet. Bei Metallen kann die Klebekraft eingeschränkt sein und hängt unter anderem von der Struktur der Oberfläche ab.

Schmelzklebepraxis

Wie bei allen handwerklichen Arbeiten hängt das erfolgreiche Arbeitsergebnis von einer gewissen Praxiserfahrung ab. Wenn man einige grundlegende Tipps beachtet, wird man jedoch sehr schnell ordentliche Klebergebnisse erzielen. Die folgend beschriebene Vorgehensweise entstammt der Praxis und hat sich bewährt.

Klebestellen vorbereiten

Grundsätzlich gilt, dass die Klebestelle trocken, sauber und fettfrei sein muss. Bei feuchten Klebestellen verdampft die Feuchtigkeit bei der Berührung mit dem heißen Kleber und verhindert eine innige Verbindung. Staub und Fett- oder Ölreste verhindern, dass der Kleber sich mit der Oberfläche verbinden oder in die Poren eindringen kann.

Arbeitstemperatur abwarten

Das Heizelement der Klebepistole benötigt etwa 5 Minuten, um sich genügend zu erhitzen und den Kleber zu verflüssigen.
Achtung: Wenn man die Vorschubtaste betätigt, ohne dass die Arbeitstemperatur erreicht ist, kann dies eine gewisse Vorspannung verursachen, sodass beim Erreichen der Schmelztemperatur dann plötzlich ohne weiteres Zutun unbeabsichtigt zu viel Kleber aus der Düse tritt.

Klebesticks einsetzen

Der Klebestick muss so weit in die Klebepistole eingeschoben werden, bis er vom Vorschubmechanismus sicher transportiert wird. Wenn der Klebestick fast aufgebraucht ist, schiebt man rechtzeitig einen weiteren Klebestick so weit ein, bis er den fast verbrauchten Stick berührt. Der

Vorschubmechanismus greift dann den zweiten Klebestick und schiebt damit den Rest des ersten Sticks durch das Heizelement.

Gleichmäßiger Vorschub

Mit jedem Betätigen der Vorschubtaste wird der Klebestick ein Stück weiter in die Heizpatrone geschoben. Für einen gleichmäßigen Kleberfluss muss die Vorschubtaste konstant und gleichmäßig betätigt werden. Zu schnelles Drücken mit anschließenden Pausen ergibt einen ungleichmäßigen Kleberfluss und Tropfenbildung.

Gute Klebesticks verwenden

Heißklebepistolen funktionieren nur dann gut, wenn der Klebestick genau den passenden Durchmesser hat. Ist er zu dünn, greift der Vorschubmechanismus nicht, sondern rutscht durch. Ist der Durchmesser zu groß, dann klemmt der Stick im Vorschubmechanismus fest und passt auch nicht durch die Heizpatrone. Da die zulässige Durchmessertoleranz im Zehntelmillimeter-Bereich liegt, müssen stets Qualitäts-Klebesticks verwendet werden. Billige Klebesticks erfüllen nicht immer diese Anforderungen. Es sind Fälle bekannt, wo billige Klebesticks und Klebungen mit ihnen versprödeten und der Kleber in seine Bestandteile zerfiel. Wenn man den Empfehlungen der Hersteller von Marken-Klebepistolen folgt, geht man kein Risiko ein.

Wechsel des Klebesticks

Wenn man unterschiedliche Klebearbeiten macht und der gerade in der Klebepistole steckende Klebestick gewechselt werden soll, darf man keinesfalls versuchen, den Klebestick nach hinten aus der Klebepistole herauszuziehen.
Der Vorschubmechanismus kann beschädigt werden und der rückwärtig aus der Heizpatrone austretenden flüssige Kleber kann in den Innenraum der Klebepistole gelangen und sie dadurch unbrauchbar machen!
In Fällen oft wechselnder Klebearbeiten mit unterschiedlichen Klebesticks ist es deshalb sinnvoller, statt der langen Sticks besser die kurzen zu verwenden. Wenn man nur lange Klebesticks hat, kann man sich übrigens auch kurze Stücke davon abschneiden, wobei eine Mindestlänge von ca. 40 mm nicht unterschritten werden sollte, damit der Vorschubmechanismus sicher greift. Wenn der in der Klebepistole steckende Klebestick noch so lang ist, dass er hinten aus der Klebepistole hervorsteht, kann man ihn auch mit einem Federmesser abschneiden.

Problembehandlung

Schmelzkleben erscheint auf den ersten Blick als einfache Tätigkeit. In der Praxis zeigt sich aber dann doch das eine oder andere Problem, das es durch geeignete Maßnahmen zu vermeiden gilt.

Fädenziehen

Die Konsistenz von flüssigem Heißkleber gleicht etwa der von Honig. Jeder weiß, dass Honig mitunter unangenehme Fäden zieht. Die Fäden von erkaltetem Heißkleber sind zwar nicht so unangenehm, aber stören tun sie doch. Man vermeidet sie am besten, indem man die Düse der Klebepistole mit einer leicht drehenden Bewegung direkt an der Klebestelle abstreift. Sollten sich trotzdem Kleberfäden nicht vermeiden lassen, dann kann man diese nach dem Erkalten des Klebstoffs leicht abrubbeln oder abschneiden.

Kleberdurchschlag

Beim Verkleben von Geweben, aber auch von sehr dünnen Papieren kann es vorkommen, dass sie auf der Unterlage festkleben. Ursache ist der Kleberdurchschlag: Der flüssige Kleber dringt durch das Material und verbindet sich mit der Unterlage. Je nach Klebearbeit kann dadurch das Werkstück oder auch die Unterlage beschädigt werden. Also erst an einem Probestück testen!

Arbeitsunterlage

Um Schäden durch den heißen Kleber oder die Folgen von Kleberdurchschlägen zu vermeiden, hat es sich bewährt, eine Unterlage aus Silikon zu verwenden. Diese Unterlagen sind im Handel und saisonal auch beim Discounter erhältlich. Sie kommen als Backblechunterlagen auf den Markt und sind aus nicht haftendem und bis etwa 250 °C hitzebeständigem Silikonkautschuk hergestellt. Bessere Unterlagen zum Kleben gibt es nicht, sie sind natürlich auch für alle Lösungs- und Reaktionskleber geeignet.

Verklebungen auf Metall

Metalle sind ein etwas kritischer Fall für Schmelzkleber, man sollte unbedingt an einem Materialrest eine Klebeprobe durchführen, um festzustellen, ob die Endfestigkeit im Einzelfall ausreichend ist. Hierbei ist in jedem Fall zu beachten:

- → Metalle leiten die Wärme sehr gut ab. Größere Klebeflächen müssen eventuell vorgewärmt werden, damit der Kleber beim Auftrag nicht sofort abkühlt und erstarrt.
- → Erhitzte Metalle kühlen langsam ab, der Kleber bleibt also länger flüssig oder plastisch. Eine eventuelle Fixierung muss unbedingt bis zur endgültigen Abkühlung beibehalten werden.

Großflächige Verklebungen

Bei großflächige Klebeverbindungen mit Schmelzklebern besteht die Gefahr, dass ein Teil des flüssig aufgetragenen Klebers bereits erstarrt, bevor man die ganze Fläche bestrichen hat. Um trotzdem zu einem guten Ergebnis zu kommen, gibt es zwei Möglichkeiten:

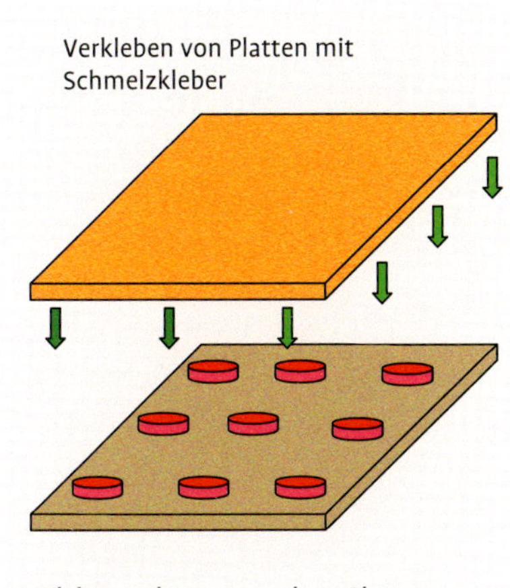

Bei großflächigen Verklebungen Klebepunkte setzen.

- → Klebefläche vorwärmen (meist nur bei Metallen möglich)
- → statt ganzflächigem Kleberauftrag schnell hintereinander viele einzelne Klebepunkte setzen

Korrekturen

Bei Verklebungen mit Schmelzklebern kann die Position der zu verklebenden Werkstücke korrigiert werden, solange der Kleber noch flüssig ist. Diese Flüssigphase ist von der aufgetragenen Klebermenge abhängig und beträgt in der Regel je nach Werkstoff einige Sekunden. Spätere Korrekturen sind nur durch Erwärmung der Klebestelle möglich.

Lösen von Klebestellen

Im Gegensatz zu anderen Klebemethoden können Klebeverbindungen mit Schmelzklebern wieder gelöst werden, wenn man den Kleber auf seine Schmelztemperatur von ca. 80–100 °C erhitzt. Bevor man eine Klebestelle erwärmt, muss jedoch geprüft werden, ob eine Erwärmung der Klebestelle überhaupt möglich ist, ohne das Werkstück zu beschädigen.

Erwärmung von Klebstellen

Die bereits mehrfach erwähnte Möglichkeit, eine Klebestelle vorzuwärmen oder zu erhitzen, ist am besten mit einem Heißluftgebläse möglich. Heißluftgebläse verfügen über einen sehr genauen einstellbaren Temperatur- und Gebläseregler, der eine exakte Dosierung der Heißluft ermöglicht. Im Zubehörprogramm der Heißluftgebläse gibt es eine Vielzahl von speziellen Luftdüsen, die

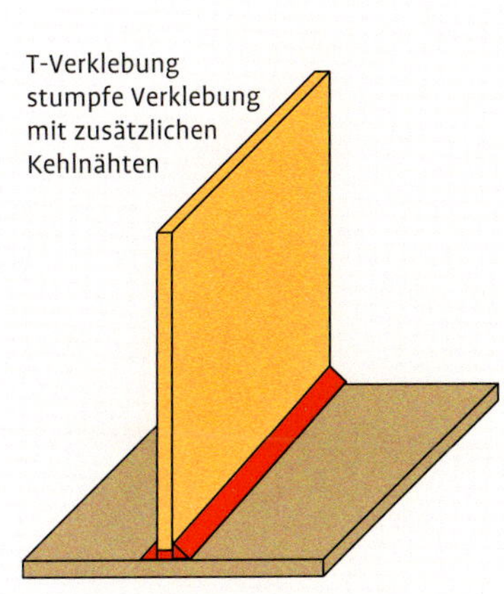

Verfugen von Kehlnähten erhöht die Festigkeit.

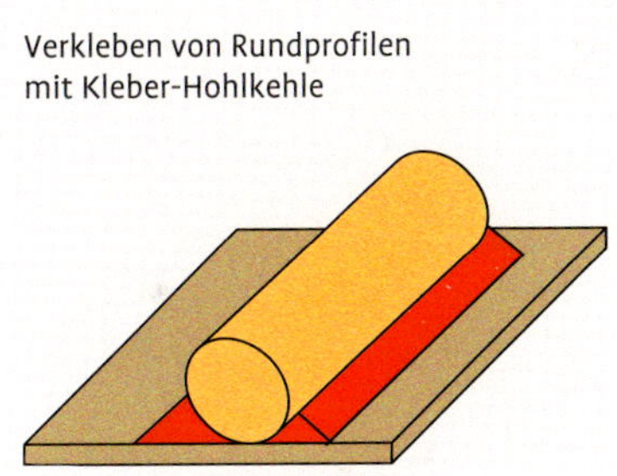

Verkleben von Rundprofilen.

sowohl einen flächigen als auch gezielt punktuellen Luftstrom ermöglichen.

Verfugen

Schmelzkleber eigen sich hervorragend zum Verfugen von Bauteilen und zum Ausfüllen von Rissen und Spalten. Die je nach Klebertyp mehr oder weniger ausgeprägte Elastizität dichtet Fugen und Risse sicher ab. Bei tiefen Fugen und Rissen ist Vorwärmen vorteilhaft, weil der Kleber dann länger flüssig bleibt und tiefer eindringen kann.

Gestalten mit dekorativen Raupen.

Die Möglichkeit des Verfugens gestattet damit auch das Verkleben von unterschiedlich geformten Bauteilen.

Verguss

Durch Verguss mit flüssigem Schmelzkleber kann man elektronische und elektrische Bauteile vor Staubablagerungen oder mechanischen Beschädigungen schützen. Auch Kabelverbindungen im Niederspannungsbereich können auf diese Weise isoliert werden. Allerdings muss bei vor dem Verguss geprüft werden ob die zu vergießenden Gegenstände, Bauteile und Isolationen genügend hitzebeständig sind. Der Schmelzkleber kann Temperaturen bis über 200 °C erreichen und die Abkühlzeit kann bei größeren Klebermengen recht lange dauern.

Dekorative Raupen

Für dekorative Gestaltung gibt es Klebesticks mit beigemischten Effekt-Pigmenten. Durch entsprechende Raupenformen und Gestaltung lassen sich dekorative Objekte auf Unterlagen herstellen. Wenn man die Raupen auf eine Silikonunterlage aufträgt, kann man sie nach dem Erstarren von der Unterlage abheben und als separate Deko verwenden.

TIPP

Neben den Sticks für normale Klebearbeiten gibt es auch Glanz- und Farbsticks für Dekorationszwecke. Diese Farbsticks eignen sich auch für dekorative Abdichtungen und Verfugungen. Um die Farben schnell wechseln zu können, wird empfohlen, die Sticks vor dem Einführen in die Heißklebepistole auf ca. 4 cm Länge zu kürzen, damit sie schneller aufgebraucht werden können.

Sicherheit

Heißklebepistolen arbeiten ohne motorische Bewegung. Im Gegensatz zu Motorgeräten wie beispielsweise Schleifmaschinen oder Sägen werden sie vom Anwender deshalb meist als harmlos eingestuft. Dies darf aber bei der Anwendung nicht zu Leichtsinn führen.
Je nach Klebepistolentyp und Kleber beträgt die Temperatur an der Austrittsdüse und im Klebstoff bis zu etwa 200 °C. Da es bereits bei Temperaturen über etwa 60 °C bei direkter Berührung mit der Haut zu Verbrennungen kommen kann, ist es wichtig, mögliche Gefahren während der Anwendung zu kennen und zu vermeiden.
Die Austrittsdüse ist sehr heiß, weshalb sie nicht berührt werden darf. Dasselbe gilt auch für den Kleber, bei großen Klebermengen kann er noch mehrere Minuten lang heiß sein. Deshalb die Klebestellen erst dann berühren, wenn der Kleber auf ungefährliche Temperaturwerte abgekühlt ist.

Klebeposition beachten

Der erhitzte und flüssige Klebstoff folgt nach dem Austritt aus der Düse der Schwerkraft und tropft nach unten. In der idealen Arbeitsposition befindet sich die Heißklebepistole daher über dem Werkstück. Bei Klebearbeiten an senkrechten Flächen oder gar über Kopf muss darauf geachtet werden, dass sich keine Körperteile direkt unter der Austrittsdüse befinden. Trotz genauer Dosierung mit dem Vorschub kann es mitunter zu Tropfen kommen, von denen eine Verbrennungsgefahr ausgeht. Beispielsweise könnten Tropfen des flüssigen Klebstoffes auf das Gesicht oder in den Hemdsärmel tropfen, eine wahrlich unangenehme Sache. Das Tragen einer Schirmmütze und einer Schutzbrille ist deshalb bei Überkopfarbeiten zweckmäßig.

Werkstückerhitzung

Kleine Werkstücke, besonders wenn sie aus Metall bestehen, können sich durch den Kleberauftrag stark erhitzen und an den haltenden Fingern zu Verbrennungen führen. Solche Werkstücke sollten während des Klebens in eine Vorrichtung eingespannt oder auf einer hitzebeständigen Unterlage abgelegt werden. Alternativ kann man sie auch mit einer Zange oder einer Wäscheklammer halten. Die Wäscheklammer sollte aber aus Holz sein, weil sich Wäscheklammern aus Kunststoff durch die Hitze des Klebers verformen oder schmelzen können.

Ablage, Standbybetrieb

Bei Klebearbeiten kommt es häufig zu kurzen Unterbrechungen, bei denen es sich nicht lohnt, netzbetriebene Heißklebepistolen auszuschalten. Auch bei der ordnungsgemäßen Ablage entsprechend der Betriebsanleitung kann es zu unbeabsichtigten Berührungen mit den heißen Teilen der Klebepistole kommen. Es empfiehlt sich deshalb, die Klebepistole so abzulegen, dass sie sich ständig im Blickfeld des Anwenders befindet, also eher vor dem Anwender als seitlich oder hinter ihm.

Unbeaufsichtigte Ablage

Will man während der Klebearbeiten aus irgendwelchen Gründen kurzzeitig seinen Arbeitsplatz verlassen, darf man die Klebepistole nicht in eingeschaltetem Zustand stehen lassen. Kinder oder Haustiere könnten während der Abwesenheit mit den heißen Teilen der Klebepistole in Berührung kommen. Deshalb schaltet man zuvor die Klebepistole aus. Es erhöht die Sicherheit und spart gleichzeitig Energie.

Abkühlen lassen

Nach dem Ausschalten dauert es noch eine geraume Zeit, bis die Heißklebpistole auf Raumtemperatur abgekühlt ist. Während dieser Zeit kann noch etwas Kleber austreten. Deshalb die Klebepistole erst nach dem Abkühlen in die Werkzeugkiste packen.

Schutzhandschuhe

Wie bereits mehrfach erwähnt, bestehen mögliche Gefährdungen durch die Berührung mit der heißen Austrittsdüse und dem heißen, flüssigen Klebstoff. Eine sichere Schutzmaßnahme stellen deshalb Handschuhe dar. Empfehlenswert sind die üblichen Schutzhandschuhe aus Leder. Schutzhandschuhe aus Baumwolle oder Kunststoff-Mischgewebe, wie sie bei den meisten „Gartenhandschuhen“ üblich sind, eignen sich nicht. Der flüssige Kleber kann dort durchdringen oder das Kunststoffgewebe zum Schmelzen bringen.

Basteln mit Kindern

Heißkleben ist für Kinder stets eine interessante Sache, denn das Kleben ist ja auch „kinderleicht“. Gerade deshalb ist es aber nötig, dass Kinder während der Klebearbeit unter führender Aufsicht sind. Ob Kinder so weit sind, dass sie selbstständig Klebearbeiten durchführen können, müssen die aufsichtspflichtigen Eltern entscheiden und verantworten. Wie auch immer entschieden wird: nie ohne Aufsicht und grundsätzlich die Klebepistole an einem kindersicheren Ort aufbewahren.

Sekundärschäden

Wie bei allen Arbeiten im Hobbybereich sollte man sich vor Beginn den Arbeitsplatz sicher einrichten, um Sekundärschäden zu vermeiden. Wenn flüssige Klebstoffreste auf teure Tischdecken oder polierte Oberflächen von Möbeln tropfen, handelt man sich meist erheblichen familieninternen Ärger ein. Mit einem Brett als Unterlage oder einer Lage Zeitungspapier kann man dies verhindern. Am besten eignet sich eine hitzebeständige Silikon-Backfolie. Damit ist man stets auf der sicheren Seite.

Verbrannt! – was tun?
Trotz aller Vorsichtsmaßnahmen passierte es: Man hat sich verbrannt! Wenn man beim Erste-Hilfe-Kurs aufgepasst hat, weiß man, was zu tun ist: Sofort mit dem verbrannten Körperteil unter den Kaltwasserhahn und abkühlen. Wenn möglich, Eiswürfel auflegen. Auf keinen Fall versuchen, den Kleber sofort von der Haut abzuziehen, sonst zieht man womöglich die verbrannte Haut mit ab. Beim Abkühlen unter dem Wasser beachten, dass das Abkühlen mindestens 5–10 Minuten fortgeführt wird, damit es auch bis in die tieferen Hautschichten wirksam wird. Bei starken Verbrennungen und Verbrennungen bei Kindern grundsätzlich anschließend zum Arzt!

Handwerkzeuge und Maschinenwerkzeuge sehen wir als die Hauptbeteiligten beim Heimwerken. Mit ihnen können wir die Arbeitsaufgaben bewältigen. Daneben gibt es aber noch die kleinen Werkstatthelfer, die das Arbeiten beschleunigen, sicherer und präziser machen und für weniger Ermüdung sorgen. Gründe genug, um sich mit ihnen zu befassen.

Arbeitshelfer

Die dritte Hand

Der typische Heimwerker ist eine Fehlentwicklung der Natur, und das lässt sich leicht begründen: Er hat nur zwei Hände. Das merkt man besonders dann, wenn man diffizile Werkstücke zusammenhalten muss und sie gleichzeitig bearbeiten will. Spätestens in dieser Situation wünscht man sich noch eine dritte Hand, die man aber nicht hat. Folglich muss man sich bei vielen Arbeitsaufgaben mechanischer Hilfsmittel bedienen, die als eine dritte Hand dienen.

Das unentbehrlichste Hilfsmittel für diese Aufgaben sind Spannwerkzeuge: Werkstücke müssen festgehalten, zusammengepresst oder winkeltreu fixiert werden. Diese Aufgabe, die sich von Werkstück zu Werkstück, von Arbeitsaufgabe zu Arbeitsaufgabe unterscheidet, kann durch den Einsatz von Spannwerkzeugen gelöst werden.

Spannwerkzeuge gibt es in vielen Variationen. Von groß nach klein sortiert sind dies:

→ Schraubstock
→ Schraubzwingen
→ Feilkloben
→ Klemmen
→ Lötschraubstöcke

Schraubstock

Der Schraubstock gehört definitiv zur Grundausstattung des Heimwerkers. Er dient in der Praxis nicht nur als solides Spannwerkzeug, sondern auch als Hilfsmittel zum Biegen von Blechen und, bei größeren Schraubstöcken mit Ambossfläche, auch zum Richten und Verformen kleinerer Werkstücke.

Schraubstöcke gibt es in vielen Größen und Varianten. Der „normale“ Schraubstock ist ein stationäres Spannwerkzeug, das auf der Arbeitsfläche festgeschraubt oder mit einer Zwinge befestigt wird.

Schraubstock mit Kugelkopf.

Parallelschraubstock

Bei dieser im Heimwerkerbereich gebräuchlichsten Ausführung wird die bewegliche Backe durch eine Spindel parallel zur feststehen-

Unentbehrlich: der Parallelschraubstock.

Maschinenschraubstock mit Schnellverstellung der Spindel.

den Backe bewegt. Die Backen des Schraubstocks sind meist geriffelt, damit auch Werkstücke ohne planparallele Flächen sicher gespannt werden können. Bei Werkstücken mit empfindlichen Oberflächen kann diese Riffelung zu Beschädigungen führen. Man spannt solche Werkstücke deshalb zwischen zwei rechtwinklige Bleche, die auf die Schraubstockbacken gelegt werden. Qualitätsschraubstöcke verfügen über auswechselbare Backen. In diesem Fall wechselt man die geriffelten Backen gegen glatte Backen aus. Kleinere Schraubstöcke gibt es auch mit einem Kugelkopffuß. Sie haben den Vorteil, dass man ihre Lage in einem weiten Winkelbereich fixieren kann, was bei komplexen Werkstücken bei der Bearbeitung hilft.

Die Komponenten des Multi-Schraubstocks.

Maschinenschraubstock

Der sogenannte Maschinenschraubstock ist eine Sonderform des Parallelschraubstocks. Er dient zum Halten oder Fixieren von Werkstücken, die mit stationären Bohrmaschinen oder auf Bohrständern bearbeitet werden. Die Basisplatte dieser Schraubstöcke ist meist mit Langlöchern versehen. Sie werden mit Schrauben auf dem Bohrtisch befestigt, wenn größere Bohrdurchmesser gebohrt werden. Die Werkstücke werden durch den Schraubstock sicher gehalten und ermöglichen einen winkeltreuen und präzisen Bohrvorgang.

Der weite Spannbereich ist ein wichtiges Merkmal.

Stationärbetrieb des Multifunktionswerkzeugs.

Fast jede Spannposition ist möglich.

Multi-Schraubstock

Der Multi-Schraubstock besteht aus mehreren Einzelkomponenten, die dem Anwendungszweck entsprechend miteinander kombiniert werden können und so einen universellen Einsatzbereich bekommen. Die Sockeleinheit alleine kann zum Aufspannen des Multifunktionswerkzeugs benützt werden. Somit ist ein Stationärbetrieb des Multifunktionswerkzeugs möglich. Die Spanneinheit kann einzeln als Schraubzwinge benützt werden. Durch den großen Schwenkbereich des Kugelkopfs sind auch komplexe Werkstück so spannbar, dass sie in einer günstigen Bearbeitungsposition fixiert werden können.

Klemmhalter

Im eigentlichen Sinne sind dies keine Klemmen, weshalb diese überaus praktischen Helfer im Elektronikhandel auch unter der treffenden Bezeichnung „dritte Hand" angeboten werden.
Welcher Elektronikbastler kennt nicht die Problematik, zwei Drähte miteinander zu verlöten, wenn eine Hand den Lötkolben und die andere das Lötzinn führt. Viel einfacher dagegen ist es, die zwei Drähte oder Bauteile mit den Klemmen exakt zu positionieren und zu fixieren und erst dann entspannt die Lötung durchzuführen.

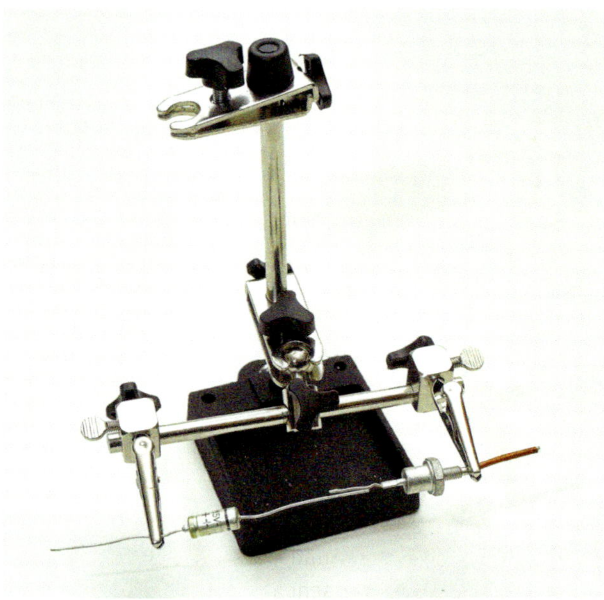

Klemmhalter für Elektronikarbeiten.

Die dreiteilige Schraubzwinge.

Die zweiteilige, geschmiedete Schraubzwinge.

Federzwingen sind für den Modellbau unentbehrlich.

Mit Winkelspannern ist das Herstellen von Rahmen ein Kinderspiel.

In Kombination mit einer Lupe lassen sich so auch feinste Teile sicher verbinden.

Schraubzwingen

Schraubzwingen sind unentbehrlich, wenn Werkstücke zusammengehalten werden müssen, um sie gemeinsam zu bearbeiten oder miteinander zu verleimen. Schraubzwingen gibt es in unterschiedlichen Größen und Ausführungen, die an die jeweilige Arbeitsaufgabe angepasst sind. Hier die wichtigsten Typen:

→ dreiteilige Schraubzwingen
→ zweiteilige Schraubzwingen
→ Sonderschraubzwingen

Dreiteilige Schraubzwingen

Diese oft Tempergusszwingen genannten klassischen Schraubzwingen bestehen aus einem festen Spannbügel am Ende der Gleitschiene. Der bewegliche Spannbügel kann mit einem Rundgriff oder mit einem Knebelgriff gespannt werden. Durch die starren Spannbügel werden schnell hohe Spannkräfte erreicht.

Zweiteilige Schraubzwingen

Bei diesen im Handwerk viel verwendeten Ganzstahlzwingen ist die Gleitschiene am oberen Ende abgewinkelt und bildet gleichzeitig den oberen Spannbügel. Durch die Herstellung in Schmiedetechnik können auch bei kleinen Profilquerschnitten hohe Spannkräfte erreicht werden. Der gerundete Übergang der Gleitschiene in den oberen Spannbügel sorgt beim Spannen für eine gewisse Elastizität, wodurch die Spannkräfte beim Festziehen relativ sanft einsetzen, ein Vorteil, wenn das Werkstück empfindlich ist oder die Werkstücke noch etwas nachpositioniert werden müssen.

Winkelspanner

Das rechtwinklige, winkeltreue Spannen, beispielsweise von Holzteilen zum Verleimen von Rahmen, Kästen und Schubladen, geht mit den normalen Schraubzwingen nur mithilfe von Beilagen. Winkelspanner ermöglichen es, bei diesen Spannaufgaben ohne Beilagen auszukommen. Auch T-Verbindungen lassen sich mit diesen Zwingen präzise spannen.

Federzwingen

Im Modellbau sind Wäscheklammern ein altbekanntes Spannwerkzeug, um Kleinteile beim Verleimen zu fixieren. Allerdings ist das Klammerprofil nicht optimal und auch die Spannkraft ist recht unterschiedlich. Federklammern, auch Federzwingen genannt, haben dagegen optimierte Spannbacken und bei gleichen Spannhöhen eine konstante Spannkraft. Durch die relativ großen Griffe sind sie sehr gut zu bedienen, ein Vorteil, wenn man mit der anderen Hand das Werkstück halten muss. Eine Reihe verschiedener Größen mit unterschiedlicher Spannkraft ermöglichen den Einsatz sowohl im Modellbau als auch größeren Bauprojekten.

Feilkloben

Spätestens beim Polieren eines Schmuckstückes wird man feststellen, dass es nicht besonders günstig ist, einen Ring mit den Fingern festzuhalten und ihn mit dem Multitool in der anderen Hand und der rotierenden Bürste oder dem Polierrad zu bearbeiten. Zu leicht rutscht man ab und berührt mit dem Werkzeug die Finger. Noch dazu kann das Werkstück bei der Bearbeitung zu heiß werden. Das ideale Hilfswerkzeug für diesen Zweck ist der Feilkloben. Feilkloben gibt es in unterschiedlichen Größen. Das Werkstück kann damit fest und sicher gehalten werden. Wenn man den Feilkloben in den Schraubstock einspannt, hat man beide Hände für die Arbeit frei.

Lupen

Das typische Bild eines Uhrmachers bei der Arbeit ist bekannt: Er sitzt vor seinem nur zentimetergroßen Arbeitsobjekt und blickt mit einer unter die Augenbraue geklemmten Lupe auf das winzig kleine Räderwerk. Nur mit dieser Lupe ist es ihm möglich, mit der notwendigen Detailpräzision zu arbeiten.
Ein häufiges Anwendungsgebiet der Kleinwerkzeuge sind kleine Arbeitsprojekte, denken wir beispielsweise an Schmuckarbeiten oder feinste Gravierungen. Auch bei diesen Arbeiten ist eine Lupe nicht nur sinnvoll, sondern manchmal auch unabdingbar. Für diesen Zweck gibt es im Handel bewährte Hilfsmittel wie:

- → Lupenbrillen
- → Standlupen

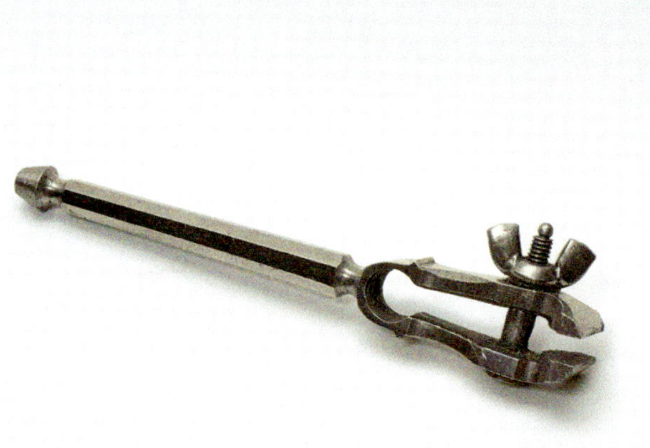

Feilkloben.

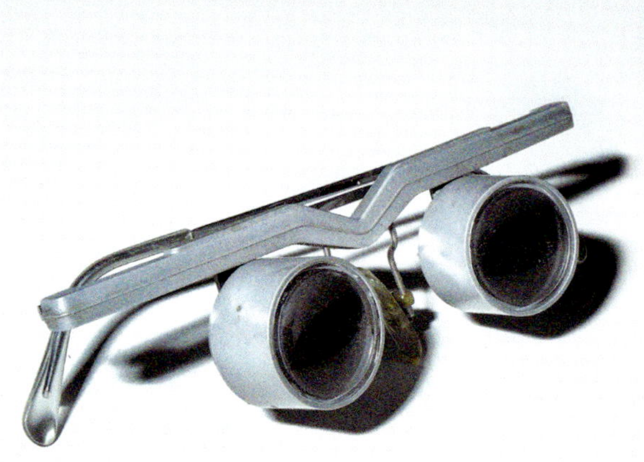

Lupenbrille.

Beide muss man nicht wie ein normales Vergrößerungsglas in der Hand halten, sodass man beide Hände für die Arbeit einsetzen kann. Entsprechend ihrem Aufbau haben sie spezielle Einsatzbereiche.

Lupenbrille

Die eingangs erwähnte Lupe, die sich der Uhrmacher unter die Augenbraue klemmt, ist nicht jedermanns Geschmack. Der richtige Sitz ist beim gelegentlichen Gebrauch schlecht zu finden und hinterlässt meist unangenehme Druckstellen. Die bessere Lösung ist eine zweiäugige Lupenbrille.
Der Sitz ist bequem und der Seheindruck bleibt im Gegensatz zur einäugigen Lupe plastisch. Die Lupenbrille kann bei Brillenträgern die sonst nötige Lesebrille bei der Arbeit ersetzen, es gibt sie in verschiedenen Vergrößerungsstärken. Optimal sind Lupenbrillen mit eingebauter Beleuchtung. Mit ihnen ist man beim Betrachten von kleinsten Gegenständen vom Umgebungslicht unabhängig, das sonst durch die Arbeitshaltung unter Umständen abgeschattet wird.
Typische Anwendung: Die Lupenbrille ist optimal, wenn man längere Zeit am Kleinobjekt arbeitet.

Standlupe

Die Standlupe ist vom Prinzip her nichts anderes als ein großes Vergrößerungsglas, das durch einen Schwenkarm, ähnlich einer Tischlampe, mit einem Standfuß verbunden ist. Bei der Anwendung arbeitet man mit den Händen und dem Werkstück unter der Lupe, der Blick erfolgt von oben durch die Lupe.

Auch als Standlupe verwendbar: Klemmhalter mit Leuchtlupe.

Standlupen gibt es mit oder ohne Beleuchtungseinrichtung. Solche mit Beleuchtung sind vorzuziehen, weil durch die typische Arbeitshaltung das Umgebungslicht abgeschattet wird.
Typische Anwendung: immer dann, wenn die eigentliche Arbeit keine Vergrößerung erfordert, das Werkstück aber gelegentlich unter der Lupe kontrolliert oder zusammengefügt werden muss. Natürlich kann auch ständig unter der Standlupe gearbeitet werden. In diesem Fall hat man den Vorteil, dass das Gesicht bei spanender Bearbeitung vor den herumspritzenden Spänen geschützt ist.

Beim kreativen Gestalten, beispielsweise beim Skulptieren oder Modellieren, sind weniger die präzisen Abmessungen als vielmehr die Form für das Ergebnis entscheidend. Bei Präzisionsteilen im Modellbau dagegen kommt es auf den Millimeter an, manchmal entscheiden sogar hundertstel Millimeter über die Funktion. Zur Herstellung solcher Werkstücke braucht man deshalb Messgeräte, mit denen die entsprechenden Maße festgestellt und kontrolliert werden können. Die wichtigsten Messwerkzeuge für diese Zwecke werden hier vorgestellt.

Maßarbeit

Messwerkzeuge

Für die Messaufgaben des Heimwerkers stehen bewährte und meist bedienungsfreundliche Messwerkzeuge zur Verfügung. Der Zollstock bzw. Meterstab ist in jeder Werkzeugkiste zu finden. Seine Funktion ist hinlänglich bekannt und muss nicht weiter erklärt werden. Meterstäbe aus Kunststoff sind robust und langlebig, aber hitzeempfindlich. Beim Messen an heißen Werkstücken werden sie beschädigt. In diesen Fällen sind Meterstäbe aus Holz oder Metall vorzuziehen.
Für präzise Messungen im Millimeterbereich verwendet man

→ Messschieber
→ Messschrauben

Für beide Messgeräte ist es notwendig, dass sie an die Messstelle angelegt werden können. Dies ist in der Praxis nicht immer möglich. Bei sehr feinen Spaltmaßen oder bei Gewindesteigungen können folgende Messgeräte verwendet werden:

→ Fühlerlehren
→ Gewindelehren

Mit den genannten Messwerkzeugen, die je nach Qualitätsklasse zum Teil recht kostengünstig sind, ist der Modellbauer bestens ausgestattet.

Messschieber

Der Messschieber ist auch unter den Praxisbezeichnungen „Schieblehre“ und „Kaliber“ bekannt. Für professionelle Anwender gibt es zahlreiche, zum Teil hoch spezialisierte Varianten mit unterschiedlichen Abmessungen und Messbereichen. Heimwerker verwenden meist Standardversionen mit einem Messbereich bis 150 mm. Die Messgenauigkeit beträgt je nach Qualitätsstufe 1/10 bis 1/20 mm. Man unterscheidet Messschieber in die Typen

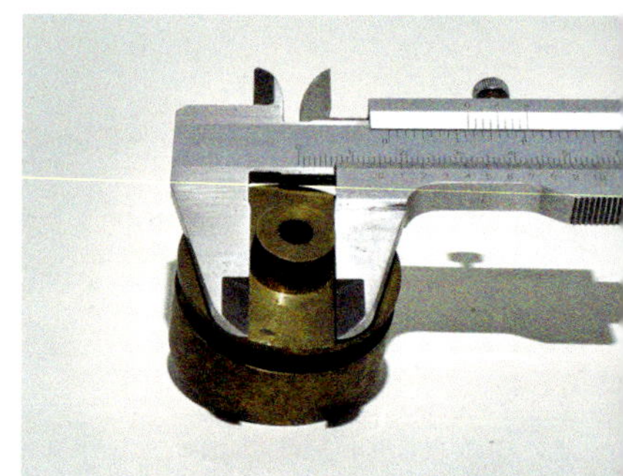

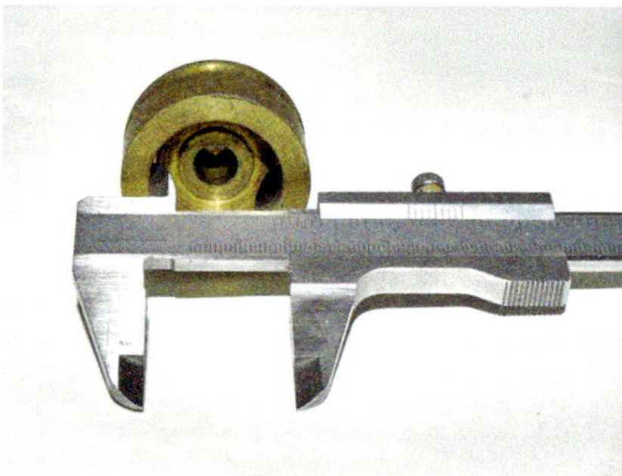

Anwendung des Messschiebers: Außendurchmesser, Innendurchmesser, Tiefe.

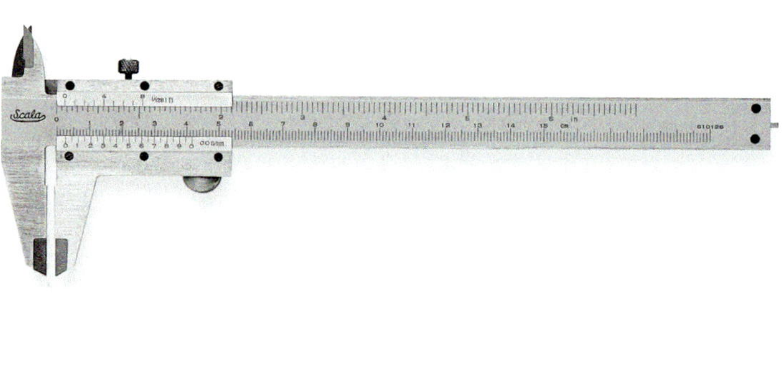

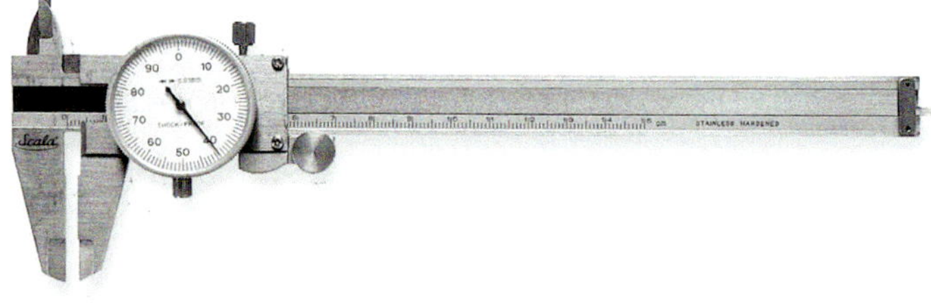

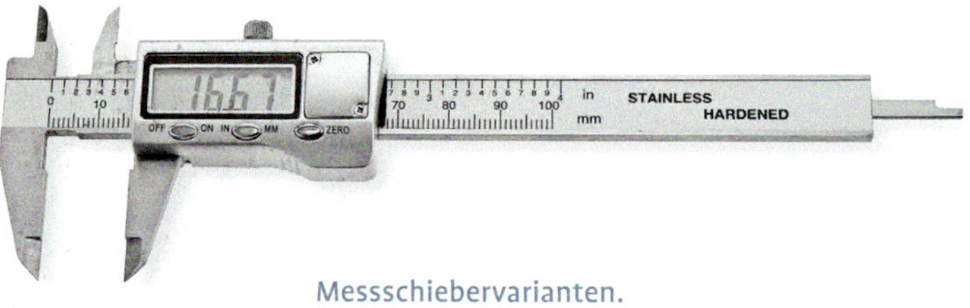

Messschiebervarianten.

→ analoge Messschieber
→ digitale Messschieber

Mit den Messschiebern können folgende Maße gemessen werden:
→ Außenmaße
→ Innenmaße
→ Tiefenmaße

Analoge Messschieber
Analoge Messschieber sind kostengünstig und universell verwendbar. Bei der Auswahl sind Messschieber aus Edelstahl vorzuziehen, die Messkanten sollten gehärtet sein. Messschieber aus gestanzten Blechen oder Kunststoff haben keine lange Lebensdauer, ihre Genauigkeit geht mit der Zeit zurück. Messschieber mit zwei Skalierungen, Millimeter und Inch, sind universeller verwendbar.
Beim Messschieber mit Noniusanzeige erfolgt die Anzeige in vollen Werten und Bruchteilen davon. Die vollen Werte werden auf der Hauptskala angezeigt, die Bruchteile davon auf einer Nebenskala, dem Nonius. Die Anzeige muss interpretiert werden: Für die Feststellung des Messwertes gelten die beiden Skalenstriche, die miteinander in Deckung sind.
Beim Messschieber mit Rundskala werden die vollen Werte auf der Hauptskala angezeigt, die Bruchteile auf der Rundskala. Die Anzeige erfolgt durch einen Zeiger und ist leicht und eindeutig erkennbar. Allerdings kann die Rundskale leichter beschädigt werden, wenn der Messschieber nicht sorgsam behandelt wird.
Vor der Messung muss die Rundskala-Einstellung mit dem Außenring der Anzeige auf der Nullposition kalibriert werden.

Digitaler Messschieber
Aussehen und Funktionsweise des digitalen Messschiebers gleichen der analogen Version. Anstelle oder zusätzlich zu der Skalierung wird das Messergebnis auf einem kleinen Display angezeigt. Das Ergebnis muss also nicht auf einem Nonius interpretiert werden, sondern wird direkt angezeigt.
Die Elektronik des digitalen Messschiebers wird durch eine kleine Batterie versorgt, die von Zeit zu Zeit erneuert werden muss. Nach jedem Einschalten muss man den Sensor des Messschiebers entsprechend der Bedienungsanleitung kalibrieren, nur dann ist das Messergebnis korrekt. Es empfiehlt sich, diese Kalibrierung auch vor jeder neuen Messung durchzuführen. Die Umschaltung Millimeter/Inch erfolgt am Display.

Messschrauben

Messschrauben werden auch als „Mikrometer" bezeichnet. Sie sehen aus wie eine kleine Schraubzwinge. Das Werkstück wird zwischen den beiden „Backen" gemessen, indem man die „Zwinge" so lange zuschraubt, bis die beiden Messbacken am Messobjekt anliegen. Die Messschraube hat zwei Messskalen. Auf der Längsskala wird das Maß in Millimetern abgelesen, auf der Querskala am Umfang der Schraubspindel dann die Millimeterbruchteile.
Die Messgenauigkeit beträgt je nach Typ meist 1/100 mm, bei einem vorhandenen Nonius 1/1000 mm. Dies macht die Messschraube auch sehr empfindlich für Fehlbedienungen.

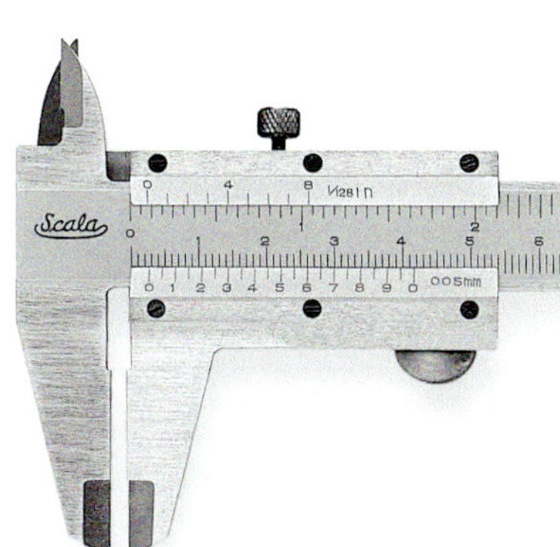

Messwertanzeige auf dem Nonius, hier 2,65 mm.

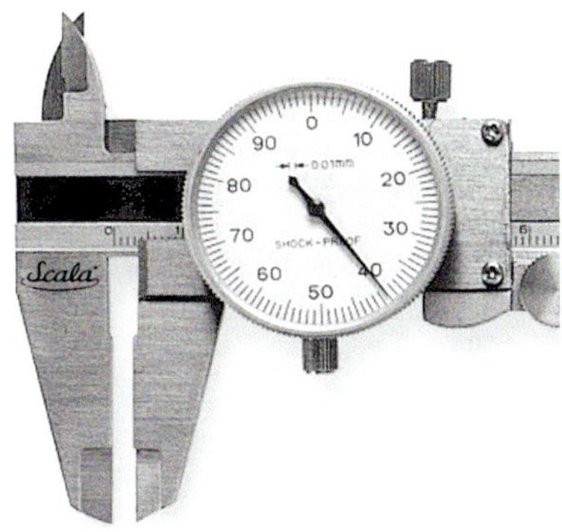

Messwertanzeige auf Rundskala, hier 3,4 mm.

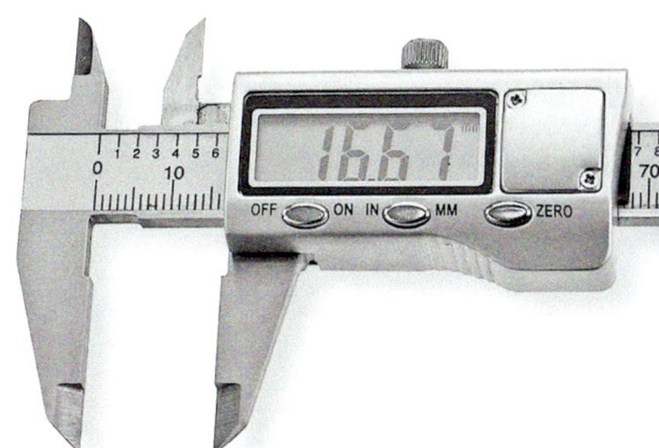

Digitale Messwertanzeige.

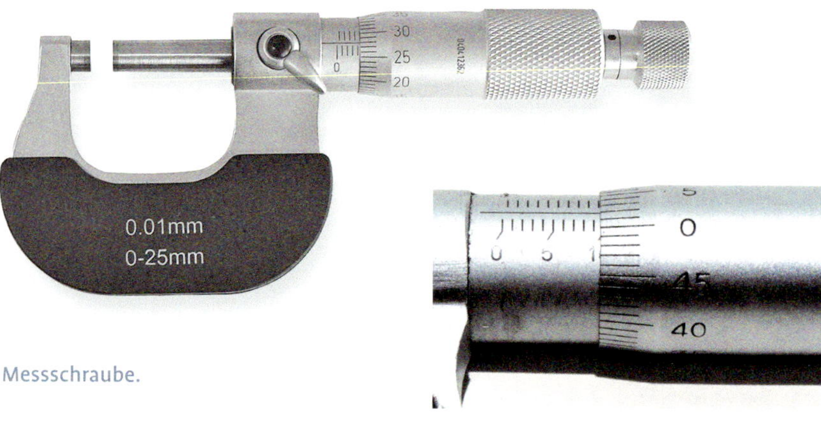

Messschraube.

Messwertanzeige am Nonius, hier 9,52 mm.

... wenn es auf den hundertstel Millimeter ankommt.

Die Messflächen müssen stets sauber sein, Staubkörner verfälschen das Messergebnis. Wegen der möglichen Ausdehnung durch die Handwärme fasst man die Messschraube nur an der dunklen Isolierplatte am Bügel an. Zu starkes Festziehen der Messspindel verringert ebenfalls die Messgenauigkeit. Das wird verhindert, indem man die Messspindel mit der Rutschkupplung am Ende bedient, die ein gleichbleibendes Festziehmoment gewährleistet. Die Rutschkupplung schützt zugleich die Messschraube vor Beschädigung.

Fühlerlehren

Das Messen von Abständen unter 1 mm ist mit Messschiebern ungenau und auch meist nicht mehr möglich. Solche Messaufgaben sind nicht außergewöhnlich. So brauchen beispielsweise bewegliche Teile oder Lagerungen ein sogenanntes Spiel, damit sie sich bewegen können. In manchen Fällen muss auch ein definiertes, für die Funktion wichtiges Spaltmaß eingestellt und damit auch gemessen werden. Ein Beispiel hierfür ist das Ventilspiel bei Verbrennungsmotoren. Das für diese Zwecke verwendete Messwerkzeug sind Fühlerlehren.
Fühlerlehren sind nichts anderes als kleine Metallblättchen aus Federstahl von genau kalibrierter Dicke, deren jeweiliger Wert auf dem Blättchen eingraviert ist. Diese Metallblättchen sind wie ein Fächer angeordnet und können einzeln oder in Kombination verwendet werden. Um ein Spaltmaß zu messen, führt man die Blättchen einzeln in den Messspalt ein. Das Blättchen, das sich gerade noch gewaltfrei durch den Spalt schieben lässt, definiert dann den Messwert. Die Fächer mit den Fühlerlehren gibt es für verschiede Messbereiche. Im Regelfall ist ein Fächer mit 20 Fühlerlehren von 1 mm abwärts bis 0,05 mm für die Praxis ausreichend. Universeller sind Doppelfächer mit jeweils einem Satz Fühlerlehren in metrischen und zölligen Abmessungen.

Gewindelehren

Welches Gewinde ist das? Diese Frage ist gar nicht mal so selten. Ein Normalgewinde ist einfach zu bestimmen, Messen mit dem Messschieber genügt meistens, denn die Gewindesteigung ist dem Durchmesser fest zugeordnet. Bei Feingewinden dagegen gibt es unabhängig vom Durchmesser Steigungen von 0,2, 0,25, 0,3,

0,5, 0,75 mm usw. In diesen Fällen ist das Messen der Steigung pro Gewindegang mit dem Messschieber sehr mühsam und fehlerbehaftet. Der Einsatz von Gewindelehren liefert dagegen ein eindeutiges Ergebnis.
Gewindelehren ähneln den Fühlerlehren. Sie bestehen aus einzelnen Federstahlblättchen, an deren Längsseite Gewindeprofile geformt sind. Die Gewindelehre wird an das zu messende Gewinde angelegt. Wenn Gewindelehre und Gewinde zueinanderpassen, ist das Gewinde identifiziert. Das entsprechende Gewindemaß ist in die Gewindelehre eingraviert.
Besonders wichtig ist die Gewindelehre bei Withworth-Gewinden, da es hier bei gleichem Gewindedurchmesser verschieden Gangzahlen pro Inch gibt.

Winkelmesser

Winkelmesser sind fast so unentbehrlich wie ein Meterstab. Allerdings sind nicht alle angebotenen Typen für kleine Bastelarbeiten und den Modellbau geeignet. So sind beispielsweise die digitalen Winkelmesser bei allen guten Eigenschaften oft viel zu groß und unhandlich.
In der Praxis haben sich Winkelmes-

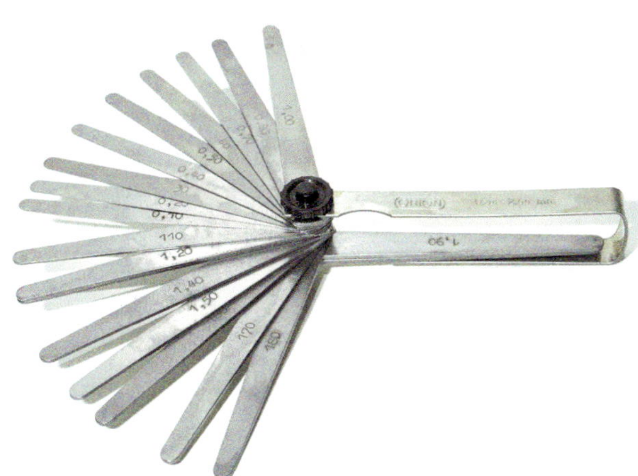

Fühlerlehren.

Gewindelehren.

Messen des Elektrodenabstands mit der Fühlerlehre.

Die Lehre passt – das Gewinde ist identifiziert.

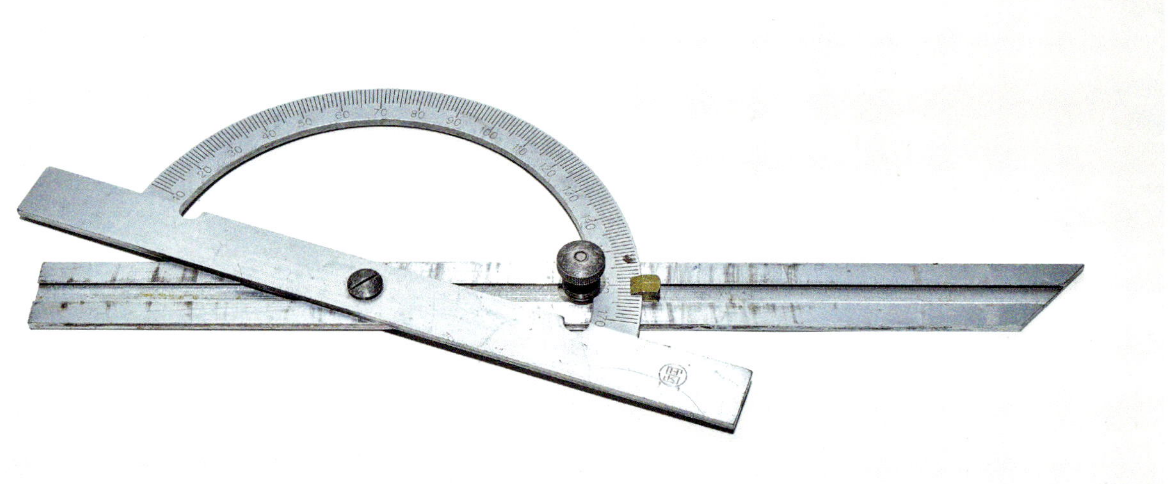

Winkelmesser.

ser aus Metall bewährt. Der Zeiger dieser Winkelmesser wird entlang der Skalierung auf den gewünschten Winkelgrad gestellt und der Arm des Zeigers dient dann zum Anzeichnen der Linie auf dem Werkstück oder als Anschlag beim Messen eines unbekannten Winkels.

Vorteilhaft ist bei diesen Winkelmessern, dass stets auch der Gegenwinkel angezeigt wird, je nachdem, welche Seite der Basis zum Zeigerarm benützt wird.

Maßstab

Der Maßstab ist wohl der wichtigste Begriff, wenn es um verkleinerte Nachbauten der Originale geht. Ob Flugmodell, Schiffsmodel oder die Modellbahn: Alle Abmessungen des Modells und seiner Details müssen im Maßstab stimmen, damit die Proportionen des Modells dem Vergleich mit dem Original standhalten.

Maßstäbe von 1:10 oder 1:100 sind leicht umzurechnen, man muss lediglich die Dezimalstelle verschieben: aus 1 m Originallänge werden im Maßstab 1:10 dann 0,1 m bzw. 10 cm. Im Maßstab 1:100 sind es 0,01 m bzw. 1 cm.

Es gibt aber auch Maßstäbe mit anderen Werten. Beispielsweise 1:25, 1:33⅓, 1:50 oder der typische Modellbahnmaßstab 1:87 für die Spurweite H0. Bei diesen Maßstäben können beim Umrechnen schon mal Fehler auftreten, weshalb man statt Kopfrechnen besser einen Taschenrechner benützt. Am bequemsten und sichersten geht es aber mit Maßstabslinealen. Sie machen eine Umrechnung überflüssig, das Lineal ist entsprechend skaliert. Besonders praktisch sind Taschenlineale („Fächermaßstab“) mit einer Sammlung von unterschiedlichen Maßstäben.

Erhältlich sind Maßstabslineale im Fachhandel für Zeichen- und Architekturbedarf.

Aufbewahrung der Messwerkzeuge

Messwerkzeuge sind so präzise, wie man mit ihnen umgeht. Damit ihre Genauigkeit erhalten bleibt, dürfen sie nicht zusammen mit anderen Werkzeugen in der Kiste liegen. Messwerkzeuge legt man nach dem Gebrauch in die Originalkassette zurück und lagert sie getrennt von anderen Werkzeugen. Auch beim Gebrauch auf der Werkbank legt man sie nicht zusammen mit anderen Gegenständen ab.

Staub kann bewegliche Messwerkzeuge schwergängig machen. Regelmäßiges Reinigen und leichtes Einölen verlängert die Gebrauchsdauer.

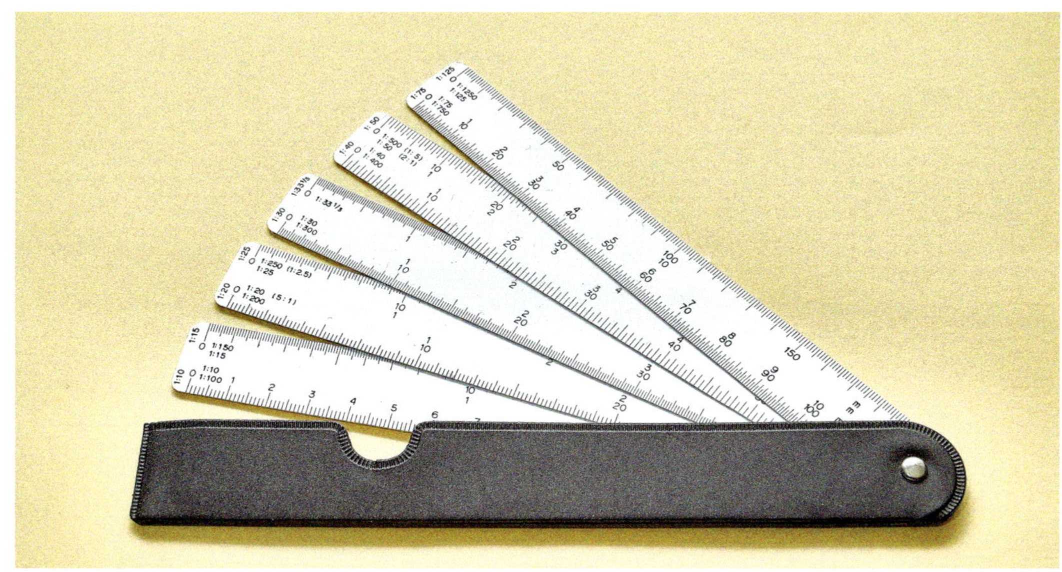

Praxisgerecht: Taschenlineale mit verschiedenen Maßstäben.

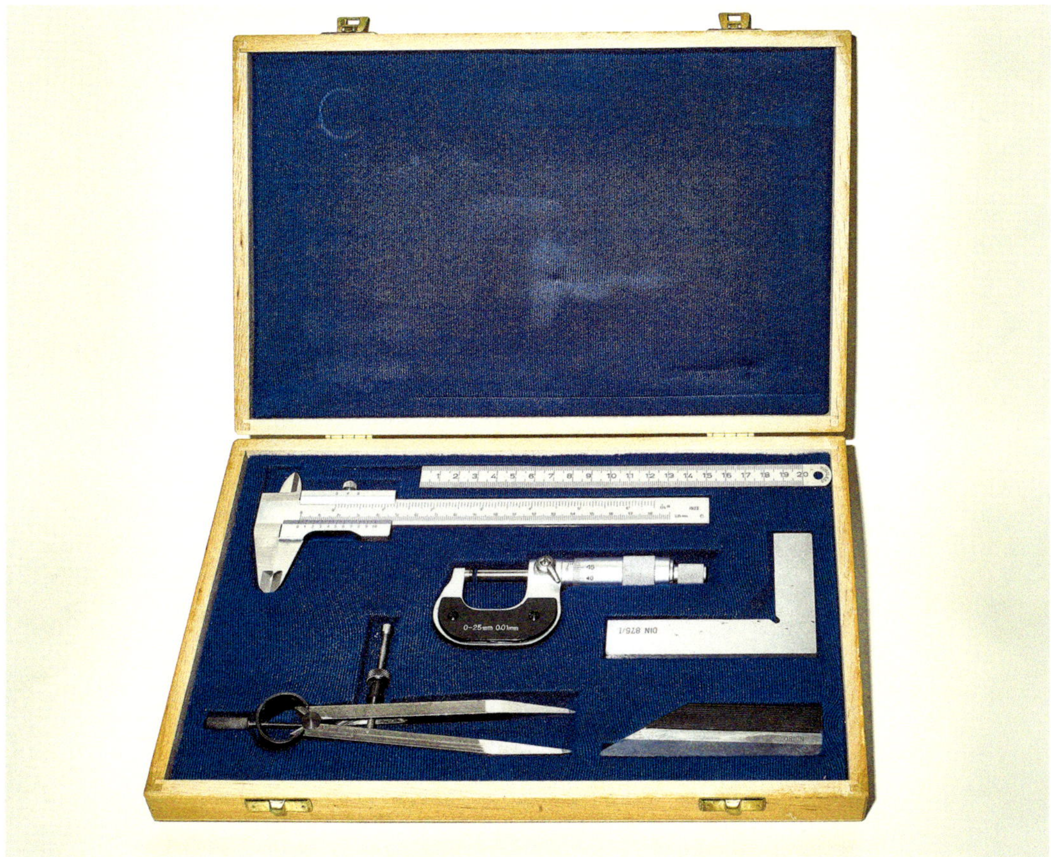

Die beste Lösung: ein Messwerkzeuge-Set.

Papier ist ein natürlicher Rohstoff, der sich für viele Hobbyarbeiten hervorragend eignet. Es gibt ihn in den unterschiedlichsten Verarbeitungsformen und er ist, im Unterschied zu anderen Werkstoffen, sehr oft kostenlos verfügbar. Ob das jetzt Zeitungspapiere oder Verpackungskartons sind: Als Grundlage für die Weiterverarbeitung eröffnen diese Papierwerkstoffe viele Möglichkeiten für kreative Projekte.

Papierwerkstoffe

Was ist Papier?

Papier ist ein Zellstoffprodukt. Es wird aus pflanzlichen Rohstoffen wie Holz oder Graspflanzen (Stroh) gewonnen, indem man aus diesen Stoffen die Zellulose herauslöst und weiterverarbeitet. Durch Zuschlagstoffe wie Gips, Kreide und Farbpigmente entsteht dann Papier und durch Zugaben von Leimen wird es strapazierfähig, beschreib- und bedruckbar. Der Produktionsprozess ist weitgehend umkehrbar, weshalb Papier (Altpapier) hervorragend recycelt werden kann.

Handelsformen von Papierwerkstoffen

Die Handelsformen von Papierwerkstoffen kann man in drei Hauptgruppen einteilen.

→ Papiere
→ Karton
→ Verbundwerkstoffe

Wellpappe – ein vielseitiger Werkstoff.

Internationale Papierformate

DIN	Fertigmaß	Imperial	Fertigmaß
	mm x mm	**UK**	**mm x mm**
A 0	841 x 1189	double quad	1524 x 2235
B 0	1000 x 1414	quad	1117 x 1524
A 1	694 x 841	double	762 x 1117
B 1	707 x 1000	imperial	559 x 762
A 2	420 x 694	folio	318 x 559
B 2	500 x 707	quarto	279 x 318
A 3	297 x 420	octavo	190 x 279
B 3	353 x 500		
A 4	210 x 297		
B 4	250 x 353		
A 5	148 x 210		
B 5	176 x250	**ANSI**	**Fertigmaß**
A 6	105 x 148	**USA**	**mm x mm**
B 6	125 x 176	F	864 x 1118
A 7	74 x 105	E	711 x 1116
B 7	88 x 125	D	559 x 864
A 8	52 x 74	C (Broadsheet)	432 x 559
B 8	62 x 88	B (Tabloid)	279 x 432
A 9	37 x 52	A (Letter)	216 x 279
B 9	44 x 62	Legal	216 x 356
A 10	26 x 37	Executive	184 x 267
B 10	31 x 44	Invoice	140 x 216

Den Bezeichnungen liegt die Norm DIN 6730 zugrunde. Danach bezeichnet man den Werkstoff bis zu einem Gewicht von 225 g/m² als Papier. Was mehr als 225 g/m² wiegt, ist Karton. Die Handelsformen von Papier und Karton sind extrem vielfältig. Es gibt für fast jeden Verwendungszweck speziell geeignete Sorten in allen Farben und Abmessungen. Da man für Hobbyarbeiten meist stärkere Papiersorten oder Kartonagen bevorzugt, empfiehlt sich der Einkauf in Geschäften für Künstlerbedarf. Große Handelsketten wie z. B. Boesner (https://www.boesner.com/) sind in vielen Städten und auch im Onlinehandel vertreten. In den Katalogen findet man eine ausführliche Darstellung der Papiersorten und deren Eigenschaften. Hier bekommt man auch Hilfsstoffe wie Farben und Leime sowie Fachberatung.
Wellpappe ist ein Verbundwerkstoff. Zwischen einer Außendecke und einer Innendecke ist als Abstand-

halter ein wellenförmiges Papierband geleimt. Je nach Wellenhöhe und Wellendichte erhält man einen stabilen Flächenwerkstoff von geringem Gewicht. Durch zusätzliche Zwischendecken und weitere Wellen kann die Festigkeit weiter gesteigert werden.
Wenn zwei Wellpappen mit kreuzweiser Wellenrichtung miteinander verleimt werden, bekommt man ein ideales, robustes Ausgangsmaterial für Hobbyarbeiten wie beispielsweise Puppenhäuser.

Abmessungen
Die Abmessungen von Papieren und Kartonagen unterliegen kontinentalen Normen. Je nach Ursprungsland der Normen sind die Maße entsprechend dem metrischen System in Millimeter, beim Zollsystem in Inch angegeben. 1 Inch entspricht 25,4 mm.

TIPP

Zeitungen werden heute nicht mehr zentral gedruckt. In fast jeder Kreisstadt gibt es eine Druckerei, die die täglichen Lokalausgaben druckt. Bei dem für Zeitungen üblichen Rotationsdruck bleiben beim Wechsel der Papierrollen stets Reste übrig. Bei höflicher Anfrage besteht manchmal die Möglichkeit, solche Reste zu bekommen. Der Vorteil dabei ist, dass es sich dabei um sauberes, unbedrucktes Papier handelt.

Pappmaschee – ein plastischer Werkstoff

Die Herstellung von Pappmaschee ist eine uraltes Verfahren. Man geht dabei gewissermaßen den umgekehrten Weg der Papierherstellung. Der Faserverbund des Papiers wird durch Einweichen in Wasser gelockert und durch mechanische Bearbeitung aufgelöst. Das Ergebnis ist eine breiige Masse, die durch Eindicken mit einem geeigneten Kleister zu einem plastischen Werkstoff wird. Dieser kann dann frei geformt oder in eine vorbereitete Form gepresst werden. Mit dem Austrocknen bindet der Leim ab und man erhält ein erstaunlich stabiles und leichtes Werkstück, das anschließend mechanisch weiterbearbeitet und durch Lackieren veredelt werden kann.

Geeignete Papiere für Pappmaschee

Grundsätzlich können alle Papiere und Kartonagen verwendet werden, die keine Oberflächenbeschichtung haben. Tageszeitungspapier (keine Illustrierten!) ergibt aber durch den Gehalt an Druckerschwärze ein graues Endprodukt. Eierkartons sind nichts anderes als Pappmaschee und nach dem Entfernen der Etiketten das ideale Ausgangsmaterial.

Herstellung von Pappmaschee

Der erste Schritt ist immer das Zerkleinern des Ausgangsproduktes. Papier zerreißt man in möglichst kleine Schnipsel. Wenn man einen Schredder (Aktenvernichter) hat, ist die Sache natürlich sehr einfach.

Die Papierschnitzel werden in genügend Wasser eingeweicht und tüchtig durchgeknetet. Wenn man sie über Nacht stehen lässt, sind sie am nächsten Tag genügend weich.
Zur Weiterverarbeitung werden die Schnitzel so stark wie möglich ausgepresst und dann mit einem Kleister, beispielsweise Tapetenkleister, gut durchgeknetet. Anschließend kann mit der Masse gearbeitet werden.
Für feine Arbeiten, beispielsweise Masken, Skulpturen oder Schalen, erzielt man besonders gute Ergebnisse, wenn die eingeweichten Schnipsel mit viel Wasser portionsweise in einem Mixgerät zerkleinert werden. Der flüssige Papierbrei wird anschließend ausgepresst, wozu eine Küchenpresse (Presse für Kartoffelbrei oder Spätzle) sehr hilfreich ist. Als Endprodukt erhält man eine fast homogene Masse, die sich nach der Kleisterzugabe hervorragend auch für komplex geformte Werkstücke verarbeiten lässt.

TIPP

Wenn man zusammen mit Kindern Pappmaschee verarbeitet, verwendet man statt Tapetenkleister besser Weizenmehl. Dieser „Mehlpapp" ist ungefährlich, sollten die kleberverschmierten Fingen in den Mund genommen werden. Auch die anschließenden Reinigungsarbeiten lassen sich dann wesentlich leichter bewerkstelligen.

Holz ist ein natürlicher nachwachsender Rohstoff und einer der ältesten Werkstoffe der Menschheit überhaupt. Die besonderen Eigenschaften des Holzes, nämlich leichte Bearbeitbarkeit, hohe Festigkeit, geringes Gewicht und dekoratives Aussehen, machen es zu einem hochwertigen Werkstoff für Heim- und Handwerk. Um das richtige Holz für den jeweiligen Zweck aussuchen zu können, wird hier das Wichtigste zu diesem Werkstoff erläutert.

Holz und Holzwerkstoffe

Kern- und Splintholz

Bäume wachsen am Umfang und in der Länge. Das Innere des Baumes „verholzt“ im Laufe des Wachstums nach außen. Dabei kann sich je nach Baumart die Struktur, Farbe und Härte ändern. Das Holz im Kern des Baumes wird dabei als Kernholz bezeichnet, das darum befindliche Holz als Splintholz.
Das Kernholz ist meist härter als Splintholz. Innerhalb einer Holzart ist die Färbung zwischen Splint- und Kernholz meist unterschiedlich; das Kernholz ist in der Regel dunkler.
Die Farbe der Hölzer kann nur allgemein angegeben werden. Farbabweichungen durch unterschiedliche Wachstumseinflüsse sind häufig.

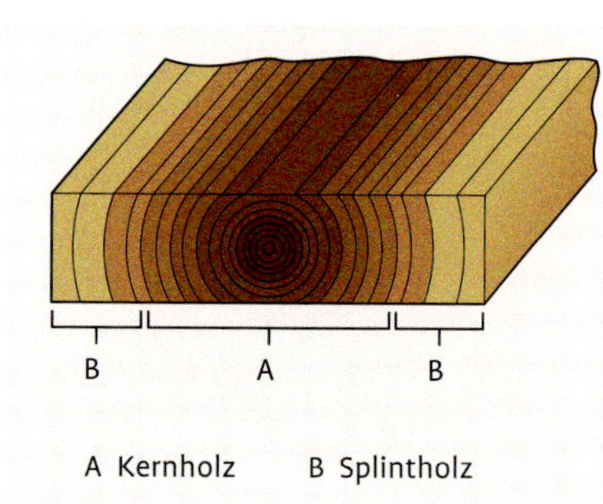

Kern- und Splintholzbereich.

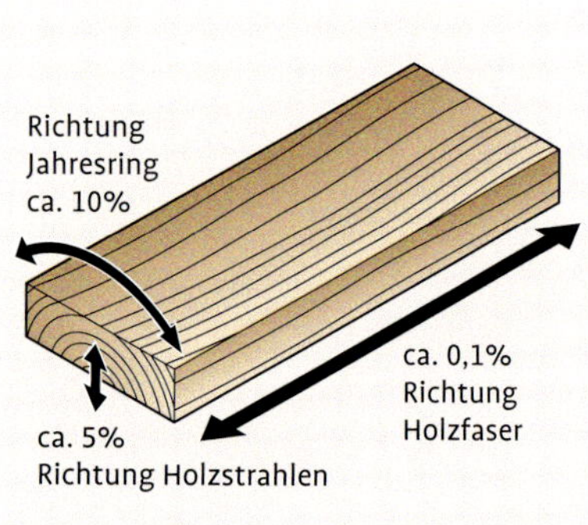

Schwund des Holzes.

Die Farbe von frisch geschnittenem, feuchtem oder lackiertem Holz ist intensiver als von unbehandeltem, trockenem Holz. Abhängig von der Lagerung und/oder der Weiterverarbeitung und Oberflächenbehandlung können starke Farbabweichungen auftreten.

Schwund

Schwund ist eine typische Eigenschaft von naturbelassenem Holz. Holz ändert sein Volumen entsprechend dem Restfeuchtegehalt. Dieser Vorgang, auch „Arbeiten“ des Holzes genannt, wirkt sich unterschiedlich in Richtung der Markstrahlen und Jahresringe aus. Als Faustregel kann man den Schwund in Richtung der Jahresringe etwa doppelt so hoch ansetzen. Je nach Lage der Jahresringe im verarbeiteten Zustand muss dies berücksichtigt werden.

Auswirkungen des Schwundes.

Schnittarten und Handelsformen

Die Verwertung von Holz unterscheidet in Natur- oder Massivhölzer und in Holzwerkstoffe. Bei der Holzverarbeitung entscheiden die Schnittarten über die Verwendungsmöglichkeiten als Massivholz oder als Zwischenprodukt für sogenannte Lagenhölzer. Holzwerkstoffe bestehen in der Regel aus zerkleinertem Holz oder Holzabfällen, die durch geeignete Füllstoffe und Bindemittel zu Platten gepresst werden.
Die Zuschnittarten von Kanthölzern und von Brettern sind genormt. Die wichtigsten Handelsformen sind:
- → Bretter
- → Bohlen
- → Kanthölzer
- → Latten und Leisten

Furniere

Furniere sind ein im Heimwerkerbereich vielseitig verwendbarer Holzwerkstoff. Furniere sind dünne Holzschichten, die nach ihrem Herstellverfahren benannt sind. Sie dienen zum Veredeln von Holz- oder Holzwerkstoffoberflächen und zur Herstellung von Lagenhölzern. Man unterscheidet:
- → Sägefurniere
- → Messerfurniere
- → Schälfurniere

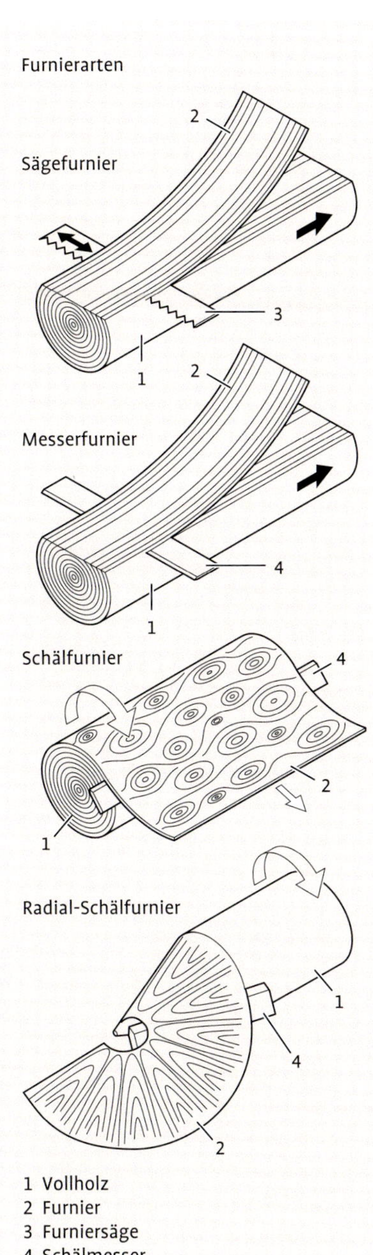

Furnierarten.

Beim Sägefurnier werden die Furnierblätter mit einer speziellen Säge aus dem Block gesägt. Der Materialverlust ist bei dieser Methode sehr hoch, die Mindestdicke der Furnierblätter beträgt ca. 1–1,5 mm. Sägefurniere sind farbtreu, behalten ihre typische Maserung und sind von hoher Qualität und Stabilität, aber teuer.
Bei Messerfurnieren werden die Furnierblätter mit einer Art überdimensionalem Hobelmesser „abgemessert". Als Vorbehandlung muss das Holz gewässert oder gedämpft werden, damit es nicht reißt. Durch das Dämpfen kann eine Farbveränderung eintreten. Je nach Schnittverfahren erhält man eine gestreifte oder gefladerte Struktur der natürlichen Maserung. Messerfurniere können fast abfallos und dünner als Sägefurniere hergestellt werden, Mindestdicken von ca. 0,5 mm sind möglich.
Bei Schälfurnieren wird der gedämpfte Stamm rotierend gegen ein Schälmesser gleicher Länge gefahren, wodurch das Furnier am Stammumfang abgeschält wird. Das Schälen kann zentrisch um die Mittelachse des Stammes erfolgen, wobei ein endloses Furnierblatt ähnlich einer Papierrolle entsteht. Diese Furniertechnik wird hauptsächlich zur Herstellung von Lagen- und Sperrhölzern verwendet. Beim exzentrischen Schälen rotiert der Stamm außerhalb seiner Mittelachse. Bei diesem Verfahren fallen ähnlich dem Messerfurnier einzelne Furnierblätter an, die je nach der eingestellten Exzentrizität eine dem Messerfurnier entsprechende Maserung bekommen können.
Eine weitere Variante des Schälens ist das radiale Schälen. Es entspricht dem Bleistiftspitzen. Die Struktur der Maserung ist sehr dekorativ, was interessante Anwendungen m Möbelbau ermöglicht.

Holzwerkstoffe

Unter Holzwerkstoffen versteht man Produkte, die überwiegend aus Holz bestehen. Es gibt Holzwerkstoffe, die aus Massivholzteilen bestehen, und solche, deren Hauptbestandteile zerkleinertes Holz in Form von Spänen oder Fasern ist. Entsprechend ihrem Aufbau unterteilt man Holzwerkstoffe in:

→ Furnierplatten (Sperrhölzer)
→ Schichthölzer
→ Verbundplatten (Tischlerplatten)
→ Spanplatten
→ Holzfaserplatten

Furnierplatten (Sperrhölzer)

Furnierplatten bestehen aus einer immer ungeraden Anzahl – das heißt mindestens drei – Lagen Furnier, die in kreuzweiser („gesperrter") Faserrichtung miteinander verleimt sind. Die beiden Deckfurnierplatten haben dabei immer denselben Faserverlauf und dieselbe Dicke. Dickere Furnierplatten werden als Multiplexplatten bezeichnet. Furnierplatten sind maßhaltig, haben eine hohe Festigkeit und können mit dekorativen Deckfurnieren versehen werden.
Die Art der Verleimung hat Einfluss auf die Eigenschaften. Genormt sind folgende Verleimungsarten, deren Eigenschaften sich nur auf die Verleimung, jedoch nicht auf das Holz beziehen:
Innenanwendung (I)

→ IF 20: nicht wetterfest, nicht dauernd wasserfest

Außenanwendung (A)

→ A 100: begrenzt wetterfest, kochfest
→ AW 100: wetterfest, kochfest

Schichthölzer

Im Gegensatz zu Sperrhölzern sind die Furnierlagen bei Schichthölzern nicht „gesperrt“, sondern liegen in gleicher Faserrichtung, aber mit entgegengesetzter Richtung der Jahresringe übereinander. Hierdurch wird eine hohe Festigkeit in Richtung des Faserverlaufes erzielt. Im Vergleich zu Massivhölzern gleicher Dicke werden weitaus höhere Festigkeiten erreicht und gleichzeitig wird die Riss- und Bruchgefahr erheblich verringert.
Die Verleimungsarten entsprechen dem Sperrholz. Eine Besonderheit sind kunststoffverleimte Presshölzer aus besonders dünnen Furnierlagen, die in ihrer Endfestigkeit und in ihren Eigenschaften dem verwendeten Kunstharz gleichen.

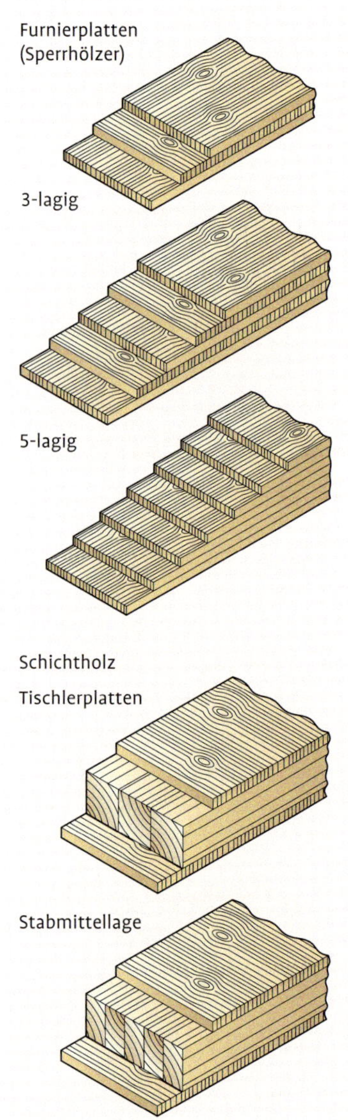

Aufbau von Lagenhölzern.

Verbundplatten (Tischlerplatten)
Verbundplatten bestehen aus Deckfurnieren mit einer Mittellage aus Massivholzstäben, -leisten oder -lamellen. Die Deckfurniere haben denselben Faserverlauf. Der Faserverlauf der Mittellage ist quer dazu angeordnet. Verbundplatten haben dadurch eine ebene Oberfläche und ein kleines Schwundmaß. Wegen der geringen Lagenzahl ist der Leimanteil gering, wodurch die Tischlerplatten ein vergleichsweise geringes Gewicht haben. Mit dekorativem Furnier überfurniert werden Tischlerplatten gerne im Möbelbau eingesetzt.
Die Verleimungsarten entsprechen dem Sperrholz. Wegen des hohen Massivholzanteils sind Verbundplatten jedoch nicht im Außenbereich einsetzbar.

Spanplatten

Spanplatten haben ein homogenes Gefüge, weisen in allen Richtungen die gleichen Festigkeitswerte auf und sind maß- und formbeständig. Die relativ lockere Gefügestruktur muss in der Verbindungstechnik beachtet werden.

Genormt sind folgende Anwendungsqualitäten:
- → V 20, für trockene Innenräume, nicht dauernd wasserfest
- → V 100, für feuchte Innenräume, nicht dauernd wasserfest
- → V 100 G A, für Räume, in denen zusätzlich Verrottungsgefahr durch Pilzbefall besteht

Einen Sondertyp stellt die sogenannte OSB-Platte dar. Diese Platten bestehen aus mehreren Lagen ausgerichteter Flachspäne (**O**riented **S**trand **B**oard), die nur einen sehr geringen Leimanteil aufweisen. Die Platten sind leicht und haben ein dekoratives Aussehen. Sie werden im Innenbereich eingesetzt.

Holzfaserplatten

Holzfaserplatten bestehen aus zerfasertem Holz, dessen Fasern mit Leim benetzt und „verfilzt“ werden, bevor sie in Pressen unter Hitzeeinwirkung zu Platten geformt werden.
Im Möbelbau haben sich besonders MDF-Platten (**m**ittel**d**ichte **F**aserplatten) durchgesetzt, da sie neben hoher Festigkeit ausgezeichnete Bearbeitungseigenschaften haben.

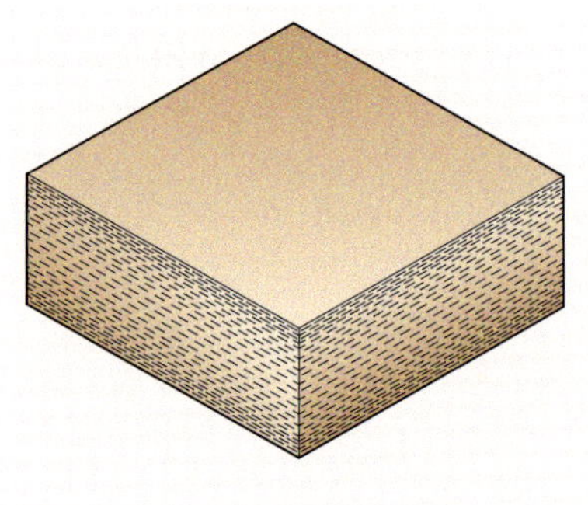

Holzfaserplatte (z. B. MDF).

Hölzer für Schnitzarbeiten

Schnitzen ist ein außergewöhnliches Hobby. Im Gegensatz zu anderen Holzarbeiten wie beispielsweise der Bau von Kleinmöbeln, Spielzeug oder Modellen folgt man keinem Plan oder Vorbild, sondern gestaltet das Werkstück nach eigenen Ideen. Schnitzen ist also in hohem Maße kreativ und jedes Projekt ist ein Unikat.
Aber nicht jede Holzart ist für Schnitzereien geeignet. Das merkt man spätestens dann, wenn das Werkzeug vom Faserverlauf abgelenkt wird oder einzelne Fasern wegsplittern. Besonders bei feinen Schnitzarbeiten ist dies oft mit der Beschädigung des Werkstücks verbunden und die seither geleistete Arbeit war umsonst. Die meist langfaserigen Nadelhölzer werden deshalb nicht für Schnitzarbeiten verwendet.
Das ideale Holz zum Schnitzen sollte deshalb eine sehr feine Textur haben. Die Festigkeit richtet sich nach dem Projekt. Wenn die Holzoberfläche später poliert werden soll, sind härtere Holzarten günstiger. Für größere Werkstücke erreicht man mit mittleren bis weichen Hölzern einen schnelleren Arbeitsfortschritt.
Die Farbe des Holzes ist ein wichtiges Ausdrucksmerkmal. Die Farben sind bei frisch geschnittenem Holz intensiv, verblassen aber mit der Trocknung. Beim späteren Lasieren, Ölen oder Wachsen wird die Färbung wieder intensiver. Es empfiehlt sich, an einem Materialrest eine Probe durchzuführen.
Es lohnt sich, nach Astknoten, Verwachsungen und Wurzelholz Ausschau zu halten. Oft regen bizarre Wuchsformen die Kreativität an und geben Gestaltungsmöglichkeiten vor. Wer an der Küste wohnt oder seinen Urlaub an der See verbringt, kann auch nach Treibholz suchen. Die oft jahrzehntelang von See und Strand „bearbeiteten" Fundstücke können die Basis für eindrucksvolle Skulpturen sein.
Weltweit gibt es Hunderte von gut zu schnitzenden Holzarten. Sie alle aufzuzählen würde ein eigenes Buch ergeben. Aus diesem Grund beschränkt sich die folgende Auswahl auf die hierzulande leicht verfügbaren Hölzer.

Ahorn

Ahorn hat eine große Artenvielfalt. Je nach Typ und Standort reicht die Dichte von leicht bis schwer, die Festigkeit von weich bis hoch. Die festeren Typen sind polierfähig. Die Textur ist fein bis sehr fein, die Bearbeitbarkeit gut.
Ahorn hat ausgeprägte Farbunterschiede zwischen Kern- und Splintholz. Der Kern ist meist hellbraun bis rosabraun, der Splint gelbweiß bis weiß. Das Erscheinungsbild der Maserung ist je nach Typ unauffällig bis scheckig, als Wurzelholz sehr ausdrucksstark („Vogelaugen-Ahorn").

Apfel und Birne

Mittelhartes bis hartes Holz, polierbar und von feiner Textur. Maserung deutlich und gleichmäßig. Das Kernholz ist je nach Typ honiggelb bis rosa.

Birke

Die Artenvielfalt ist hoch. Je nach Typ und Standort reicht die Dichte von leicht bis schwer, die Festigkeit reicht von weich bis hoch. Die festeren Typen sind polierfähig. Die Textur ist fein bis sehr fein, die Bearbeitbarkeit gut.
Das Kernholz ist von hellbrauner bis gelbbrauner Farbe, der Splint gelbweiß bis beige. Das Erscheinungsbild der Maserung ist unauffällig.

Buche (Rotbuche)

Das Holz ist zäh, fest und polierbar. Die Textur ist fein. Die Buche ist ein Kernholzbaum. Die Farbe reicht von braun bis graubraun. Die Maserung ist unauffällig und gleichmäßig. Unter Feuchtigkeitseinfluss neigt Rotbuche gerne zum Verzug.

Eibe

Schweres, hartes und festes Holz, das polierfähig ist. Die Textur ist fein. Das Kernholz ist durch seine hellrote bis orange Färbung interessant.

Eiche

Das Holz ist zäh, fest und polierbar. Die Textur ist fein. Die Eiche ist ein

Dieser Frosch war mal eine Wurzel!

Kernholzbaum. Die Farbe reicht von braun bis beige. Die Maserung ist auffällig und kann bei feinen Werkstücken störend wirken.
Eiche reagiert mit Eisenmetallen und Feuchtigkeit an der Kontaktstelle mit schwarzblauer Verfärbung. Nägel und Schrauben sollten daher aus deshalb Edelstahl oder Messing sein. Wenn man Eiche den Dämpfen von Ammoniak (Salmiakgeist) aussetzt, erfolgt eine Verfärbung nach dunkelbraun.

Kastanie (Rosskastanie)

Leichtes, weiches Holz mit feiner Textur. Die Kastanie ist ein Kernholzbaum von heller, gelbweißer Farbe. Die Maserung ist unauffällig und gleichmäßig.

Kirsche, Pflaume, Zwetschge

Mittelhartes bis hartes Holz, polierbar und von feiner Textur. Maserung deutlich und gleichmäßig. Die Farbe des Splintholzes ist meist gelblich hell, die des Kernholzes reicht je nach Typ von honiggelb über braun bis dunkelrotbraun. Holzstücke aus dem Bereich von Astknoten haben oft eine besonders dekorative Struktur.

Linde

Leichtes und weiches Holz mit sehr feiner Textur. Ausgeprägter Splintholzbaum mit geringem Farbunterschied zum Kern. Farbe hellbeige bis weiß. Maserung unauffällig. Wegen seiner Homogenität und der leichten Bearbeitbarkeit ist Lindenholz eins der am meisten verwendeten Hölzer für Schnitzarbeiten.

Olive

Hartes und schweres Holz, das polierbar ist. Die Textur ist fein. Die Maserung ist sehr ausdrucksstark und unregelmäßig, wobei sich harte Farbkontraste von gelb über braun bis dunkelbraun abwechseln.

Pappel

Sehr leichtes und weiches Holz mit feiner Textur. Ausgeprägter Splintholzbaum mit geringem Farbunterschied zum Kern. Farbe hellbeige bis weiß. Maserung unauffällig. Kann als kostengünstiges Substitut verwendet werden, wenn Linde nicht verfügbar ist.

Platane

Hartes und schweres Holz, das polierbar ist. Die Textur ist fein. Die Maserung reicht von unauffällig bis auffällig. Die Färbung ist braun bis dunkelbraun.
Platanenholz schwindet beim Trocknen stark und neigt zur Rissbildung. Es sollte deshalb nur in gut abgelagerter Form verwendet werden.

Hölzer für den Modellbau

Hölzer für den Modellbau haben in den meisten Anwendungsfällen drei Eigenschaften zu erfüllen: leichte Bearbeitbarkeit, hohe Festigkeit und geringes Gewicht. Da man nicht alle Eigenschaften in einer Holzart bekommt, wird man im Modellbau, je nach Anforderung, eine Mischbauweise anwenden. Hierzu nimmt man je nach Beanspruchung diejenigen Hölzer, die den gewünschten Eigenschaften am nächsten kommen.

Lindenholz ist ideal für feine Schnitzarbeiten.

Für Flugmodelle ist Balsa ein idealer Werkstoff.

Balsa

Balsaholz ist trotz steigender Verwendung von glasfaser- (GFK) und kohlefaserverstärkten (CFK) Kunststoffen nach wie vor ein wichtiges Konstruktionsholz im Flugmodellbau. Es wird sowohl für die lasttragende Beplankung von Rumpf und Tragflächen, aber auch als Vollholz für komplexe Formteile verwendet. Balsa ist je nach Art des Zuschnitts extrem weich bis mittelhart. Weiches Balsa wird aus dem Splintholz geschnitten und ist von meist weißer Farbe. Aus dem Kernholz geschnitten wird es als Hartbalsa bezeichnet und ist von weißgrauer Farbe.
Die Bearbeitung von Balsa ist leicht, verlangt aber extrem scharfes Werkzeug, damit in dem langfaserigen Werkstoff eine präzise Schnittqualität erreicht wird.

Kiefer

Das klassische Holz für Leisten ist die Kiefer. Das langfaserige Holz ist gut zu verarbeiten und kann für lasttragende Bauteile wie Stringer, Spanten und Holme verwendet werden.
Die Festigkeit und Formbeständigkeit hängt weitgehend vom Zuschnitt ab. Stehende Jahresringe geben der Leiste eine definierte Richtungsfestigkeit. Leisten mit schrägen Jahresringen neigen bei wechselnder Luftfeuchtigkeit oder Belastung zum Verzug. Bei der Auswahl muss auch auf mögliche Harzeinschlüsse geachtet werden. Harzeinschlüsse vermindern die Festigkeit und verbinden sich nicht mit Leim und Lack.

Buche

Buche wird für Rundstäbe und Leisten verwendet. Bei Rundstäben ist auf einen gleichmäßigen Verlauf der Jahresringe zu achten. Man muss deshalb bei der Auswahl auf den Verlauf auf beiden Stirnseiten achten. Bei ungleichmäßigem Verlauf kann es zu Verformungen kommen.
Leisten aus Buche kommen auch als sogenannte Biegeholzleisten in den Modellbauhandel. Es sind meist sehr dünne Leisten, diew nach vorheriger Wässerung oder Dampfbehandlung in erstaunlich engen Radien gebogen werden können. Sie sind ideal für Randbögen am Flügel von Modellflugzeugen und für Schanzkleider an Modellbooten.

Abachi

Abachi ist ein leichtes Allroundholz für den Modellbau. Etwas schwerer, aber fester als Balsa, ist es als Furnier, Sperrholz oder als Leisten erhältlich. Abachi ist von feiner Textur und kann, scharfes Werkzeug vorausgesetzt, präzise bearbeitet werden.

Sperrhölzer

Sperrhölzer für den Modellbau bestehen meist aus drei oder fünf Furnierlagen. Sie werden üblicherweise für Spanten und Beplankungen verwendet.
Sperrholz aus Hartbalsa-Furnieren hat bei geringem Gewicht eine relativ hohe Festigkeit. Die Oberfläche ist nicht sehr fest und meist auch nicht genügend glatt. Für hochwertige Oberflächen ist deshalb eine Beschichtung mit Porenfüller und Lack oder mit einer Folie notwendig.
Buchensperrholz ist ab einer Dicke von 0,8 mm erhältlich und hat bei hoher Festigkeit eine ausgezeichnete Oberflächenqualität.
Birkensperrholz wird meist dreilagig und mit einer Dicke ab 2 mm verwendet. Die Bearbeitbarkeit des weichen Holzes ist sehr gut, die Festigkeit mittelmäßig. Birkensperrholz mit fünf bis sieben Lagen eignet sich hervorragend als Basismaterial für Furnier- und Intarsienarbeiten.

Holz bearbeiten und fügen

Bei der Bearbeitung von Holz muss seine Inhomogenität beachtet werden. Die Ausrichtung der Fasern bestimmt den Werkzeugeinsatz, die Werkzeugbeschaffenheit, Vorschub und Schnittgeschwindigkeit. Auch bei der Verbindung von hölzernen Bauteilen muss man diese Besonderheit durch bestimmte Techniken berücksichtigen. Hierin unterscheidet sich die Holzbearbeitung wesentlich von der anderer Werkstoffe.

Eine Ausnahme stellen Holzwerkstoffe dar, die bei entsprechender Zusammensetzung und Herstellverfahren nahezu homogene Eigenschaften aufweisen können.

Spanlose Bearbeitung

Holz kann unter bestimmten Voraussetzungen spanlos bleibend verformt werden. Hierbei muss je nach Arbeitsaufgabe entsprechend beachtet werden:
- → die geeignete Holzart
- → der materialgerechte Verformungsgrad
- → die Vorbehandlung

Unter Verformung wird in der Regel das Biegen verstanden. Leichte bis mittelschwere Hölzer eignen sich besser zur Verformung als schwere Hölzer. Zuschnitte mit möglichst parallel verlaufenden, langen Fasern begünstigen die Verformung.
Mit vertretbarem Aufwand kann nur zweidimensional verformt werden. Der mögliche Verformungsgrad hängt neben der Holzart vor allem von der Dicke des zu verformenden Werkstückes ab. Je dünner das Werkstück, desto besser kann verformt werden. Längs der Faser kann weniger gut verformt werden, die Bruchgefahr ist aber beim Verformen geringer.
Quer zur Faser kann besser verformt werden, die Bruchgefahr ist allerdings höher. Durch entsprechende Vorbehandlung kann die Verformungsmöglichkeit erheblich verbessert werden. Die wesentlichen Maßnahmen sind:
- → Wässern
- → Lamellieren

Wässern

Der mögliche Biegeradius hängt nicht nur von der Dicke der Lamellen ab. Wenn die einzelnen Leisten oder Brettchen vor dem Biegen gewässert werden, sind engere Radien möglich als in trockenem Zustand. Durch das Wässern werden die Zellen des Holzes elastisch und können sich gegeneinander etwas verschieben. Lässt man sie in gebogenen Zustand auf einer Form trocknen, dann behalten sie später fast dieselbe Biegung bei. Das Wässern kann in einer Wanne (Stück einer Dachrinne) oder durch Einpinseln mit Wasser erfolgen. Heißes Wasser wirkt schneller als kaltes Wasser. Wie lange gewässert werden muss, testet man am besten mit einem Probestück.

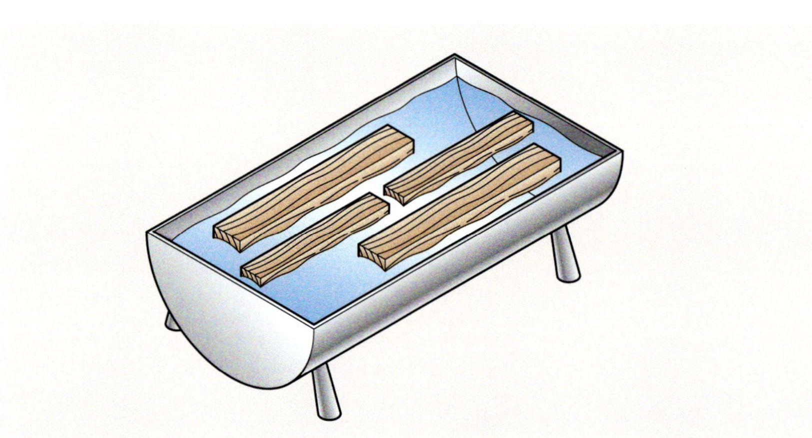

Wässern.

TIPP

Ölhaltige Hölzer (z. B. Teak) nehmen meist nicht genug Wasser auf. Diese Hölzer müssen vorher entölt werden, beispielsweise mit handelsüblichen Entfettungsmitteln oder mit Aceton.

Lamellieren

Lamellieren ist eine Sonderform der Verleimung. Im Möbelbau, bei Sportgeräten oder im Modellbau ist es oft notwendig, gebogene Werkstücke herzustellen, Beispiele hierfür sind Rückenlehnen für Stühle, runde oder elliptische Rahmen und Einfassungen für Tischplatten. Wenn man diese Bauteile aus Massivholz heraussägt, hat man einen hohen Verschnitt und die Maserung verläuft nicht parallel zur Biegung, was neben dem Aussehen auch die Festigkeit beeinträchtigt. Eine Lösung für diese Arbeitsaufgabe bietet das Lamellieren.
Unter Lamellieren versteht man das Verleimen vieler dünner Leisten zu einem Formteil. Der Vorteil des Lamellierens liegt darin, dass man dünne Leisten mit wenig Kraftaufwand in sehr viel engeren Radien biegen kann, ohne dass sie dabei zerbrechen. Ein dickes Kantholz lässt sich dagegen nicht so stark biegen, es würde zerbrechen. Nach dem Verleimen der gebogenen Lamellen erhält man ein formverleimtes Bauteil von sehr hoher Festigkeit.
Beim Lamellieren gelten folgende Regeln:
- → je dünner die Lamellen, desto enger kann gebogen werden
- → beim Lamellieren muss die Faserrichtung beachtet werden

Theoretisch kann man Formteile aus vielen dünnen Furnierschichten lamellieren. Sie lassen sich leicht von Hand und ohne viel Kraftanstrengung über eine Form biegen. Allerdings hat man dann eine hohe Anzahl von Leimschichten. Hierdurch können sich die einzelnen Lamellen beim Spannen leicht gegeneinander verschieben. Deshalb ist es günstiger, die Lamellen so dick zu wählen, dass sie sich gerade noch in den gewünschten Radius biegen lassen.

Formverleimung.

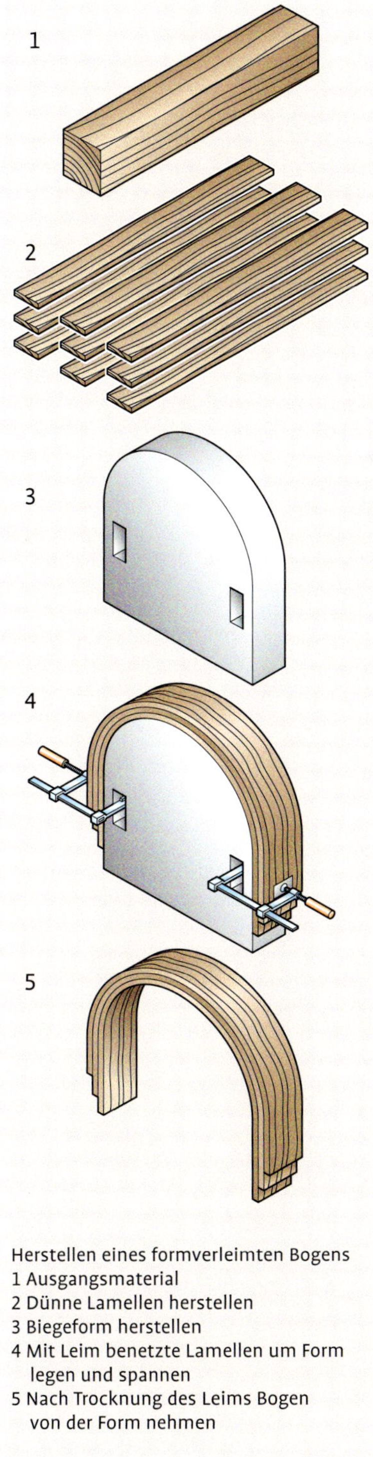

Herstellen eines formverleimten Bogens.

Lamellen mit quer verlaufender Faser lassen sich sehr leicht biegen, aber nur, wenn sie sehr dünn sind (< 1 mm). Dickere Lamellen mit Querfaser brechen meist entlang der Faser durch und können deswegen nicht verarbeitet werden. Außerdem wäre dann an den Außenseiten des Formstücks Hirnholz, das nicht in jedem Fall dekorativ wirkt. Die beiden vorgenannten Probleme umgeht man dadurch, dass die Faser längs der Lamelle verläuft.

TIPP

Bei dicken Lamellen erleichtert die folgende Vorgehensweise die Formverleimung: Wässern und in nassem Zustand ohne Leimzugabe auf die Form spannen und vollständig durchtrocknen lassen. Damit sind die Lamellen dann vorgebogen. Lamellen von der Form nehmen, mit Leim bestreichen und in derselben Reihenfolge wieder auf die Form spannen.

Furnieren

Das Veredeln von Holzoberflächen mit Furnieren erfolgt durch großflächige Verleimung. Hierzu wird der Leim mit einem Zahnspachtel gleichmäßig auf die Basisoberfläche aufgetragen. Nach dem Auflegen des Furnierblattes wird die Luft, von der Mitte ausgehend, nach den Seiten ausgestrichen. Anschließend wird die gesamte Fläche mit einer Gegenplatte belegt und gleichmäßig mit Zwingen oder Gewichten gepresst. Sogenannte Bügelfurniere vereinfachen das Furnieren wesentlich. Die Furniere sind mit einer dünnen Schicht Schmelzkleber beschichtet.

Das Furnierblatt wird auf der Basisplatte positioniert und dann mit einem heißen Bügeleisen von der Mitte ausgehend nach den Seiten angepresst. Durch die Hitzeeinwirkung verflüssigt sich die Schmelzkleberschicht und verbindet das Furnierblatt mit der Basisplatte.

Spanende Bearbeitung

Die im Vergleich zu Metallen geringe Härte von Holz ermöglicht sehr hohe Schnittgeschwindigkeiten und damit hohe Arbeitsfortschritte, dabei werden, speziell in Faserrichtung, lange Späne erzeugt. Diese Faktoren erfordern spezielle Maßnahmen, um große und lange Spanmengen abzuführen. Aus diesem Grunde können Einsatzwerkzeuge für Metalle nur in Einzelfällen (Bohrer) und bei geringen Qualitätsansprüchen eingesetzt werden.
Die Schneidwerkstoffe der Einsatzwerkzeuge richten sich nach der gewünschten Oberflächenqualität und der Standzeit. Je nach zu bearbeitender Holzart wird man für eine höhere Qualität HSS-Einsatzwerkzeuge, für eine längere Standzeit eher hartmetallbestückte Einsatzwerkzeuge verwenden. Die typischen, mit handgeführten Elektrowerkzeugen ausgeführten Bearbeitungsmöglichkeiten sind:

- → Bohren
- → Sägen
- → Fräsen
- → Hobeln
- → Schleifen

Die spanende Bearbeitung wurde in den Kapiteln der entsprechenden Maschinenwerkzeuge beschrieben.

Holzstaub: ein vielseitiger Werkstoff

Holzkitt ist ein beliebtes Material. Mit ihm lassen sich Lücken und Spalten füllen, Kantenübergänge und Hohlkehlen formen. Auch kleine Fehler an Schnitzarbeiten kann man damit beheben. Leider hat der fertig konfektionierte Holzkitt eine für den Heimwerker schlechte Eigenschaft: Das meiste eines auch kleinen Gebindes wird nicht verbraucht, sondern trocknet mit der Zeit im Behälter aus und wird damit unbrauchbar. Auch sind die Farb- bzw. die Sortenauswahl begrenzt.
Als Problemlösung bietet sich die eigene Herstellung von Holzkitt an, und das ist leichter, als man sich vorstellt. Der selbst gemachte Holzkitt besteht nämlich nur aus den zwei Komponenten Holzstaub und flüssiger Zellulose, die zusammengemischt werden.
Die flüssige Zellulose ist im Fachhandel, beispielsweise unter dem Handelsnamen „Fugenplast – Bindemittel-FU“ der Bindulin-Werke, erhältlich. Zur Holzkittherstellung wird die entsprechende Menge Holzstaub mit ein paar Tropfen Zellulose je nach Anwendung zu einem flüssigen oder sämigen Brei angerührt und dann verwendet. Nach dem Abtrocknen verhält sich der Kitt wie das Holz und nimmt genauso eine spätere Lackierung an.
Eine Mischung aus Holzstaub und anderen Klebstoffen wie z. B. Weißleim funktioniert nicht. Man sieht die Korrekturstelle nach dem Aushärten deutlich und eine Lackierung wird nicht angenommen.

Verbindungstechnik Holz

In der Holzverbindungstechnik gibt es lösbare und nicht lösbare Verbindungen. Die lösbaren sind meist Schraubverbindungen. Wegen des Setzverhaltens von Holzwerkstoffen ist die Haltbarkeit von Schraubverbindungen teilweise problematisch,

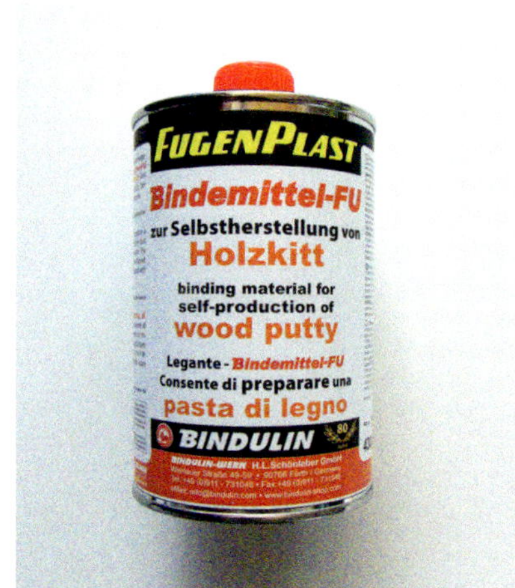

Zellulose-Lösung zur Herstellung von Holzkitt.

Holzstaub ist ein vielseitiger Rohstoff: Ahorn, Mahagoni, Lärche.

weil sich die Schrauben lockern können. Die weitaus meisten Holzverbindungen sind deshalb nicht lösbare Verbindungen.

Leimverbindungen

Die dauerhafte Verbindung von Holz und Holzwerkstoffen erfolgt häufig durch Leimung, wobei verschiedene Leime und Klebetechniken zur Anwendung kommen können. Großflächige Verleimungen werden zur Herstellung von Schichthölzern und zum Furnieren angewandt, wobei gute Qualität nur durch die stationäre Verleimpresse zu erreichen ist. Bei der Verbindung von Holzwerkstücken muss auf eine ausreichende Leimfläche geachtet werden, um die gewünschte Festigkeit zu erreichen. Bei Sichtoberflächen und wenn eine Oberflächenbeschichtung erfolgen soll, muss beachtet werden, dass Leimreste eine störende Auswirkung haben können.
Beim Verleimen von Brettern, Kanthölzern oder Leisten muss der Verlauf der Jahresringe berücksichtig werden, damit sich das „Arbeiten" der einzelnen Teile gegeneinander abstützt. Nur so behält das zusammengeleimte Werkstück später seine Form.

Vergrößern der Leimfläche

Die Festigkeit einer Verleimung ist proportional der Leimfläche. In der Regel muss deshalb die Leimfläche vergrößert werden. In der Praxis haben sich folgende Verfahren bewährt, bei denen die Oberfläche der Werkstücke bündig verläuft:
- → Falzen
- → Schäften
- → Verzahnen

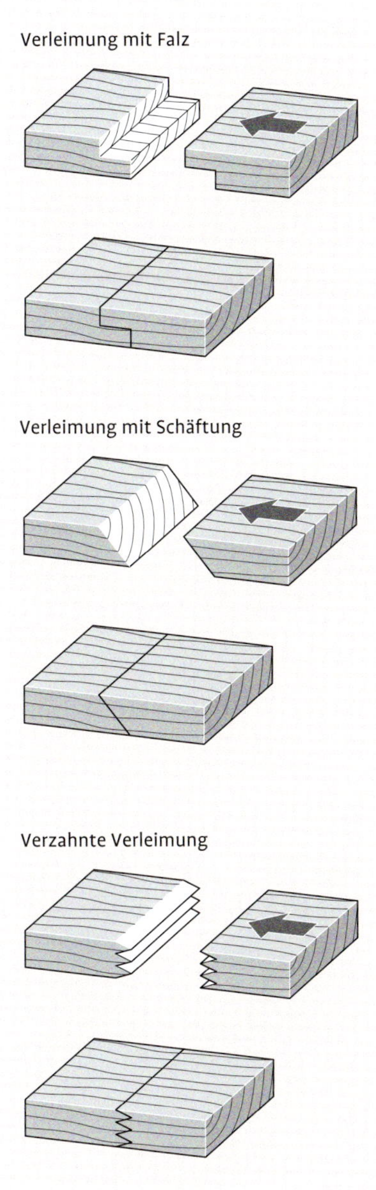

Vergrößern der Leimfläche.

Vergrößern der Leimfläche durch Falzen

Einfaches Verfahren, bei dem sich allerdings zwei Stirnflächen gegenüber befinden. Nur die waagrechte Fläche trägt wesentlich zur Festigkeit bei.

Vergrößern der Leimfläche durch Schäften

Die Festigkeit der Verleimung hängt von der Schräge der Schäftung ab. Je flacher die Schäftung verläuft, umso besser hält die Verleimung. Bei sorgfältiger Vorgehensweise sind die Verleimflächen gleichmäßig und planparallel.

Vergrößern der Leimfläche durch Verzahnen

Verzahnte Leimflächen sind passgenau. Weil die Verzahnung an den Werkstückkanten spiegelbildlich verläuft, muss die Herstellung sehr präzise erfolgen. Es empfiehlt sich das Herstellen eines Probemusters.

Klassische Holzverbindungen

Die Verbindung von Holzbauteilen durch Formschluss ohne Zugabe von Leim oder mechanische Verbindungsmittel hat eine lange Tradition und vereint im Idealfall Funktion mit dekorativem Aussehen. Richtig ausgeführt ist sie die aufwendigste Verbindungstechnik, bei der, auch wenn Maschinen eingesetzt werden, viel handwerkliches Know-how notwendig ist. Oft werden die klassischen Holzverbindungstechniken durch Schrauben, Nageln oder Leimen unterstützt. In Kombination miteinander ergeben sich hochwertige und auch sehr dekorative Holzverbindungen.
Aus der Vielzahl der möglichen Verbindungstechniken sind im Folgenden solche ausgewählt, die vom Heimwerker mit vertretbarem Aufwand hergestellt werden können.

Eckverbindungen

1 Nagel- oder Schraubverbindung von Quer- und Längsseite. Positionierung schwierig. Haltbarkeit gering, kann durch zusätzliche Verleimung erhöht werden. Herstellung einfach. Eine Hirnholzfläche sichtbar.

2 Nagel- oder Schraubverbindung von Quer- und Längsseite. Einseitig gefalzt. Positionierung einfach. Haltbarkeit gering, kann durch zusätzliche Verleimung erhöht werden. Herstellung einfach. Ein Teil der Hirnholzfläche sichtbar.

3 Leimverbindung von Quer- und Längsseite mit Falz und Nut. Klebefläche und Haltbarkeit groß. Positionierung eindeutig. Herstellung einfach. Eine Hirnholzfläche sichtbar.

4 Leimverbindung von Quer- und Längsseite mit Gehrung und Schrägfalz. Klebefläche und Haltbarkeit gering, aber deutlich höher als bei einfacher Gehrung. Positionierung einfach. Herstellung aufwendig. Hirnholzflächen verdeckt. Dekorative Wirkung.

5 Nagel- oder Schraubverbindung von Quer- und Längsseite mit einfacher Überlappung. Herstellung und Positionierung einfach. Haltbarkeit gering, kann durch zusätzliche Verleimung erhöht werden. Je eine Hirnholzfläche im Wechsel sichtbar.

6 Nagel- oder Schraubverbindung von Quer- und Längsseite mit gezinkter Überlappung. Herstellung einfach. Positionierung eindeutig. Haltbarkeit etwas günstiger, kann durch zusätzliche Verleimung erhöht werden. Je eine Hirnholzfläche im Wechsel sichtbar.

7 Leimverbindung mit Fingerzinken. Klebefläche und Haltbarkeit hoch. Herstellung aufwendig. Positionierung eindeutig. Hirnholzflächen im Wechsel sichtbar. Dekorative Wirkung.

8 Leimverbindung mit hoher Anzahl von Fingerzinken. Klebefläche groß und Haltbarkeit sehr hoch. Herstellung handwerklich aufwendig, mit Zinkenfräsgerät jedoch sehr einfach. Positionierung eindeutig. Hirnholzflächen im Wechsel sichtbar. Sehr dekorative Wirkung.

9 Leimverbindung mit halbverdeckter Gratverbindung (Schwalbenschwanz). Klebefläche groß und Haltbarkeit sehr hoch. Herstellung handwerklich extrem aufwendig, mit Zinkenfräsgerät jedoch sehr einfach. Positionierung eindeutig. Eine Hirnholzfläche sichtbar. Sehr dekorative Wirkung.

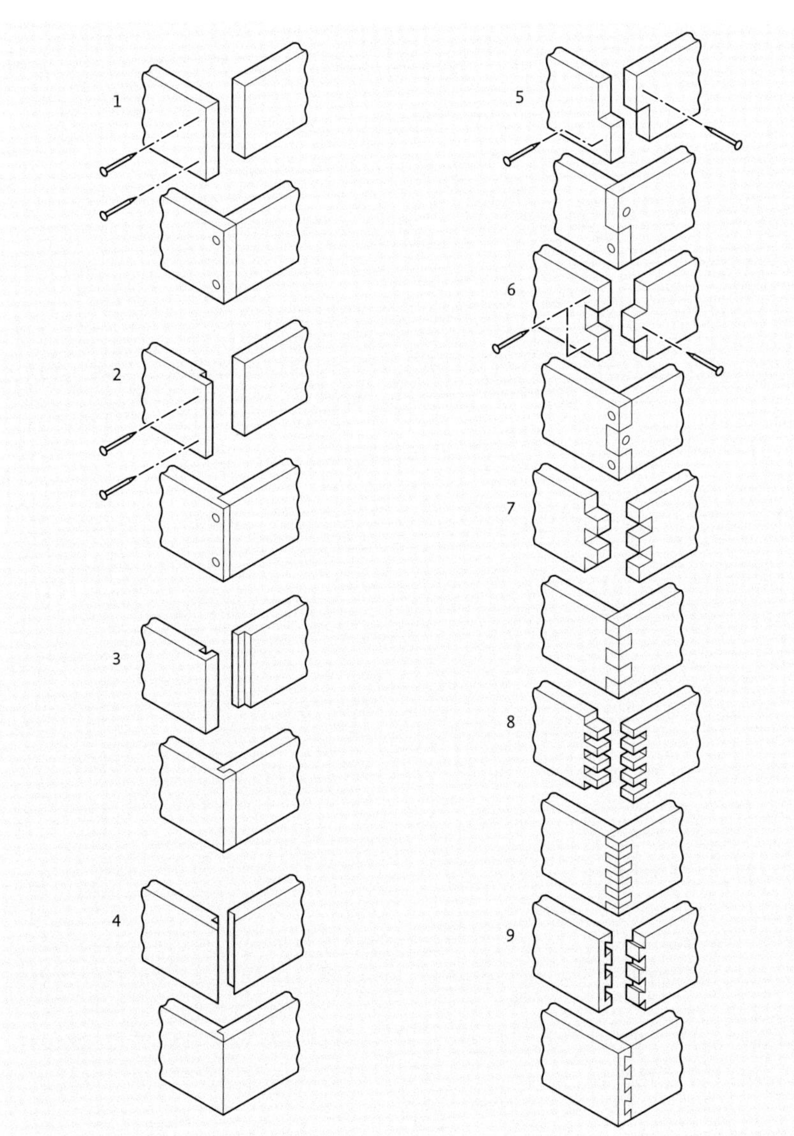

Eckverbindungen.

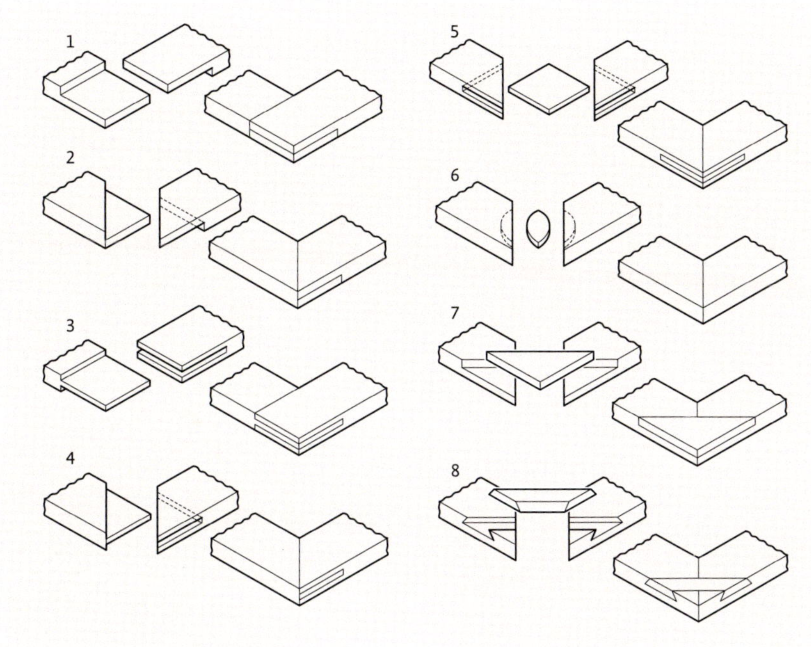

Rahmenverbindungen.

Rahmenverbindungen

Rahmenverbindungen, Gestellverbindungen und Sprossenverbindungen werden verwendet, wenn Kanthölzer, Latten oder Leisten über Eck, über Kreuz oder als T-Stoß miteinander verbunden werden sollen. In der Regel stoßen hierbei Stirnseiten (Hirnholz) und Längsseiten aneinander. Für eine sichere Verbindung muss deshalb die Klebefläche vergrößert werden.

1 Leimverbindung mit einfacher Überlappung. Klebefläche groß und Festigkeit hoch. Herstellung einfach. Positionierung einfach. Hirnholzflächen halbseitig versetzt sichtbar.

2 Leimverbindung mit einfacher, auf Gehrung geschnittener Überlappung. Klebefläche groß und Festigkeit hoch. Herstellung einfach. Positionierung einfach. Die Hälfte einer Hirnholzfläche ist sichtbar.

3 Leimverbindung mit doppelter Überlappung. Klebefläche und Festigkeit sehr hoch. Herstellung aufwendig. Positionierung einfach. Hirnholzflächen halbseitig versetzt sichtbar.

4 Leimverbindung mit doppelter, auf Gehrung geschnittener Überlappung. Klebefläche groß und Festigkeit hoch. Herstellung aufwendig. Positionierung einfach. Ein Drittel einer Hirnholzfläche ist sichtbar.

5 Leimverbindung mit auf Gehrung geschnittener Überlappung und Feder. Klebefläche groß und Festigkeit hoch. Herstellung einfach. Positionierung einfach. Die Hälfte einer Hirnholzfläche der Feder ist sichtbar. Dekorative Wirkung.

6 Leimverbindung mit auf Gehrung geschnittener Überlappung und Flachdübel. Klebefläche groß und Festigkeit hoch. Herstellung mit Flachdübelfräse sehr einfach. Positionierung einfach. Keine Hirnholzflächen sichtbar. Dekorative Wirkung.

7 Leimverbindung mit auf Gehrung geschnittenen Rahmen und Überlappung durch aufgesetzte Feder. Klebefläche groß und Festigkeit hoch. Herstellung einfach. Positionierung einfach. Je nach Schnitt der Feder sind Hirnholzflächen sichtbar. Dekorative Wirkung.

8 Leimverbindung mit auf Gehrung geschnittenen und genuteten (Grat, Schwalbenschwanz) Rahmen und einer aufgesetzten Feder. Klebefläche groß und Festigkeit hoch. Herstellung sehr aufwendig. Positionierung eindeutig. Hirnholzflächen der Feder sind sichtbar. Hält bei präziser Bearbeitung auch ohne Verleimung.

Klassische Holzverbindung mit Fingerzinken.

Wie das „normale“ Holz ist Bambus als Baustoff eng mit der Entwicklungsgeschichte des Menschen verbunden. In seinem Hauptverbreitungsgebiet, den subtropischen Ländern der Erde, geht seine Bedeutung als Bau- und Werkstoff weit über die des Holzes von Bäumen hinaus.
Bambus ist wegen seiner besonderen Eigenschaften auch für den Heimwerker ein interessanter Werkstoff. Bambus verdient es deshalb, gleichrangig neben den Holzwerkstoffen erwähnt zu werden.

Bambus

Struktur

Die Zellstruktur des Bambus unterscheidet sich grundlegend von derjenigen der Bäume. In einem Basisgewebe sind parallel verlaufende Faserbündel eingelagert, deren Anzahl von der Innenseite der „Rohrwandung" gesehen zum Rand hin zunimmt und deren größte Dichte in der Außenrandzone direkt unter der hautförmigen „Rinde" erreicht wird. Die Struktur hat damit ihre höchste Festigkeit im Bereich der bei Biegung größten Krafteinwirkung. Die Zugfestigkeit der Faserbündel ist außerordentlich hoch und erreicht die Werte von einfachem Baustahl. In die äuße-

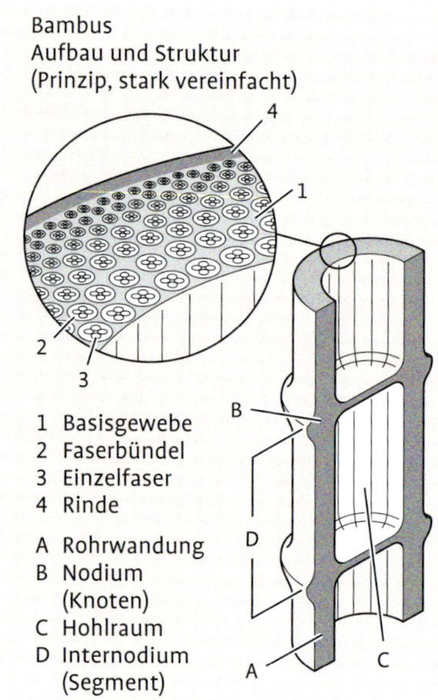

Struktureller Aufbau von Bambus.

Bambus hat viele interessante Wuchsformen.

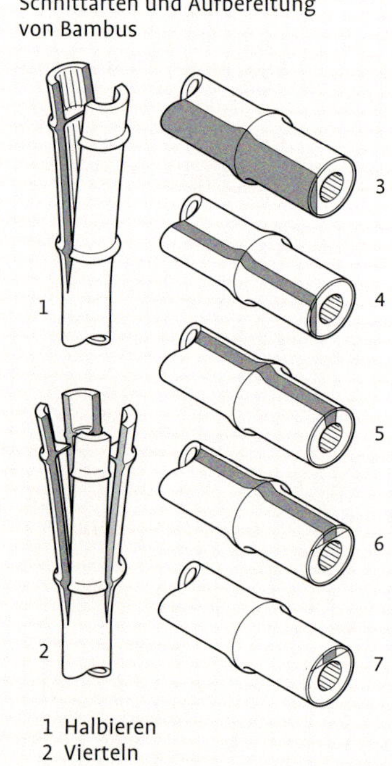

Verwertungsformen von Bambus.

ren Zellschichten wird während des Wachstums und der Reife Kieselsäure eingelagert, wodurch die Randschicht eine größere Härte erreicht.
Die einzelnen Rohrsegmente werden durch Querwände, die sogenannten Nodi, abgeschlossen, das zwischen den Nodi liegende Rohrsegment wird als Internodium bezeichnet.
Bambus wird in den Erzeugerländern sehr vielfältig verwertet und mit Recht als Universalbaustoff angesehen. Grob eingeteilt besteht die Verwertung aus:

→ Stangen
→ Latten
→ Leisten

Speziell Latten und Leisten bilden in der Vielfalt ihrer Schnittarten und geometrischen Abmessungen das Ausgangsmaterial für eine nahezu unbegrenzte Zahl von Anwendungen.

Bearbeitung

Bei der Bearbeitung von Bambus muss der Härteverlauf im Material und die konsequent längsgerichtete Faserstruktur dieses Baustoffes berücksichtigt werden. Insbesondere die Ausrichtung der Fasern bestimmt den Werkzeugeinsatz. Hierin unterscheidet sich die Bambusbearbeitung wesentlich von der Baumholzbearbeitung. Die in den äußeren Zellschichten der Faserbündel eingelagerte Kieselsäure wirkt zudem extrem abrasiv auf die Werkzeugschneiden.

Spanlose Bearbeitung

Bambus wird in hohem Maße spanlos bearbeitet, wobei man darunter in erster Linie verstehen sollte, dass bei der Bearbeitung kein unerwünschter Materialverlust durch Späne, also Abfall, entsteht. Man unterteilt die spanlose Bearbeitung in:

→ Verformen
→ Trennen

Verformen

Die Elastizität von Bambus gestattet eine wesentlich höhere spanlose Verformung, als dies mit Baumholz möglich wäre. Grundsätzlich gilt jedoch wie bei Baumholz: Je dünner das Werkstück ist, desto besser kann verformt werden. Durch entsprechende Vorbehandlung kann die Verformungsmöglichkeit erheblich verbessert werden. Die wichtigsten Maßnahmen sind Wässern, Dämpfen und Wärmebehandlung.

Wässern und Dämpfen

Durch Anfeuchten oder intensives Wässern nehmen die Zellen und Faserbündel Wasser auf und werden dadurch elastischer, was engere Biegeradien zulässt. Die dabei erreichte Verformung ist elastisch und geht deshalb nach Aufhebung der Biegekräfte weitestgehend zurück. Um eine bleibende Verformung zu erhalten, müssen die Biegekräfte so lange bestehen bleiben, bis das Material wieder auf seinen Ursprungswert getrocknet ist. Auch dann wird ein Rückfedern erfolgen. Unter Umständen muss das Werkstück also in nassem Zustand stärker gebogen werden, als im Endzustand erwünscht ist.
Die Verformung wird durch eine Behandlung des Werkstückes mit Dampf stark erleichtert.

Wärmebehandlung

Auch durch reine Wärmebehandlung kann das Biegen erheblich erleichtert werden. Die Biegestelle muss hierzu auf ca. 150–250 °C erwärmt werden. Wegen der Einbrenngefahr sind offene Flammen ungünstig. Heißluft-

Ein Meisterstück der Bambusbearbeitung – der aus einem Stück hergestellte japanische *Chasen* (Teebesen).

gebläsen sollte der Vorzug gegeben werden, zumal sich bei diesen die Temperatur relativ genau einstellen und kontrollieren lässt.
Auch hier gilt, dass die Biegung bis zum Erkalten bzw. bis zur Trocknung durch eine geeignete Vorrichtung aufrechterhalten werden muss. Eventuelles Auffedern muss durch Versuch ermittelt und berücksichtigt werden.

Trennen

Wegen der parallel verlaufenden Faserstränge lässt sich Bambus wie kein anderes Material ohne Spanverlust in Längsrichtung trennen. Das Trennen erfolgt durch Spalten, wobei der Verlauf der Spaltung durch die Nodi (Knoten) nicht beeinflusst wird. Vorteile des Spaltens gegenüber dem Sägen liegen in der Einfachheit und Schnelligkeit des Verfahrens sowie dem Fehlen von Abfall (Sägemehl). Feuchter Bambus lässt sich besser spalten als trockener Bambus. Als Einsatzwerkzeuge kommen dünne Messer und Keile zum Einsatz.

Spanende Bearbeitung

Im Vergleich zu Holz muss bei der spanenden Bearbeitung von Bambus in weit höherem Maße die parallele Faserstruktur berücksichtigt werden. Sie setzt in jedem Falle außerordentlich scharfe Einsatzwerkzeuge voraus. Die hohe Oberflächenhärte und die eingelagerte Kieselsäure wirken stark abnützend auf die Werkzeugschneiden, weshalb hartmetallbestückten Einsatzwerkzeugen der Vorzug zu geben ist.
Die typischen, mit handgeführten Elektrowerkzeugen ausgeführten Bearbeitungsmöglichkeiten sind:

→ Bohren
→ Sägen
→ Schleifen

Bohren

Bambus muss grundsätzlich von der harten Seite (z. B. Rohraußenseite) her gebohrt werden, damit das Bohrloch nicht ausreißt und eventuell eine Spaltung eintritt. Bei durchgehenden Bohrungen durch ein Rohr muss deshalb von beiden Seiten her gebohrt werden.
Wegen der harten und meist konvexen Oberfläche verläuft der Bohrer gerne. Die Bohrstelle muss deshalb angekörnt werden oder der Bohrer muss über eine Zentrierspitze verfügen. Generell sollte man aber dieselben Bohrer wie für die Metallbearbeitung verwenden, sie stellen den besten Kompromiss dar.
Mit Erfolg kann auch das sogenannte Brennbohren angewendet werden. Hier wird ein Bohrer mit konischer Vierkantspitze mit hoher Umdrehungszahl eingesetzt. Solche Bohrer lassen sich leicht aus einem Stück Rundstahl mit entsprechendem Durchmesser schleifen.
Durch Reibungshitze zwischen Bohrerspitze und Werkstoff verbrennt der Bambus im Bereich des Bohrloches. Durch vorheriges Erhitzen (Glühendmachen) der Bohrerspitze wird der Bohrvorgang erleichtert. Vorbohren ist immer ratsam.

Sägen

Sägeschnitte werden hauptsächlich zur Bearbeitung quer zur Faser verwendet. Es ist unbedingt darauf zu achten, dass die Zähnezahl des Sägeblattes höher ist als diejenige für Baumhölzer. Günstige Ergebnisse werden mit Sägeblättern enger Zahnteilung für die Metallbearbeitung erzielt. Im Zweifelsfall sollte man mit dem Sägeblatt, das die kleinsten Zähne hat, arbeiten.
Der Sägevorgang muss wegen der Ausrissgefahr stets von der harten Außenseite her erfolgen. Bei Rohren sollte aus diesem Grund entlang dem Umfang gesägt werden.

Ein Dosierlöffel aus Bambus – minimalistische Eleganz.

Schleifen

Die Bearbeitungskanten haben bei Bambus meist eine höhere Oberflächenqualität als bei Baumholz. Die Schleifmittel können deshalb von vornherein mit feinerer Körnung gewählt werden, wenn eine Weiterbearbeitung erforderlich sein sollte. Wegen der in der Bambusoberfläche eingelagerten Kieselsäure sollte Schleifmittel gewählt werden, wie sie für die Metall- oder Steinbearbeitung üblich sind.

Verbindungstechniken

Auch bei der Verbindungstechnik gibt es Unterschiede gegenüber der Holzbearbeitung, die man beachten muss. Bei Bambuswerkstücken und -bauteilen werden in der Regel folgende Verbindungstechniken angewendet:

- → Schrauben
- → Nageln
- → Kleben
- → traditionelle Verbindungen

Schraubverbindungen

Bambus sollte wegen der spezifischen Zellstruktur nicht mit „Holzschrauben“ verbunden werden, da durch deren Keilwirkung das Material gespalten wird. Die Verwendung von Spanplattenschrauben (Vorbohren mit Kerndurchmesser) oder Maschinenschrauben ist deshalb günstiger.

Nagelverbindungen

Wegen der Keilwirkung beim Eintreiben der Nägel ist diese Verbindungstechnik für Bambus nicht geeignet. Wenn Bambus auf ein anderes Material genagelt werden soll, muss der Bambus mit den Schaftdurchmesser des Nagels vorgebohrt werden.

Klebeverbindungen

Bambus ist wegen seiner feinen und dichten Struktur (Rindenhaut) in Bezug auf die Klebetechnik kritischer als Baumhölzer. Klebstoffe, deren Zusammensetzung ein Eindringen in den Werkstoff erforderlich macht, können unter Umständen nicht verwendet werden. Reaktionsklebstoffe auf Epoxidbasis kann man dagegen meist mit gutem Resultat einsetzen. Eine Klebeprobe ist sehr zu empfehlen. Die glatte und undurchlässige Rindenhaut muss in der Regel vor der Verklebung durch Anschliff aufgeraut werden.

Traditionelle Verbindungstechnik

Merkmal der traditionellen Bambusverbindungstechnik ist, dass sie mit wenigen Grundtechniken und Verbindungsmitteln auskommt. Diese Verbindungstechniken sind werkstoffgerecht, zweckoptimiert, umweltfreundlich und den vorgesehenen Beanspruchungen gewachsen. Sie haben sich seit Jahrtausenden bewährt. Bauteile und Verbindungsmittel sind in der Regel aus demselben Werkstoff. Die weitaus häufigsten Verbindungstechniken sind:

- → Stecken
- → Bindung
- → Kombinationstechniken

Steckverbindungen

Wegen des rohrförmigen, leicht konischen Ausgangsmaterials können Bambusstangen der Länge nach

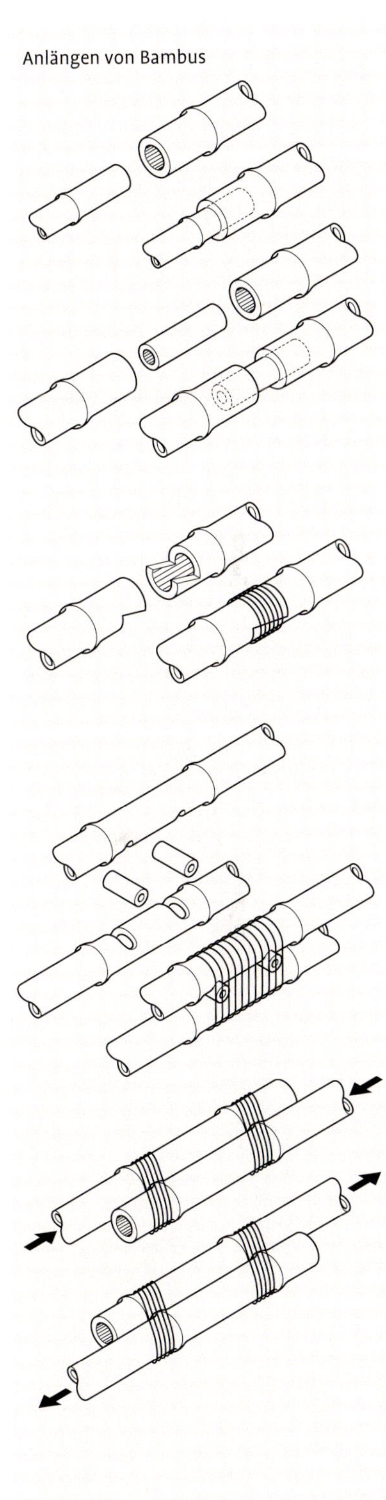

Längsverbindungen von Bambus.

ineinandergesteckt werden, wobei allerdings bei fester Passung die Hülse gegen die Spaltwirkung durch eine Bandage gesichert werden muss. Verbindungen ohne Spaltwirkung können durch das Einsetzen von Holzpflöcken realisiert werden. Quer-Steckverbindungen erfolgen durch Querbohrungen im Bambusrohr, durch die Pflöcke oder modern Gewindebolzen gesteckt werden. Allerdings muss durch geeignete Lage und Maßnahmen eine Rissbildung vermieden werden. Gegebenenfalls sind die Bambusrohre in diesem Bereich durch eingesetzte Pflöcke verstärkt oder die Bohrungen sind in den Bereich des Nodiums (Knotens) zu setzen.

Bindetechnik

Bei dieser Verbindungstechnik werden die Bauteile durch Schnüre oder Faserstränge, aber auch durch dünnen Bambusstreifen miteinander verbunden, wobei das Bindematerial gegebenenfalls durch Wässerung zunächst geschmeidig gemacht wird, wodurch auch später durch die Schrumpfung beim Trocknen die Bindekräfte verstärkt werden.
Bei der Bindetechnik ist es entscheidend, dass die natürliche Geometrie des Bambus in die Verbindungstechnik mit einbezogen wird. In der Praxis werden daher die Bauteile so zugerichtet, dass die Nodi (Knoten) in einer Verbindung beitragen und so den Kraftschluss durch Formschluss ergänzen.
Beispiele: Verbindung durch Schnürung. Hohlkehle des Querholmes am Nodium. Verbindungsschnürung durch Bohrung hinter dem Nodium des Querholmes. Ringbandage verhindert Spaltung an der Hohlkehle.

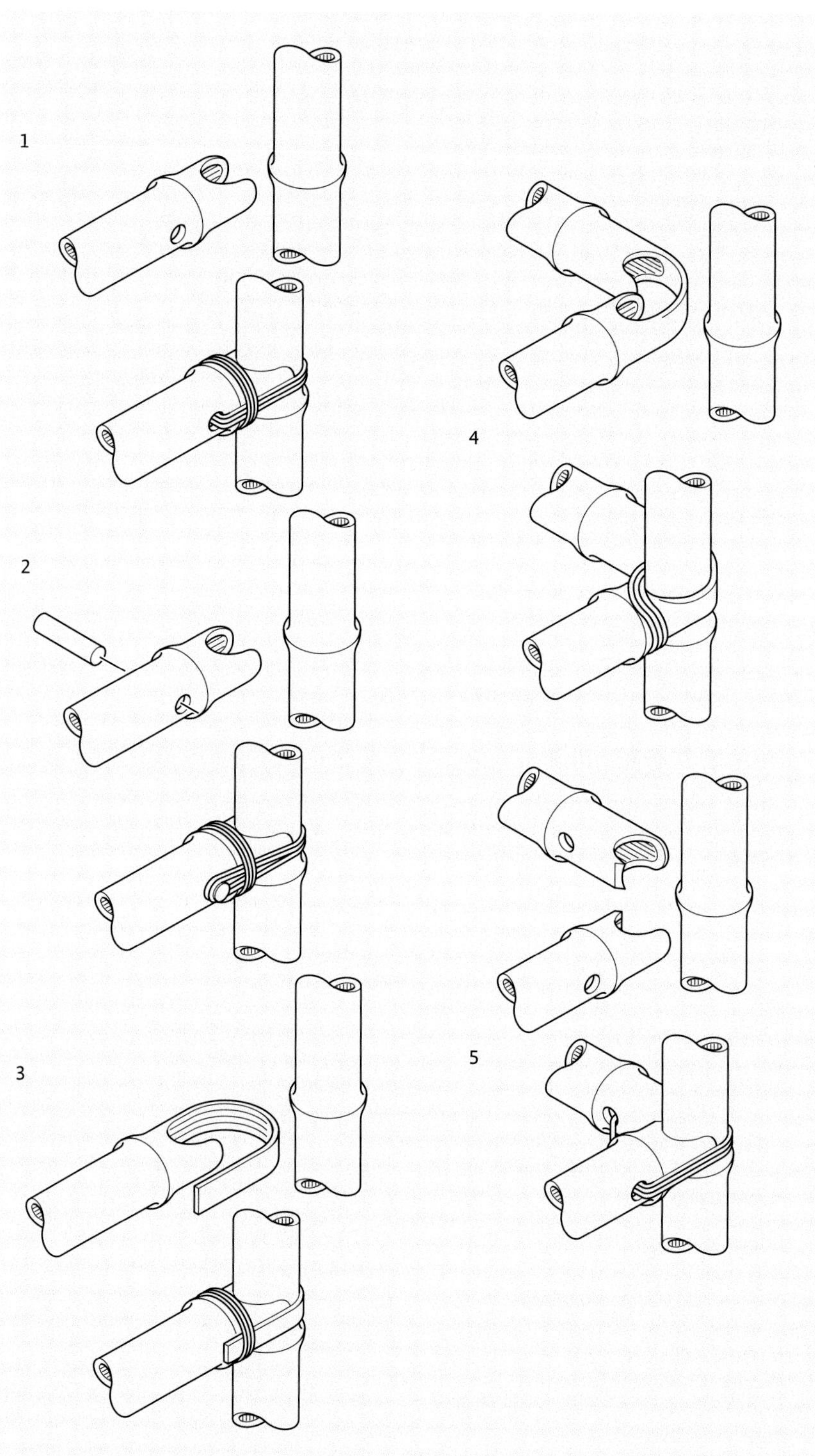

T-Verbindungen mit Bindetechnik, Dübel oder Lasche und Eckverbindungen mit Bindetechnik.

Senkrechte Belastung des Querholmes nur in Richtung des Nodiums des Längsholmes.

Kombinationstechniken

Mit Kombinationen aus Steckverbindungen und Bindetechniken werden komplexe Konstruktionen ermöglicht, bei denen sich die Trennung von Formschluss (Steckverbindungen) und Kraftschluss (Bindetechnik) vorteilhaft einsetzen lässt.
Beispiel: Verbindung durch Überlappung und umgreifende Schnürung mit Hohlkehlen am durchgehenden Querholm zwischen dessen Nodi. Der Abstand der Nodi des Querholmes muss entsprechend dem Umfang des Längsholmes ausgesucht werden. Belastung des Querholmes nur in Richtung des Nodiums des Längsholmes.
Beispiel: Verbindung durch Schnürung. Hohlkehlen der Querholme am Nodium. Verbindungsschnürung durch Bohrung hinter dem Nodium der Querholme. Senkrechte Belastung der Querholme nur in Richtung des Nodiums des Längsholmes.

Rahmenverbindungen

1 T-Verbindung durch Bindetechnik. Längsbindung dient der Fixierung, die Querumbindung verhindert das Aufspalten. Bindung durch Bohrungen wegen scharfer Kanten bei Lastwechselbeanspruchung ungünstig. Die Verbindung findet stets im Nodiumbereich statt. Senkrechte Schubkräfte werden vom Nodium der Längsstange aufgenommen.
2 T-Verbindung durch Bindetechnik und Dübel. Längsbindung dient der Fixierung. Die Querumbindung verhindert das Aufspalten. Krafteinleitung der Längsbindung über Dübel günstiger wegen größerem Binderadius, wodurch Bindungsverschleiß geringer ist. Die Verbindung findet stets im Nodiumbereich statt. Senkrechte Schubkräfte werden vom Nodium der Längsstange aufgenommen.
3 T-Verbindung durch Lasche und Bindetechnik. Durch die Fixierung mittels Lasche erübrigt sich die Längsbindung. Es ist nur eine Querbindung erforderlich. Keine Spaltkräfte, die Biegung der Lasche erfordert Vorbehandlung durch Hitze oder Dampf. Keine Bohrungen nötig. Handwerklich und materialgerecht die beste Lösung. Die Verbindung findet stets im Nodiumbereich statt. Die senkrechten Schubkräfte werden vom Nodium der Längsstange aufgenommen.
4 Eckverbindung mit Lasche und Bindetechnik. Durch die Fixierung mittels Lasche erübrigt sich die Längsbindung. Es ist nur eine Querbindung erforderlich. Keine Spaltkräfte. Die Biegung der Lasche erfordert eventuell Vorbehandlung durch Hitze oder Dampf. Keine Bohrungen nötig. Handwerklich und materialgerecht die beste Lösung. Die Verbindung findet stets im Nodiumbereich statt. Die senkrechten Schubkräfte werden vom Nodium der Längsstange aufgenommen.
5 Eckverbindung durch Bindetechnik. Bindung durch Bohrungen wegen scharfer Kanten bei Lastwechselbeanspruchung ungünstig. Die Verbindung findet stets im Nodiumbereich statt. Die senkrechten Schubkräfte werden vom Nodium der Längsstange aufgenommen.

SICHERHEIT

Für Bambus gelten dieselben Regeln wie für die Holzbearbeitung, was den Werkzeug- und Maschineneinsatz betrifft. Bambus selbst verhält sich unkritisch. Allerdings sollte beachtet werden, dass durch Bearbeitung und Spaltung entstandene Kanten messerscharf sein können und deshalb potenziell verletzungskritisch sind.
Trocknungsrisse bei Bambus müssen beachtet werden. Bei der Verwendung von frischem („grünem“) Bambus im Innenbereich kann es bei hoher Lufttrockenheit zu einer zu schnellen und ungleichmäßigen Trocknung des Bambus kommen. Dies resultiert dann in spontanen Längsrissen, die mit hoher Energie und erheblichem Knallgeräusch erfolgen.

Steckverbindung an einem *Hishaku-Take* (japanischer Schöpflöffel).

Kunststoffe ergänzen in zunehmendem Maße die konventionellen Werkstoffe Holz und Metall. Gründe dafür sind die fast unbegrenzten Möglichkeiten der plastischen Verformung und Bearbeitung, die Gleichmäßigkeit des Materials und die Möglichkeit, Kunststoffe „nach Maß“ herstellen zu können. Man unterscheidet in: Thermoplaste, Duroplaste, Elastomere.

Kunststoffe

Kunststoffgruppen

Thermoplaste

Thermoplaste verlieren oberhalb ihrer spezifischen Temperatur ihre Formbeständigkeit durch Erweichen. Sie sind dadurch verformbar. Beim Abkühlen verfestigen sich Thermoplaste wieder. Handelsformen: Folien, Platten, Tafeln, Profile und Fertigprodukte.

Duroplaste

Duroplaste haben bis in den Bereich der Herstelltemperatur Formstabilität. Die mechanischen Eigenschaften sind weniger temperaturabhängig als die der Thermoplaste. Sie sind spröder als Thermoplaste, je nach Anwendung enthalten sie verstärkende Füllstoffe.
Handelsformen: Folien, Platten, Tafeln, Profile und Fertigprodukte. Duroplaste werden auch an Ort und Stelle durch Zusammenfügen der Bestandteile (Gieß- und Laminierharze) der Arbeitsaufgabe entsprechend hergestellt.

Elastomere

Elastomere verfügen über eine gummiartige Elastizität.
Handelsformen: Folien, Platten, Tafeln, Profile und Fertigprodukte (Dichtungen, Konstruktionsteile). Elastomere werden auch an Ort und Stelle (z. B. Dichtungen, Dichtkleber) hergestellt. Die Polymerisation erfolgt dabei durch Luftfeuchtigkeit oder durch Zugabe einer weiteren Komponente.

Eigenschaften wichtiger Kunststoffe

Die Eigenschaften von Kunststoffen sind so vielfältig, dass eine detaillierte Auflistung in diesem Rahmen nicht möglich ist. Im Folgenden werden deshalb lediglich die Eigenschaften einiger ausgewählter Kunststoffe beschrieben. Zur exakten Information sind im Internet die technischen Datenblätter der Kunststoffhersteller aufrufbar.

ABS: Acrylnitril-Butadien-Styrol

- → Einsatztemperaturbereich ca. −40 bis +100 °C
- → hohe Schlag-, Kerbschlag- und Kratzfestigkeit
- → geringe elektrostatische Aufladung
- → relativ geringe Wasseraufnahme
- → geringe Spannungsrissbildung
- → kann geklebt werden
- → brennbar
- → nicht beständig gegen Lösungsmittel, Benzol und konzentrierte Mineralsäuren

POM: Polyacetal

- → große Typenvielfalt mit unterschiedlichen Eigenschaften
- → Einsatztemperaturbereich ca. −40 bis +100 °C
- → hohe Härte, Festigkeit, Steifigkeit, Zähigkeit und Wechselbiegefestigkeit
- → gutes Gleit- und Abriebverhalten
- → Elastizität auch bei tiefen Temperaturen
- → gute chemische Beständigkeit
- → empfindlich gegen konzentrierte Säuren und verschiedene Ölprodukte
- → Verklebungen haben keine hohe Haltbarkeit

PA: Polyamid

- → große Typenvielfalt mit unterschiedlichen Eigenschaften
- → Einsatztemperaturbereich ca. −40 bis +80 °C
- → hohe Festigkeit, Zähigkeit und Abrieb- und Verschleißfestigkeit
- → gute Beständigkeit gegenüber Chemikalien
- → alterungsbeständig
- → fast keine elektrostatische Aufladung
- → gute Spannungsrissfestigkeit
- → brennt tropfend
- → nicht beständig gegen starke mineralische Säuren und Laugen
- → nimmt etwas Wasser auf
- → erhitztes PA ist nicht lebensmittelsicher
- → Verklebungen nicht sehr haltbar

PC: Polycarbonat (Carbonatglas)

- → Einsatztemperaturbereich ca. −80 bis +130 °C
- → transparent
- → hohe Steifigkeit und sehr hohe Schlagzähigkeit auch bei tiefen Temperaturen
- → schwer entflammbar und selbstverlöschend
- → sehr geringe Wasseraufnahme
- → zäh und witterungsbeständig
- → nicht beständig gegen Alkohole, Laugen, Ammoniak und Ozoneinwirkung
- → in Mineralölen beständig bis ca. 60 °C
- → lädt sich elektrostatisch auf
- → neigt zu Spannungsrissen

PMMA: Polymethylmethacrylat (Acrylglas)

- Einsatztemperaturbereich ca. −40 bis +80 °C
- transparent (glasklar)
- hart, steif und mäßig schlagzäh, kratzfest
- gute Licht- und Alterungsbeständigkeit
- kann gut geklebt werden
- leicht entflammbar, brennt
- Spannungsrissbildung
- nicht beständig gegenüber einigen Lösungsmitteln, z. B. Nitro, Benzol, Verdünner, und konzentrierten Säuren

PP: Polypropylen

- Einsatztemperaturbereich ca. 0 bis +100 °C
- leicht, hohe Steifigkeit und federnd
- gute chemische Beständigkeit
- bruchunempfindlich, hart
- kann gut geschweißt werden
- brennt tropfend
- Versprödung bei Kälte
- quillt in Benzin und Benzol
- oxidiert bei hohen Temperaturen
- Witterungsbeständigkeit schlecht
- lädt sich elektrostatisch auf
- Klebeverbindungen halten schlecht

PVC: Polyvinylchlorid

- große Typenvielfalt mit unterschiedlichen Eigenschaften
- Einsatztemperaturbereich ca. −5 bis +60 °C
- gute chemische Beständigkeit
- gute Festigkeit und universelle Verarbeitbarkeit
- preiswerter Massenkunststoff
- schwer entflammbar
- Versprödung bei tiefen Temperaturen
- nicht alle PVC-Typen sind lebensmittelecht
- geringe Kriechstromfestigkeit
- Festigkeit temperaturabhängig
- starke toxische und korrosive Wirkung der Zersetzungsprodukte im Brandfalle

Reaktionsharze

Die gebräuchlichsten Reaktionsharztypen sind:

- Polyesterharze
- Vinylesterharze
- Epoxidharze
- Acrylharze

Sie haben unterschiedliche Eigenschaften, sowohl in ihrem Festigkeitsverhalten als auch in der Verarbeitung. Die Auswahl muss deshalb entsprechend dem Verwendungszweck getroffen und bei der Verarbeitung berücksichtigt werden.

Polyesterharze

Handelsbezeichnung UP-Harze. UP bedeutet ungesättigtes Polyesterharz.
Polyesterharze sind in Styrol gelöst, was ihnen ihren typischen Geruch verleiht. Kalthärtende Polyesterharze härten bei Raumtemperatur durch Zugabe eines Härters (Katalysators) und eines Beschleunigers aus, der bei bestimmten Polyesterharzen bereits dem Harz beigemischt ist (vorbeschleunigte Harze).
Warmhärtende Polyesterharze bestehen aus Harz und Härter. Der Aushärtvorgang erzeugt Wärme. Entsteht zu viel Wärme, z. B. durch zu große Härtezugabe, wird das Polyesterharz irreversibel zerstört, es können sogar Brände verursacht werden. Der Volumenschwund beim Aushärten kann bis ca. 8 % betragen.

Vinylesterharze

Handelsbezeichnung VE-Harze. Im Gegensatz zu UP-Harzen besteht eine höhere Warmfestigkeit und eine bessere Chemikalienbeständigkeit. Wegen des guten Haftvermögens können VE-Harze auch als Klebstoffe eingesetzt werden. Das Mischungsverhältnis Harz – Härter muss exakt eingehalten werden. Der Volumenschwund bei Aushärten kann bis ca. 4 % betragen.
VE-Harze sind gegenüber UP-Harzen um ein Mehrfaches teurer.

Epoxidharze

Epoxidharze (EP-Harze) sind im Gegensatz zu UP-Harzen etwas schwieriger zu verarbeiten und sind teurer, erreichen aber bessere mechanische Eigenschaften. Sie werden deshalb für hoch belastete Bauteile (Flugzeugbau) verwendet und eignen sich hervorragend auch für Beschichtungsmaterial und Klebstoffe.
Epoxidharze härten je nach Typ kalt oder warm aus. Der Aushärtvorgang kann bei allen Epoxidharztypen durch die Verarbeitungstemperatur beeinflusst werden, höhere Temperaturen ergeben kürzere Aushärtzeiten. Die Aushärtzeiten sind länger als bei Polyesterharzen. Üblicherweise betragen sie bei kalthärtenden Harzen zwischen 12 und 24 Stunden (Klebstoffe auf Epoxidbasis ca. 10 Minuten bis 24 Stunden), wobei die Endfestig-

keit erst nach mehreren Tagen eintritt. Das Mischungsverhältnis von Harz und Härter muss gemäß den Herstellerangaben exakt eingehalten werden.

Acrylharze

Acrylharze bestehen aus je einer flüssigen und einer pulverförmigen Komponente. Sie werden als Laminier- und Gießharze verwendet.
Die Aushärtung erfolgt ohne nennenswerte Wärmeentwicklung, der Schwund ist äußerst gering, Acrylharz eignet sich deshalb auch für komplexe Gießformen. Acrylharze können so eingestellt werden, dass sie frei von aggressiven Bestandteilen und Lösungsmitteln sind. Die Topfzeiten, d.h., wie lange das Harz nach dem Anmischen verwendet werden kann, betragen je nach Einstellung ca. 10 bis 15 Minuten, Die Aushärtezeiten betragen zwischen 60 und 90 Minuten.
Acrylharze werden häufig mit Füllstoffen vergossen. Mineralische Füllstoffe machen Gussteile aus Acrylharz extrem druckfest, sie werden für Maschinenbette und Fundamente verwendet. Mit dekorativen keramischen Füllstoffen bekommen Acrylharze ein sehr dekoratives Aussehen („Kunstmarmor"), weshalb sie häufig für Küchen- und Badmöbel verwendet werden. Eine bekannte Handelsmarke ist Corian®.

Laminatwerkstoffe

Laminatwerkstoffe sind im Gegensatz zu herkömmlichen Materialien wie Metall oder Holz ein Verbund aus Fasern, die in eine sie umgebende Matrix (Kunstharze oder Thermoplaste) eingebettet sind. Während die Faser die Verstärkungskomponente in dem entstehenden Werkstoff übernimmt, dient die Matrix dazu, die Fasern räumlich zu fixieren, die Kräfte gleichmäßig auf die Fasern zu übertragen, die Fasern vor Druckbeanspruchung und Umgebungsmedien zu schützen. Dass die endgültigen Eigenschaften erst nach der Herstellung vorliegen, ist ein wesentlicher Unterschied gegenüber Konstruktionen aus Metall oder Holz.
Laminatwerkstoffe werden in vielfacher Weise im Modellbau verwendet. Sie ermöglichen komplexe Formen mit geringem Gewicht bei hoher Festigkeit. Für die optimale Anwendung ist es wichtig, neben den Eigenschaften der Reaktionsharze auch die Eigenschaften der Faserwerkstoffe zu kennen. Die wichtigsten Faserwerkstoffe sind:

→ Glas
→ Kohle
→ Aramid

Glas

Glas ist kostengünstig und deshalb der am meisten verwendete Verstärkungswerkstoff. Glas ist Namensgeber für GFK (**g**las**f**aserverstärkter **K**unststoff). Die typische Zugfestigkeit liegt bei ca. 1000–1800 N/mm², die Bruchdehnung bei ca. 2–3 %.

Kohle (Carbon)

Mit Kohlefasern verstärkt (CFK, **c**arbon**f**aserverstärkter **K**unststoff) sind erheblich höhere Steifigkeiten der Bauteile möglich als mit Glasfasern. Die Herstellung ist teurer. Die Dehnfähigkeit der Kohlefaser ist geringer, ihre Sprödigkeit muss bei der Verarbeitung berücksichtigt werden. Kohlefasern leiten die Elektrizität. Die typische Zugfestigkeit liegt bei ca. 2400–7000 N/mm², die Bruchdehnung bei ca. 0,5–2,3 %.

Aramid

Synthese**f**aserverstärkter **K**unststoff (SFK) werden Laminatwerkstoffe mit Aramidfasern genannt.
Aramidfasern bestehen aus Polyamiden. Sie sind unter dem Markennamen Kevlar bekannt. Aramidfasern sind leicht und elastisch, neigen aber unter Lichteinfluss zur Alterung. Die Laminate müssen deshalb lichtschützend eingefärbt werden. Ihre Verarbeitung ist aufwendig. Wegen ihrem geringen Gewicht werden sie bei leichten Konstruktionen eingesetzt. Die typische Zugfestigkeit liegt bei ca. 2500–3500 N/mm², die Bruchdehnung bei ca. 2–4 %.

Mischfasern

Anwendungsspezifisch können verschiedene Faserwerkstoffe gemischt zur Anwendung kommen. Hierdurch lassen sich „maßgeschneiderte" Eigenschaften des fertigen Laminats erreichen.

Laminatwerkstoffe

Laminatwerkstoff	Harztyp	Verstärkung
Hartpapier	Phenolharz	Papier
Hartgewebe	Phenolharz	Leinengewebe
GFK	Polyester, Epoxid	Glasfasern
CFK	Polyester, Epoxid	Kohlefasern
SFK	Polyester, Epoxid	Aramidfasern

Faser- und Gewebetypen für Laminate

Typ	Eigenschaften	Anwendung
Rovings	Stränge mit parallelen Fasern	Längsorientierte Bauteile und rotationssymmetrische Wickelkörper. Höchste Festigket in Faserrichtung
Fasermatten	Vlies von Fasern ungleichmäßiger Länge und Lageorientierung	Gering belastete Bauteile. Hoher Harzbedarf zur vollständigen Einbettung nötig
Gewebe mit Leinwandbindung	Gleichmäßige Verkreuzung von Kett- und Schussfasern. Dadurch schlechte Verformbarkeit	In einer Richtung geformte Bauteile, ebene Platten
Gewebe mit Köperbindung	Um einen Strang versetzte Verkreuzung von Kett- und Schussfasern. Dadurch bessere Verformbarkeit	Für sphärische Bauteile geeignet. Ebene Platten verziehen sich, wenn Gewebelagen nicht um 90° versetzt verlegt werden
Gewebe mit Atlasbindung	Um drei Stränge versetzte Verkreuzung von Kett- und Schussfasern. Sehr gute Verformbarkeit	Für sehr komplex geformte Bauteile geeignet
Gewebe, unidirektional	Fasern nur in Längsrichtung vernäht	Für Bauteile, die nur in Faserrichtung belastet werden
Gewebe, biaxial	Zwei um 45° versetzte, vernähte Rovinggewebe. Sehr hohe Verformbarkeit	Für sehr komplex geformte und hochbelastete Bauteile geeignet
Gewebe, schlauchförmig	Leinwandgewebe als Endlosschlauch gewebt. Duchmesser kann durch Strecken verkleinert oder durch Stauchung vergrößert werden	Für rotationssymmetrische Bauteile hoher Festigkeit

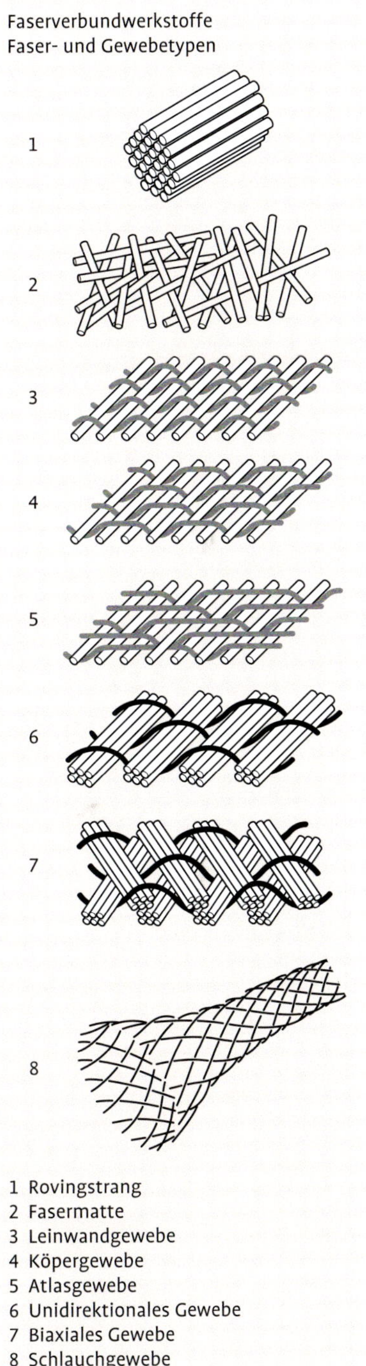

Faserwerkstoffe für Laminate.

Verbundwerkstoffe

Zur Herstellung tragender Bauteile werden neben Laminatwerkstoffen auch Verbundwerkstoffe eingesetzt. Sie können aus einem Mix aus Kunststoffen, Fasern, Metall oder Holzwerkstoffen bestehen. Verbundwerkstoffe sind als Plattenmaterial im Handel erhältlich oder werden aus ihren Einzelkomponenten an Ort und Stelle gefertigt.
Verbundwerkstoffe werden auch als Sandwichmaterial bezeichnet. Sie bestehen meist aus GFK-Deckschichten mit einer dazwischenliegenden Stützschicht aus Kunststoffschäumen, Wabenstrukturen oder leichten Hölzern. Eine Sonderform sind Alu-Verbundplatten. Bei diesen befindet sich zwischen zwei dünnen Decklagen aus Alublech ein Kunststoffkern aus Polyurethan.
Verbundwerkstoffe vereinigen geringes Gewicht mit hoher Festigkeit. Sie sind somit ideale Werkstoffe für den Flugmodellbau.

Verbundwerkstoffe

Verbundmaterial	Kern	Deckfläche
Schaumkern-Verbundplatte	PU-Schaum	GFK
Wabenvlies-Verbundplatte	Polyester-Vlies mit Glasballons	GFK
Waben-Verbundplatte (Honeycomb)	Aramidfasern, Phenolharz	GFK
Balsa-Verbundplatte	Balsa-Stirnholz	GFK
Kunststoff-Metall-Verbund	Polyurethan	Aluminium

Was steckt dahinter?

Die chemischen Bezeichnungen von Kunststoffen sind teilweise recht komplex. Im Handel werden neben den Handelsnamen deshalb auch die Kurzbezeichnungen verwendet. Sie geben Auskunft über die Typgruppe. Bei Fertigteilen aus Kunststoff findet man diese Kurzbezeichnungen auch auf den Gegenständen aufgeprägt, um das spätere Recycling zu erleichtern. Die wichtigsten Kurzbezeichnungen sind in der Tabelle dargestellt.

Verbundwerkstoffe: Aluminium-Wabenplatte, Aluminium-Polyurethan-Verbundplatte.

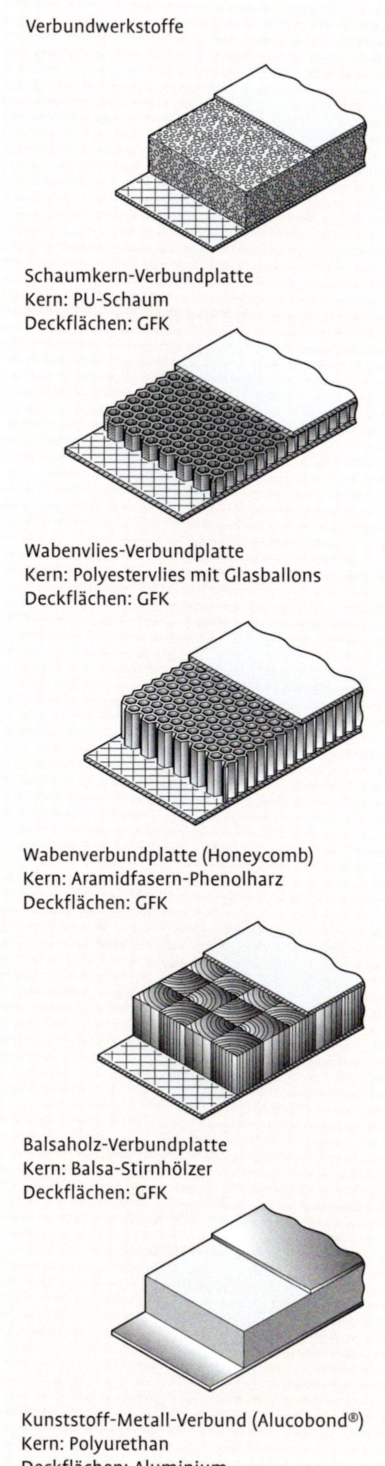

Verbundwerkstoffe.

Kurzbezeichnung von Kunststoffen

Typcode	Chemische Bezeichnung
ABS	Acrylnitril-Butadien-Styrol
CA	Celluloseacetat
CAB	Celluloseacetopropionat
CF	Cresolformaldehyd
CN	Cellolosenitrat
CR	Polychlorbutadien
EC	Ethylcellulose
EP	Epoxidharz
EPS	Polystyrolschaum
MF	Melaminformaldehydharz
NR	Naturkautschuk
PA	Polyamid
PC	Polycarbonat
PE	Polyethylen
PF	Phenolformaldehydharz
PIR	Polisocyanuratschaum
PMMA	Polymethylacrylat
PP	Polypropylen
PS	Polystyrol
PTFE	Polytetrafluorethylen
PUR	Polyurethan
PVAC	Polyvinylchlorid
PVC	Polyvinylchlorid
PVDC	Polyvinylidenchlorid
SAN	Styrol-Acrcrylnitril
SB	Styrol-Butatien
SI	Silikonelastomer
UF	Harnstofformaldehyd
UP, GFK	Ungesättigter Polyester

Man unterscheidet Metalle in die beiden Hauptgruppen Eisenmetalle und Nichteisenmetalle (NE-Metalle). Innerhalb der NE-Metalle gibt es die Untergruppen Leichtmetalle, Schwermetalle und Edelmetalle.

Metallwerkstoffe

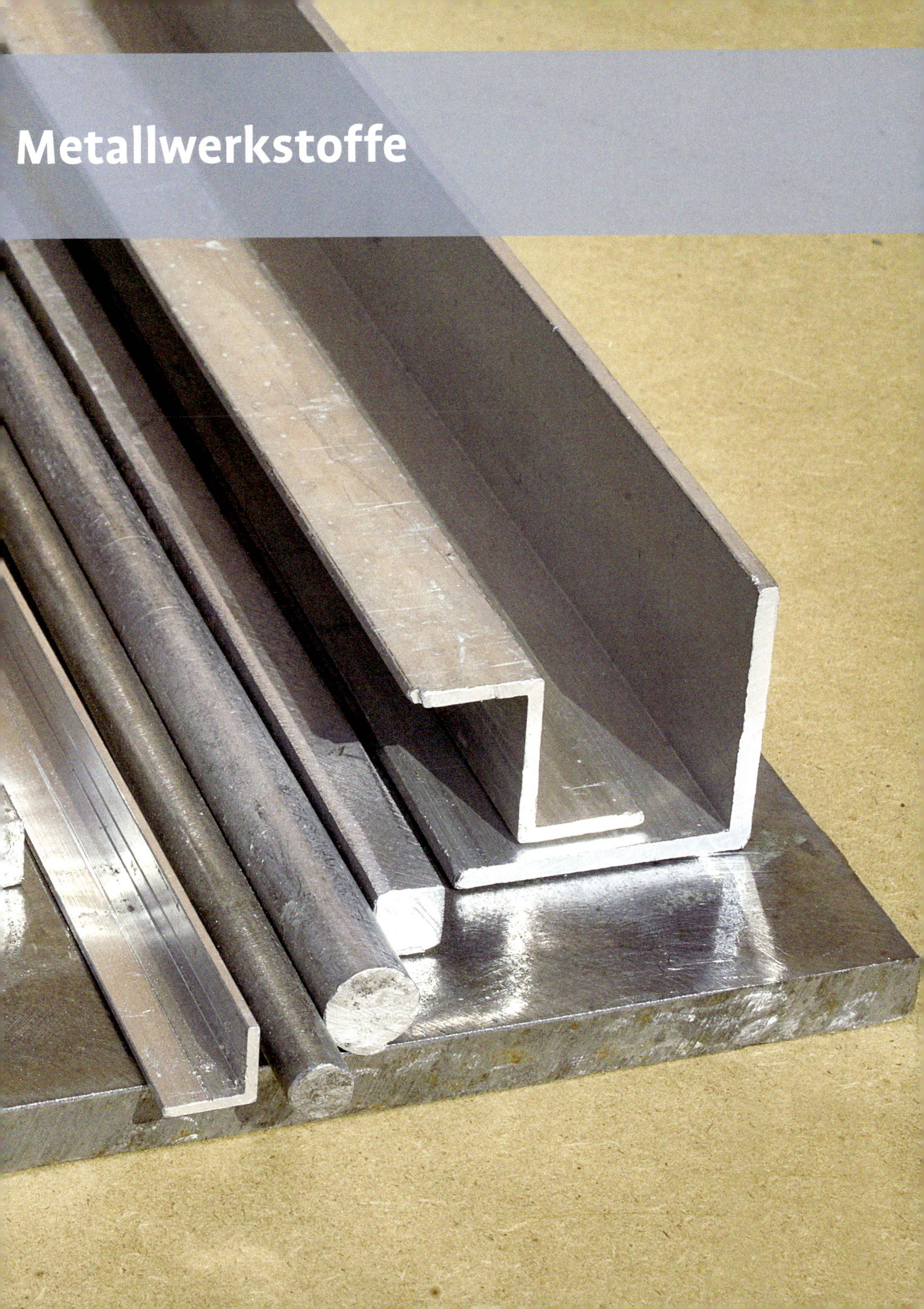

Eisenmetalle

Eisenmetalle bestehen entweder ganz oder zu einem hohen Legierungsanteil aus Eisen und sie stellen in der veredelten Form, dem Stahl, den am häufigsten verwendeten Konstruktionswerkstoff dar. Stahl wird unterschieden in:

- → unlegierte Stähle
- → niedriglegierte Stähle
- → hochlegierte Stähle

Unlegierte Stähle stellen den höchsten Marktanteil dar. Handelsformen: Baustähle, Profile, Bleche.
Für die Anwendung im Heimwerkerbereich wird dieser Stahl in Form von Blechen und Profilen am häufigsten verwendet. Er kann mit den üblichen Werkzeugen problemlos bearbeitet werden.

Niedriglegierte Stähle enthalten neben Eisen und Kohlenstoff bis zu 5 % Legierungsbestandteile. Hierdurch werden die Eigenschaften gegenüber unlegierten Stählen verbessert.
Handelsformen: hochfeste Baustähle, Werkzeugstähle.
Niedriglegierte Stähle werden bei niedrig belasteten Einsatzwerkzeugen, beispielsweise für Handwerkzeuge zur Holzbearbeitung, verwendet. Der Heimwerker kann sich aus diesen Stählen spezielle Schnitzwerkzeuge anfertigen.

Hochlegierte Stähle haben 5–30 % Legierungsanteile. Neben Hochleistungs-Werkzeugstählen zählen auch Edelstähle zu dieser Gruppe.
Handelsformen: hochlegierte Werkzeugstähle, korrosionsbeständige Stähle („Edelstähle").
Hochlegierte Werkzeugstähle werden bei Einsatzwerkzeugen für Maschinenwerkzeuge bei der Holz-, Kunststoff- und Metallbearbeitung eingesetzt.

Nichteisenmetalle (NE-Metalle)

Die Familie der NE-Metalle (Nichteisenmetalle) beinhaltet alle Metalle, deren hauptsächliche Legierungsbestandteile nicht der Gruppe der Eisenmetalle angehören. Sie werden in die Hauptgruppen

- → Leichtmetalle
- → Schwermetalle
- → Edelmetalle

eingeteilt.

Leichtmetalle sind Metalle oder Legierungen, deren spezifisches Gewicht bis ca. 5 g/cm³ beträgt. Zu den Leichtmetallen zählen

- → Aluminium
- → Magnesium
- → Titan

und ihre Legierungen.

Als Schwermetalle bezeichnet man Metalle, die das Gewicht von Eisenmetallen oder höher haben. Hierzu zählen

- → Kupfer
- → Zinn
- → Zink
- → Blei

und ihre Legierungen.

Die Edelmetalle werden wegen ihrer besonderen Eigenschaften für technische Zwecke oder wegen ihrer Seltenheit und dem dekorativen Erscheinungsbild zur Herstellung von Schmuckgegenständen verwendet.
Die bekanntesten Edelmetalle sind:

- → Silber
- → Gold

Beide Edelmetalle können hervorragend bearbeitet werden.

Leichtmetalle

Aluminiumlegierungen

Aluminium zeichnet sich durch das geringe spezifische Gewicht von 2,7 g/cm³ aus und wiegt damit nur etwa ein Drittel von Stahl, wobei bestimmte Legierungen die Festigkeit von Baustählen erreichen. Aluminium schützt sich durch eine Oxidhaut, die eine gute Korrosionsfestigkeit gegen Witterungseinflüsse ergibt. Die gebräuchlichen Legierungen haben folgende Eigenschaften:

Aluminium-Magnesium-Legierungen (AlMg)

AlMg-Legierungen haben Festigkeiten von 180–270 N/mm² und sind gut bearbeitbar. Ab einem Magnesiumgehalt von 3 % haben sie eine hohe Korrosionsfestigkeit und sind als einzige Aluminiumlegierung für den ungeschützten Einsatz in Meerwasser geeignet.

Aluminium-Kupfer-Magnesium-Legierungen (AlCuMg)

AlCuMg-Legierungen haben Festigkeiten im Bereich von 300–450 N/mm², sind aber korrosionsempfindlicher.

Aluminium-Zink-Magnesium-Kupfer-Legierungen (AlZnMgCu)
AlZnMgCu-Legierungen erreichen die höchsten Festigkeitswerte mit bis ca. 650 N/mm², sind aber stärker korrosionsgefährdet als andere Aluminiumlegierungen.

Bearbeitung von Aluminium

Beim Bohren und Sägen kann die doppelte Drehzahl/Hubzahl im Vergleich zu Stahl angewendet werden. Für die Bearbeitung von Leichtmetallen muss man separate Werkzeuge verwenden. Jeder Kontakt mit fremden Metallpartikeln (z. B. Bearbeitungsrückstände, Schleifstaub) speziell von Eisenmetallen und Kupferlegierungen ist zu vermeiden, weil hierdurch Korrosion an, auf oder im Aluminium verursacht wird. Dies ist speziell bei der Oberflächenbearbeitung zu beachten.
Grundsätzlich müssen z. B. Bürsten, mit denen Aluminium bearbeitet wird, aus Edelstahl bestehen. Werkzeuge (Feilen, Schleifmittel), mit denen Stahl oder Buntmetalle bearbeitet wurden, können nicht mehr für Aluminium verwendet werden.

Magnesiumlegierungen

Magnesium hat von allen Konstruktionsmetallen mit 1,74 g/cm³ das niedrigste spezifische Gewicht. Es wiegt damit knapp zwei Drittel von Aluminium. Bei einer durchschnittlichen Festigkeit von ca. 100–200 N/mm² erreichen Konstruktionsteile aus Magnesiumlegierungen ein sehr günstiges Gewichts-Festigkeits-Verhältnis.

SICHERHEIT

Magnesiumspäne und besonders Magnesiumstaub sind sehr leicht entzündlich und brennen mit extrem hoher Temperatur. Brände können nicht mit Wasser, allenfalls mit Sand gelöscht werden!

Titan

Titan ist ein Leichtmetall, das aus Hochtechnologiebereichen wie der Luft- und Raumfahrt bekannt ist.
In zunehmendem Maße wird es im anspruchsvollen Flugmodellbau eingesetzt und auch für Kunstgegenstände und Schmuck kann es verwendet werden.
Die Eigenschaften sind wahrhaft titanisch: Je nach Legierung ist die Zugfestigkeit von ca. 300–900 N/mm² mit vergüteten Stählen vergleichbar, und das bei einer Dichte von 4,50 g/cm³. Dazu hat es eine Schmelztemperatur von 1660 °C und ist extrem korrosionsbeständig.
Für die spanende Bearbeitung gelten im Wesentlichen dieselben Regeln wie für die Bearbeitung von Edelstählen.

Schwermetalle

Zu den wichtigsten Schwermetallen zählen die Kupferlegierungen, die wegen ihrer Farbe populär auch als „Buntmetalle" bezeichnet. Die bekanntesten sind:
→ Kupfer
→ Messing
→ Bronzen

Modeschmuck aus Titan, emailliert.

Wegen ihres hohen spezifischen Gewichtes zählen sie zu den Schwermetallen. Die Legierungsanteile
→ Zink
→ Zinn
→ Blei
finden auch als eigenständige Metalle Verwendung.

Reinkupfer

Reines Kupfer wird wegen seiner guten elektrischen und thermischen Leitfähigkeit vor allem in der Elektrotechnik eingesetzt. Dank seiner guten Korrosionsbeständigkeit findet es auch im Außenbereich, beispielsweise für Bedachungen und Regenrinnen, und Rohrleitungen Verwendung. Im Heimwerbereich eignet es sich hervorragend zur Herstellung von Kunstgegenständen.
Kupfer ist relativ weich. Bei der spanlosen Bearbeitung wie Hämmern, Schmieden und Treiben wird es hart. Die Härte kann durch Glühen und Abschrecken in Wasser wieder verringert werden. Bei der spanenden Bearbeitung entstehen lange Späne.

Messing (Kupfer-Zink-Legierungen)

Kupfer-Zink-Legierungen werden als Messing bezeichnet. Die Farbe von Messing kann je nach Zinkanteil von Rotgelb bis Gelb variieren. Hohe Zinkanteile machen das Messing härter, besser gießbar und besser spanend bearbeitbar. Wegen seiner gelben Farbe und seiner gegenüber Kupfer höheren Festigkeit ist es ein vom Heimwerker gern verwendetes Material für Modellmaschinen, Zahnräder und für dekorative Gegenstände.
Messing bildet bei der spanenden Bearbeitung kleine, kurze Späne, die beispielsweise beim Bohren in alle Richtungen wegspritzen.

Bronze (Kupfer-Zinn-Legierungen)

Kupferlegierungen mit einem Kupfergehalt von mindestens 60 % und Legierungsbestandteilen aus anderen Metallen, wobei der Hauptlegierungsanteil nicht Zink ist, werden als Bronzen bezeichnet. Die Farben reichen von Gelbbraun über Rotbraun bis Braun. Bronze ist sehr korrosionsbeständig, sehr gut gießfähig und in warmem Zustand gut verformbar. Im Heimwerkerbereich kann Bronze genauso wie Messing verwendet werden.

Zink

Die Farbe von Zink ist Grau-Weiß. Es überzieht sich durch die Feuchtigkeit und den Kohlendioxidgehalt der Luft mit einer Deckschicht, die es gegen Korrosion schützt. Es ist somit als Zinkblech sehr gut für Behälter und Außenverkleidungen geeignet.

Zinn

Die Farbe von Zinn ist Grau-Weiß. Wegen seiner guten Korrosionsbeständigkeit kann es zur Beschichtung, beispielsweise von Stahl („Weißblech"), verwendet werden. Zinn ist aufgrund seines niedrigen Schmelzpunktes von ca. 230 °C der dominierende Werkstoff für Weichlote.

Blei

Die Farbe von Blei ist Grau-Weiß. Wegen seines hohen spezifischen Gewichtes von 11,3 g/cm³ wird reines Blei oft als Ballastwerkstoff im Modellbau verwendet.
Blei kann mit anderen Stoffen giftige Verbindungen eingehen. Insbesondere die beim Schmelzen entstehenden Dämpfe sind gesundheitsgefährdend.

Edelmetalle

Für den kreativen Heimwerker spielen Edelmetalle eine besondere Rolle, denn sie sind leicht bearbeitbar und lassen sich zu wertvollen Schmuckstücken verarbeiten.

Silber

Silber ist das preisgünstigste Edelmetall. Seine Verwendungsmöglichkeiten sind vielfältig: Aus Silberdraht und -blech lässt sich Modeschmuck herstellen, die Bearbeitung dünner Bleche ist mit Hand- und Maschinenwerkzeugen problemlos möglich. Wegen der guten elektrischen Leitfähigkeit kann es hervorragend als Kontaktwerkstoff im hochwertigen Elektronik- und Modellbau verwendet werden.
Bearbeitungsreste lassen sich wegen des Schmelzpunktes von ca. 960 °C mit dem Gasbrenner einschmelzen, anschließend kann das erkaltete Schmelzgut zu weiterverwendbaren Platten gehämmert werden.
Silber wird entsprechend seiner Reinheit unter folgenden Bezeichnungen geführt:

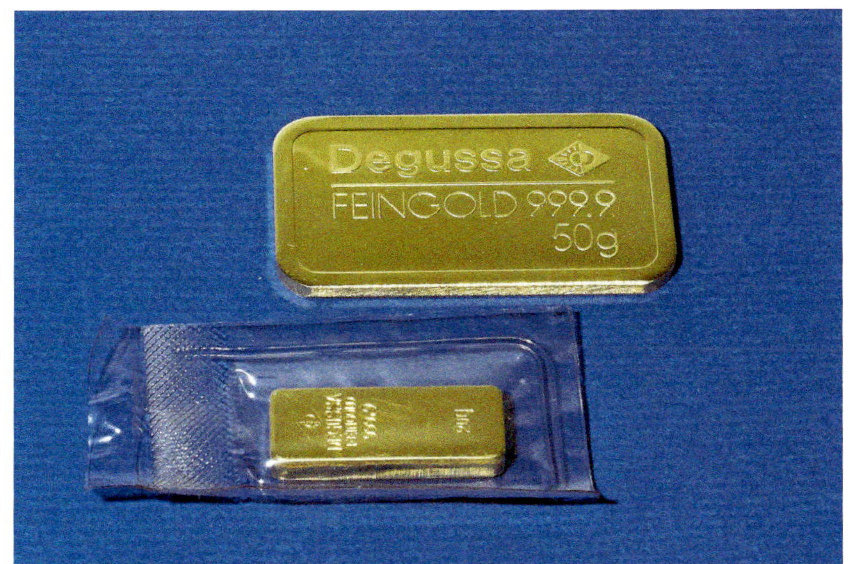

Sicherheit beim Goldkauf – Feingold einer Gold- und Silber-Scheideanstalt.

- → 1000 – Reinsilber
- → 925 – Sterlingsilber
- → 800 – deutsches Standardsilber

Der Kauf sollte aus seriösen industriellen Quellen erfolgen.

Gold

Gold als teuerstes Edelmetall wird wohl seltener den Weg in die Heimwerkstatt finden, ist aber prinzipiell ein leicht bearbeitbarer Werkstoff, aus dem sich, wie bekannt, Schmuckstücke hoher Wertigkeit herstellen lassen. Für die Bearbeitung gilt dasselbe wie für Silber, das Einschmelzen von Bearbeitungsresten ist bei Temperaturen von ca. 1060 °C möglich. Die Reste können aber auch zur Verrechnung an Gold- und Silberscheideanstalten zurückgegeben werden. Reines Gold ist sehr weich, weshalb für strapazierfähige Schmuckstücke meist mit Kupfer oder Platin legiertes Gold verwendet wird. Die Reinheit von Gold und seinen Legierungen wird mit dem Feingehalt, d.h. dem jeweiligen Anteil an reinem Gold, angegeben:

- → 999 – 24 Karat, Feingold 999
- → 750 – 18 Karat, Gold 750
- → 585 – 14 Karat, Gold 585
- → 333 – 8 Karat, Gold 333

Wegen des hohen Preises sollte Gold nur von zuverlässigen Quellen, beispielsweise von industriellen Gold- und Silberscheideanstalten, bezogen werden. Diese bieten Gold auch als Halbzeug wie Draht oder Flachprofil an. Gold in Barrenform ist auch am Bankschalter erhältlich, die Umformung muss man dann selbst vornehmen. Eine gute Alternative ist auch die Verwendung alter Schmuckstücke. Durch spanlose Bearbeitung hart gewordenes Gold kann, wie auch Silber, durch Glühen und anschließendes Abschrecken in Wasser wieder weich gemacht werden.

Metallverbindungstechnik

Neben den bereits erwähnten Metallverbindungstechniken durch Weich- und Hartlöten werden Metallbauteile hauptsächlich durch Schraubtechniken verbunden. Schraubverbindungen sind bewährt, in der Praxis meist einfach zu realisieren und können deshalb auch vom Heimwerker hergestellt werden. Grundlage aller Schraubverbindungen sind Gewinde. Man unterscheidet in:

- → Innengewinde
- → Außengewinde

Innengewinde

Innengewinde werden mit Gewindebohrern hergestellt. In eine vorher erfolgte Bohrung, dem sogenannten Kernloch, wird das Gewinde mit einem Gewindebohrer durch Rechtsdrehung (bei Rechtsgewinden) eingeschnitten. Nach Beendigung des Schneidvorganges wird der Gewindebohrer durch Linksdrehung aus dem Bohrloch entfernt. Diese Technik eignet sich sowohl für Durchgangsgewinde als auch für Gewinde in Sack-

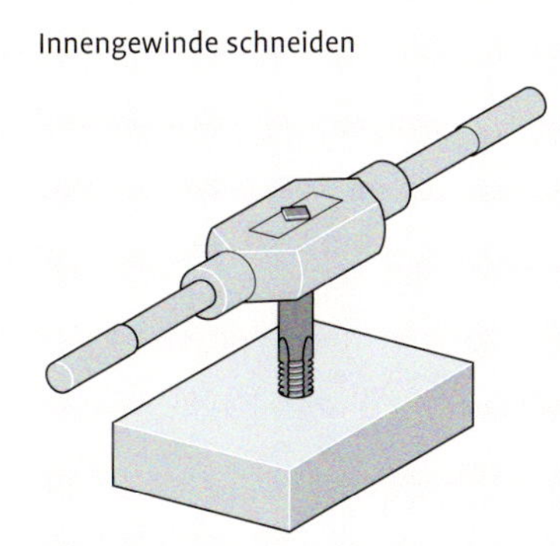

Gewindeschneiden mit dem Windeisen.

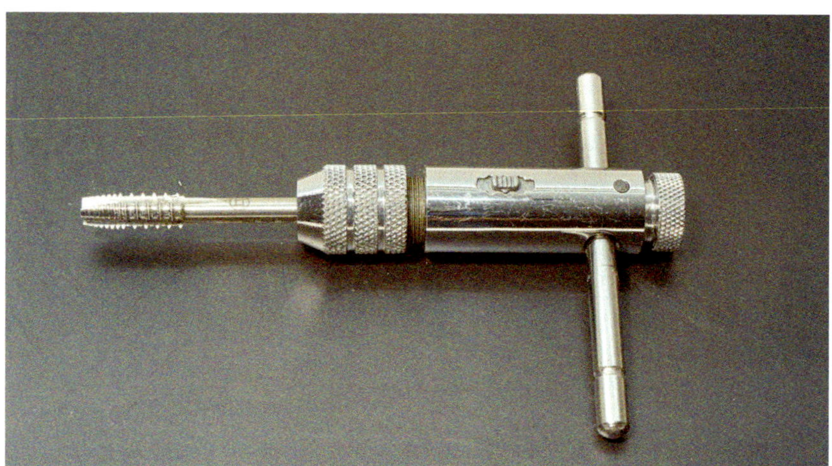

Eine handliche Alternative – Windeisen mit Spannzange und Ratsche.

löchern. Das Kernloch ist dabei im Durchmesser stets kleiner als der Gewindedurchmesser. So wird beispielsweise ein M6-Innengewinde in ein Kernloch mit dem Durchmesser 5 mm geschnitten. Der Wert des jeweiligen Kernlochdurchmessers wird aus einer Tabelle ermittelt.
Eine alternative Technik zur Herstellung von Innengewinden ist das Gewindeformen. Beim Gewindeformen wird das Gewindeprofil durch spanlose Verformung des Werkstoffes hergestellt. Die Anwendung ist nur in weichen Metallen wie Kupferlegierungen und Leichtmetalllegierungen sowie dünnen Blechen aus weichem Baustahl möglich.
Die maximale Materialstärke darf den 1,5fachen Gewindedurchmesser nicht überschreiten. Der Durchmesser des Kernloches ist dabei der Mittelwert zwischen Gewinde-Kerndurchmesser und dem Gewinde-Außendurchmesser.

Gewindebohrer

Entsprechend dem Einsatzzweck unterscheiden sich Gewindebohrer hauptsächlich in der Form der Nuten und dem Zahnbesatz.
Die Spannuten sind je nach Typ gerade (längs der Bohrerachse), linksgängig oder rechtsgängig angeordnet. Entsprechend der Arbeitsaufgabe und dem Werkstoff wird der Typ gewählt:

- → Gewindebohrer mit geraden Spannuten eignen sich für universelle Anwendung
- → Gewindebohrer mit Linksspiralnuten fördern die Späne nach vorne in Richtung zur Bohrerspitze. Sie eignen sich deshalb für Durchgangslöcher
- → Gewindebohrer mit Rechtsspiralnuten fördern die Späne nach hinten in Richtung Bohrerschaft. Sie werden deshalb für Sacklöcher verwendet.

Im Normalfall haben Gewindebohrer einen gleichmäßigen, der Steigung entsprechenden Besatz an Zähnen. Bei weichen, schmierenden Werkstoffen wie Aluminium- und Kupferle-

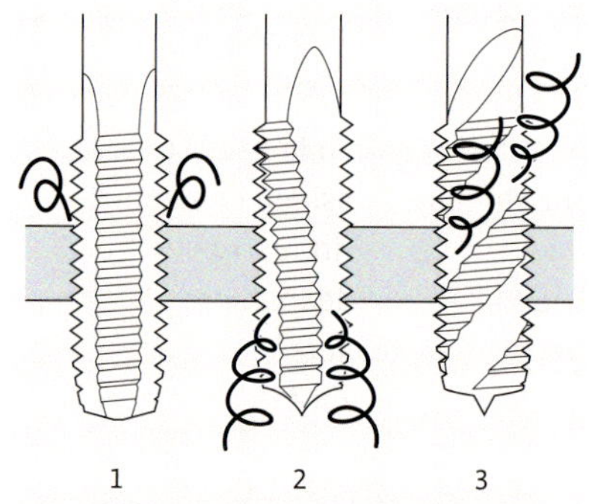

Verschiedene Spannuten bei Gewindebohrern.

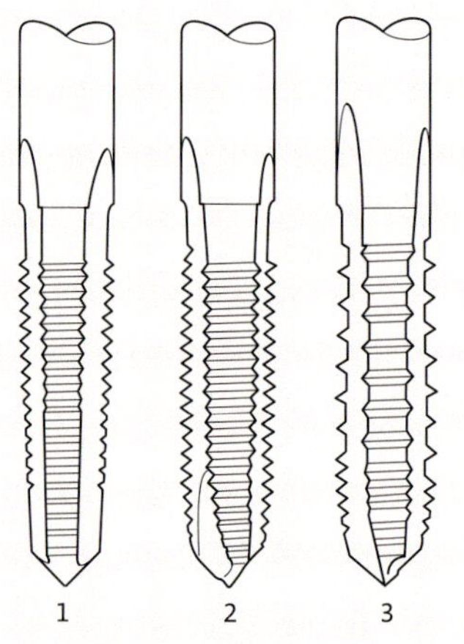

Verschiedene Formen von Gewindebohrer.

gierungen ist es günstiger, Gewindebohrer mit „ausgesetzten" Zähnen zu benützen. Hierdurch wird die Oberflächengüte des Gewindes erheblich verbessert.

Praxis Innengewinde

Gewinde müssen senkrecht zur Werkstückoberfläche positioniert werden. Es müssen daher vor Beginn der Kernlochbohrung Maßnahmen getroffen werden, die eine winkeltreue Bohrung garantieren. Bei Verwendung der Bohrmaschine im Bohrständer wird mit geringstem Aufwand eine gute Winkeltreue gewährleistet.
Im Freihandbetrieb lässt sich keine winkeltreue und präzise Bohrung herstellen.
Idealerweise sollte das Kernloch maßhaltig sein und eine glatte Wandung aufweisen. Es empfiehlt sich, hier zunächst mit einem kleineren Bohrerdurchmesser vorzubohren und anschließend in einem zweiten Arbeitsgang mit dem passenden Bohrerdurchmesser aufzubohren.
Auch hier gilt, dass nur ein einwandfreier, scharfer Bohrer die erforderliche Qualität liefert.
Um ein einwandfreies Ansetzen und Eindrehen des Gewindebohrers zu ermöglichen, darf das Kernloch keinen Grat aufweisen. Nach dem Bohren des Kernloches muss dieses also vor dem Ansetzen des Gewindebohrers angesenkt werden.
Bei der Bearbeitung bestimmter Werkstoffe wie Stahl, Edelstahl, Leichtmetalle und Kupferlegierungen lohnt es sich, die entsprechenden speziellen Gewindebohrertypen zu verwenden. Die Vorteile im Einsatz überwiegen die geringfügig höheren Investitionskosten bei Weitem.

Schmierung

Durch Reibung können, speziell bei Edelstahl und Leichtmetallen, Ausrisse an den Gewindegängen entstehen. Hierdurch kann das Gewinde später schwergängig werden und zum „Festfressen" der Schraubverbindung führen. Dieser unerwünschte Effekt lässt sich verhindern, wenn beim Schneiden des Gewindes geschmiert wird. Spezielle Schneidfette sind im Werkzeughandel erhältlich. Für gelegentliche Arbeiten im Hobbybereich hat es sich bewährt, mit einem Kriechöl (z. B. WD-40®) zu schmieren. Etwas weniger gut, dafür aber sauber, ist die Verwendung von Bienenwachs oder Seife auf dem Gewindebohrer und im Bohrloch.

Spanabfuhr

Der Spanabfuhr beim Gewindeschneiden muss besondere Sorgfalt gewidmet werden, speziell bei tiefen Gewinden und vor allem bei Sacklochgewinden. Werden die Späne nicht abgeführt, kann der Gewindebohrer blockieren und brechen.
In jedem Fall können die Späne in bereits geschnittene Gewindegänge gelangen und diese beim weiteren Eindrehen des Gewindebohrers beschädigen. Bei tiefen Gewinden und bei Sacklöchern sollten deshalb unbedingt Gewindebohrer mit gewendelten Spannuten verwendet werden. Je nach Wendelsteigung sind sie für das Schneiden von Durchgangsgewinden oder Sacklochgewinden vorgesehen.
Bei Gewindebohrern mit geraden Spannuten müssen durch wiederholtes Ein- und Ausdrehen die Spannuten und das Gewinde von den Spänen gereinigt werden.

Mit Gefühl arbeiten

Gewindebohrer sind glashart. Jedes Verkanten oder Verbiegen führt unweigerlich zum Bruch. Geht der Gewindebohrer beim Eindrehen schwergängig, sind daran meist die beim Schneiden entstehenden Späne schuld. Dann darf nicht mit Gewalt weitergedreht werden. Mit leichten Vorwärts-rückwärts-Drehungen bricht man die Späne und macht damit den Bohrer wieder freigängig. Bei tiefen Gewinden und Sacklöchern bewährt es sich, den Bohrer von Zeit zu Zeit auszudrehen und ihn sowie das Bohrloch von Spänen zu säubern.

Innengewinde in Edelstählen

Edelstähle liegen mit ihrem Festigkeitswert etwa doppelt so hoch wie normaler Baustahl und haben eine wesentlich höhere Zähigkeit. Hierdurch wird das manuelle Gewindeschneiden erheblich erschwert. Insbesondere bei Gewinden unterhalb von M10 ist die Bruchgefahr des Gewindebohrers erheblich, wenn zu viel Kraft ausgeübt wird. Entsprechend vorsichtig und gefühlvoll muss das Gewinde geschnitten werden. Es müssen unbedingt und ausreichend Schmiermittel wie Schneidöle oder Schneidfette verwendet werden. Es hat sich bewährt, den Gewindebohrer öfter ausdrehen und zu reinigen.

Innengewinde in Aluminiumlegierungen

Aluminiumlegierungen sind weicher als Baustähle, Gewinde sind aber durch die Schmierwirkung des Aluminiums schwieriger zu schneiden. Speziell bei kleinen Gewindedurchmessern und bei Feingewinden verbleiben oft Spanreste in den Nuten des Gewindebohrers, die in die

Gewindenormen metrisch und Zoll (Inch)

Metrisches ISO-Gewinde DIN 13			Withworth-Regelgewinde BS 84			
Gewinde Kennung	Steigung	Kernloch DIN 336	Gewinde Kennung	Gänge	Außen-Durchmesser	Kernloch-Durchmesser
M	mm	mm	W	je Inch	mm	mm
1,0	0,25	0,75	1/16“	60	1,16	1,15
1,1	0,25	0,85	3/32“	48	2,40	1,80
1,2	0,25	0,95	1/8“	40	3,20	2,60
1,4	0,30	1,10	5/32“	32	4,00	3,10
1,6	0,35	1,25	3/16“	24	4,79	3,60
1,8	0,35	1,45	7/32“	24	5,59	4,40
2,0	0,40	1,60	1/4“	20	6,39	5,10
2,2	0,45	1,75	5/16“	18	7,98	6,50
2,5	0,45	2,05	3/8“	16	9,57	7,90
3,0	0,50	2,50	7/16“	14	11,17	9,30
3,5	0,60	2,90	1/2“	12	12,75	10,50
4,0	0,70	3,30	9/16“	12	14,34	12,00
4,5	0,75	3,70	5/8“	11	15,93	13,50
5,0	0,80	4,20	3/4“	10	19,10	16,50
6,0	1,00	5,00	7/8“	9	22,28	19,25
7,0	1,00	6,00	1“	8	25,47	22,00
8,0	1,25	6,80	1 1/8“	7	28,64	24,75
9,0	1,25	7,80	1 1/4“	7	31,28	27,75
10,0	1,50	8,50	1 3/8“	6	35,01	30,20
11,0	1,50	9,50	1 1/2“	6	38,18	33,50
12,0	1,75	10,20	1 5/8“	5	41,36	35,50
14,0	2,00	12,00	1 3/4“	5	44,53	38,50
16,0	2,00	14,00	1 7/8“	4,5	47,72	41,50
18,0	2,5	15,5	2“	4,5	50,89	44,50
20,0	2,5	17,5	2 1/4“	4	57,24	50,00
22,0	2,5	19,5	2 1/2“	4	63,59	56,60
24,0	3,0	21,0	2 3/4“	3,5	69,94	62,00
27,0	3,0	24,0	3“	3,5	76,29	68,00
30,0	3,5	26,5	3 1/4“	3,25	82,55	72,55

bereits geschnittenen Gewindegänge gedrückt werden und diese Gänge deformieren. Aus diesen Gründen ist auf ausreichende Schmierung zu achten, bei tiefen Gewinden oder Sacklöchern sollte man den Gewindebohrer öfter ausdrehen und die Späne aus dem Bohrloch entfernen.

Maschinengewindebohrer oder Handgewindebohrer?
Maschinengewindebohrer schneiden das komplette Gewinde mit einem einzigen Gewindebohrer in einem einzigen Durchgang. Das spart Zeit. Trotz ihrer Bezeichnung können Maschinengewindebohrer auch manuell verwendet werden.
Handgewindebohrer bestehen aus einem Satz von drei Gewindebohrern, dem Vorschneider, dem Mittelschneider und dem Fertigschneider. Sie werden in dieser Reihenfolge verwendet. Weil jeder dieser Gewindebohrer nur einen Teil der Schneidarbeit übernimmt, ist der Kraftaufwand wesentlich geringer. Auch die Gefahr eines Bohrerbruchs verringert sich, besonders wenn es um Gewinde in zähharte Edelstähle geht.
Bei weniger harten Werkstoffen empfiehlt sich die Verwendung von Handgewindebohrern bei Gewindedurchmessern, die größer als M10 sind, weil der Kraftaufwand dann wesentlich geringer ist.

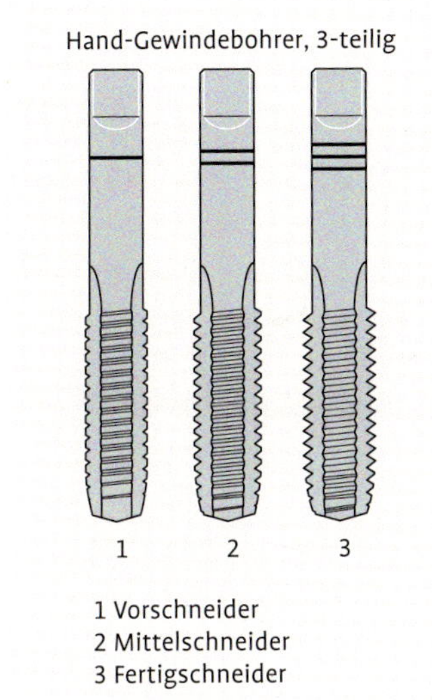

Handgewindebohrer, dreiteilig.

TIPP

Zur Ermittlung des Kernlochdurchmessers diente lange die Faustformel „Gewindedurchmesser mal 0,8“ Diese Formel stammt aus der Zeit der Handgewindebohrer und gilt nur für diese!

Für Maschinengewindebohrer gilt stets der Wert aus der Tabelle, d. h. „Gewindedurchmesser minus Gewindesteigung“!
Beispiele für ein Normgewinde M6, dessen Steigung 1 mm beträgt:
Faustformel für Handgewindebohrer: 6 mm × 0,8 = 4,8 mm
Tabelle für Maschinengewindebohrer: 6 mm – 1 mm = 5 mm
Während das mit der Faustformel ermittelte Sackloch für die dreiteiligen Handgewindebohrer o.k. ist, wäre es für den Maschinengewindebohrer um 0,2 mm zu eng, was bei kleinen Gewindegrößen zum Bruch des Gewindebohrers führt und bei größeren Gewinden zu sehr hohen Eindrehmomenten und einem unsauberen Gewinde.
Fazit: Bei Maschinengewindebohrern stets den Tabellenwert verwenden!

Außengewinde

Außengewinde benötigt man, um Schrauben und Gewindebolzen herzustellen. Dazu dienen Schneideisen.

Schneideisen in runder Standardform für Schneideisenhalter, spezielle Schneideisen in Sechskantform können mit einem Ringschlüssel gedreht werden.

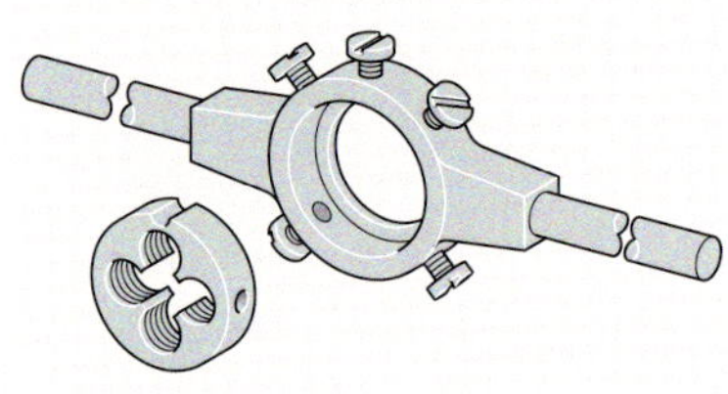

Schneideisenhalter.

Der Bolzen, auf den das Gewinde geschnitten wird, hat stets denselben Durchmesser wie das Gewinde. So wird beispielsweise ein M6-Gewinde stets auf einen Bolzen mit dem Durchmesser 6 mm geschnitten. Für Außengewinde gilt die Formel: Bolzendurchmesser gleich Gewindedurchmesser.
Beschädigte Außengewinde können mit dem Schneideisen wieder gangbar gemacht werden, wenn sich die Beschädigungen in Grenzen halten. Auch Gewinde, die durch Farbauftrag oder Leimreste nicht mehr zu verwenden sind, können mit einem Schneideisen gereinigt werden.

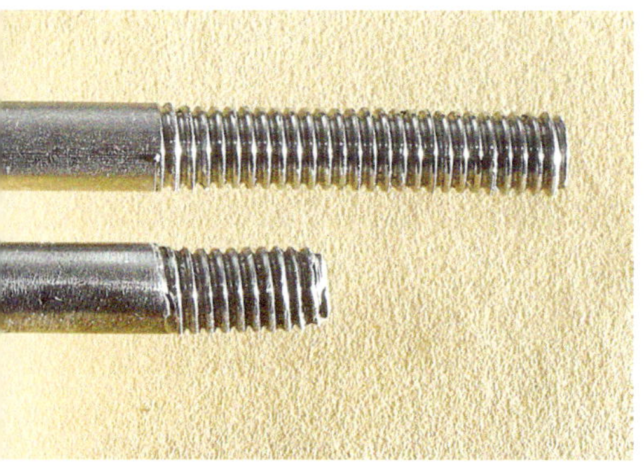

Schräg (unten) und gerade geschnittenes Gewinde.

Praxis Außengewinde

Ein typischer Fehler beim manuellen Schneiden von Außengewinden ist das schräge Ansetzen des Schneideisens. Daran ändert auch eine Fase am Bolzen wenig. Eine sichere Maßnahme gegen schräge Gewinde ist die Verwendung von Führungshülsen. Sie werden zusammen mit dem Schneideisen in den Halter eingesetzt und sorgen für eine rechtwinklige Führung beim Aufsetzen auf den Bolzen.
Je nach Verwendungszweck kann es erforderlich sein, dass das Außengewinde ein leichtes Über- oder Untermaß hat. Wenn die Mutter sehr schwergängig aufschraubbar sein soll, ist es sinnvoll, das Gewinde etwas flacher zu schneiden. Soll die Mutter dagegen sehr leicht laufen, ist ein tiefer eingeschnittenes Gewinde günstiger, weil sich dadurch auch der Außendurchmesser etwas verringert.
Schneideisen bieten eine Möglichkeit, die Toleranz des Gewindes in kleinen Grenzen einzustellen. Die Toleranz beim Schneiden von Außengewinden wird dadurch geändert, indem man das Schneideisen an seiner gekerbten Stelle mit einer sehr dünnen Trennscheibe vorsichtig und ohne viel Wärmeentwicklung auftrennt. Beim Spannen des Schneideisens im Halter kann man nun das Schneideisen (im Hundertstelmillimeter-Bereich) etwas zusammendrücken (Toleranzeinstellung A) oder etwas aufweiten (Toleranzeinstellung B).
Wie auch bei den Innengewinden muss beim Schneiden von Außengewinden geschmiert werden!

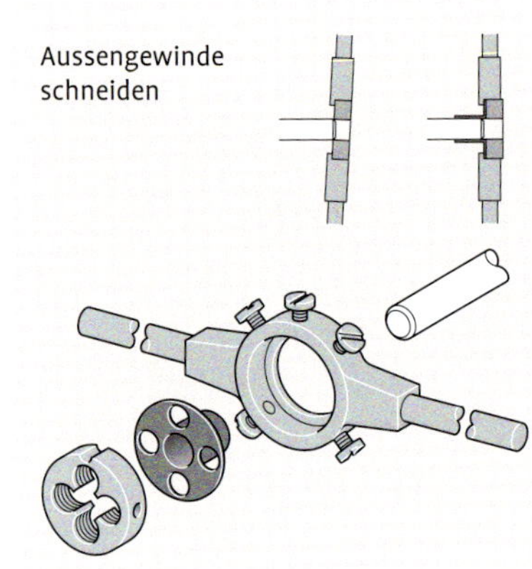

Mit der Führungshülse werden Gewinde gerade.

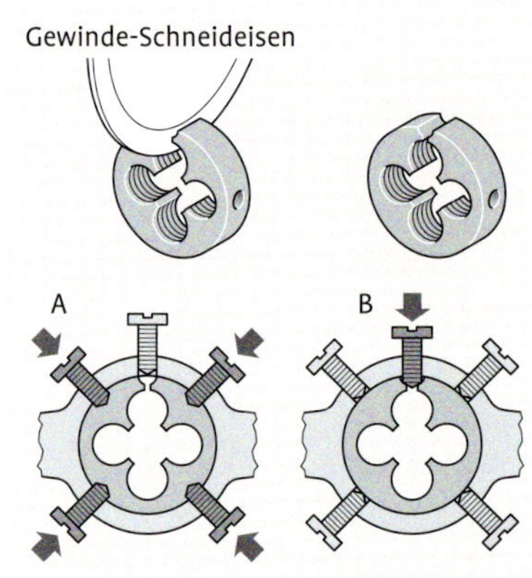

Toleranzeinstellung für Außengewinde.

Außengewinde auf Edelstahlbolzen

Edelstähle haben eine etwa zweimal höhere Festigkeit und Zähigkeit als Baustahl, wodurch das Gewindeschneiden sehr mühsam ist. Es hat sich bewährt, zunächst mit etwas größer eingestellter Toleranz vorzuschneiden und dann in einem zweiten Arbeitsgang mit exakt eingestellter Toleranz fertig zu schneiden. So geht es leichter und die Gewindequalität ist besser.

Biegen im Schraubstock

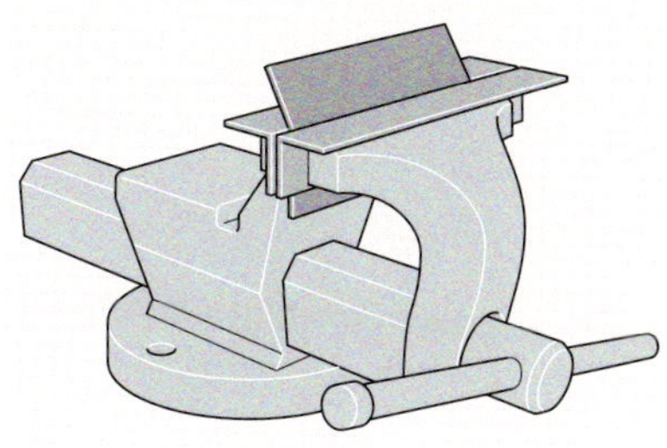

Biegen im Schraubstock.

Biegetechnik

Durch die spanlose Verformung von Metallen lassen sich auf einfache Weise Bauteile wie Winkel, Gehäuseteile oder Falze anfertigen. Im handwerklichen Bereich verwendet man vorwiegend einfache Verformungsmethoden auf dem Prinzip des Schwenkbiegens.

Im einfachsten Fall und bei kleinen Werkstückabmessungen kann das Schwenkbiegen auch im Schraubstock erfolgen, wobei der Biegevorgang meist durch Hämmern erfolgt. Die Biegegenauigkeit bei diesem Verfahren hängt von der Erfahrung ab. Da die Schraubstockbacken geriffelt sind, müssen Beilagen oder Schutzbacken verwendet werden. Für Bleche breiter als die Schraubstockbacken legt man in die Schraubstockbacken stabile Stahlprofile ein.

Falzen

Durch Falzen lassen sich Blechteile miteinander verbinden. Durch das Falzen tritt eine Versteifung der Kanten ein, die Blechteile werden dadurch stabiler. Gleichzeitig wird die Kante abgerundet, wodurch sich die Verletzungsgefahr verringert. Typische Anwendung bei der Herstellung von Blechbehältern.

Falz- und Biegepraxis

Biegeradius

Beim Biegen muss ein Mindestradius eingehalten werden. Unterschreitet man diesen Mindestradius, wird das Blech an der Biegestelle Risse bekommen oder brechen. Der Mindestbiegeradius ist abhängig vom Blechwerkstoff und der Blechdicke.

Für den Mindestbiegeradius haben sich folgende Richtwerte in der Praxis bewährt:

Biegen von Blechen (90)

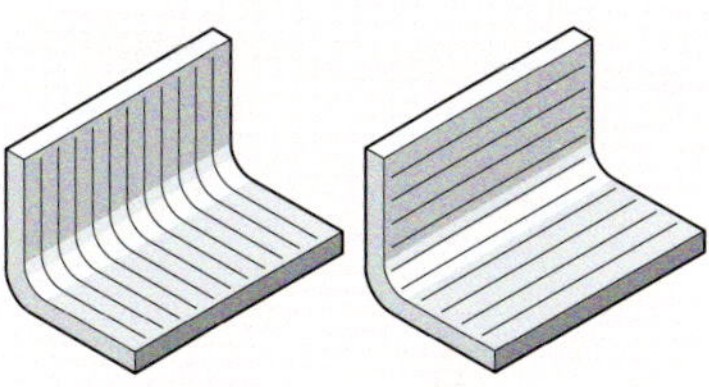

Biegen quer zur Walzrichtung | Biegen parallel zur Walzrichtung

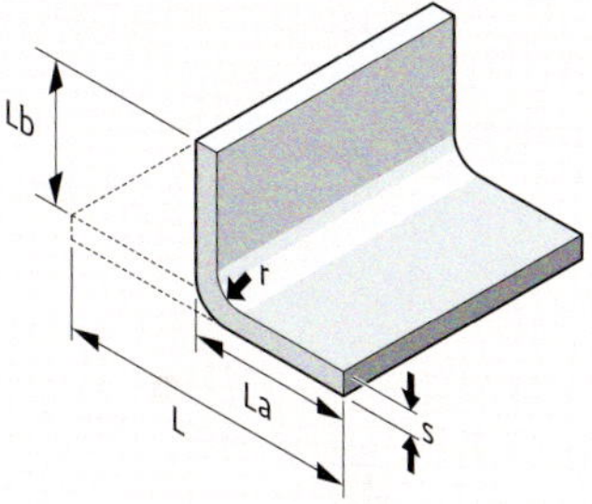

L = Gesamtlänge (Zuschnittlänge)
La, Lb = Schenkellängen
s = Materialstärke
r = Biegeradius (aus Tabelle)
v = Ausgleichswert (abhängig vom Biegeradius, aus Tabelle)
n = Anzahl der Biegestellen

Ermittlung der Zuschnittlänge:
L = La + Lb - (n x v)

Beispiel:
90-Winkel aus AlMg3, kleinster Biegeradius
La = 40 mm
Lb = 30 mm
s = 3 mm
r = 6 mm (aus Tabelle)
n = 1
V = 6,7 (aus Tabelle)
gesucht: Zuschnittlänge L

L = 40 mm + 30 mm – (1 x 6,7)
L = 70mm – 6,7
L = 63,3 mm

Biegepraxis.

Falzen 90°-Verbindung

a
b
c
d

Falzen 180°-Verbindung

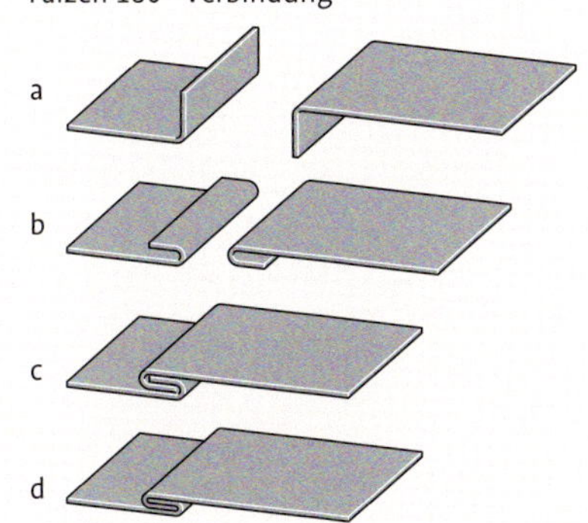

Falzen von Blechen.

Biegen von Blechen

Zur Berechnung der Zuschnittslänge beim Abkanten und Biegen von Blechen muss ein Ausgleichsfaktor berücksichtigt werden. Der Ausgleichsfaktor gilt für eine Biegestelle. Weist das Werkstück mehrere Biegestellen auf, dann ist der Ausgleichswert mit der Anzahl der Biegestellen zu multiplizieren. Der Ausgleichswert gilt für Biegewinkel von 90° und ist vom Biegeradius und der Blechstärke abhängig.

	Ausgleichswert v für eine Biegestelle bei einer Materialstärke s (in mm)										
Biegeradius r (mm)	**0,8**	**1**	**1,5**	**2**	**2,5**	**3**	**4**	**5**	**6**	**8**	**10**
1	1,7	1,9	–	–	–	–	–	–	–	–	–
1,6	1,8	2,1	2,9	–	–	–	–	–	–	–	–
2,5	2,2	2,4	3,2	4	4,8	–	–	–	–	–	–
4	2,8	3	3,7	4,5	5,2	6	–	–	–	–	–
6	3,4	3,8	4,5	5,2	5,9	6,7	8,3	9,9	–	–	–
10	–	5,5	6,1	6,7	7,4	8,1	9,6	11,2	12,7	–	–
16	–	8,1	8,7	9,3	9,9	0,5	11,9	13,3	14,8	17,8	21
20	–	9,8	10,4	11	11,6	12,2	13,4	14,9	16,3	19,3	22,3
40	–	18,4	19	19,6	20,2	20,8	22	23,2	24,5	26,9	29,7
50	–	22,7	23,3	23,9	24,5	25,1	26,3	27,5	28,8	31,2	33,6

→ Stahl ca. 1- bis 3-mal Blechdicke
→ Kupfer ca. 0,8- bis 1,5-mal Blechdicke
→ Messing ca. 1- bis 2-mal Blechdicke
→ Aluminium ca. 0,9- bis 3-mal Blechdicke je nach Legierung

Der höhere Wert gilt für harte Bleche, der niedrige Wert für weiche Bleche. Beim Biegen von Aluminium darf die Biegelinie nicht mit einer Reißnadel angerissen werden, weil dies zur Biegerissen führen kann. Man verwendet besser Bleistifte oder Filzstifte.

Walzrichtung

Bleche werden bei der Herstellung gewalzt. Durch das Walzen richtet sich das Gefüge im Blech aus. Dies muss beim Biegen berücksichtigt werden.
Beim Biegen parallel zur Walzrichtung ist die Riss- bzw. Bruchgefahr größer, weshalb unter Umständen größere Biegeradien gewählt werden müssen.
Beim Biegen quer zur Walzrichtung ist die Bruchgefahr deutlich geringer, es können kleinere Biegeradien gewählt werden.
Die Walzrichtung ist bei Blechen erkennbar, wenn man aus geringer Distanz die Blechoberfläche schräg zum Licht betrachtet.

Zuschnitt und Ausgleichsfaktor

Beim Biegen entsteht durch die Verformung eine Längenänderung des Werkstückes. Beim Zuschnitt von Blechen (übrigens auch bei Drähten, Rund- und Flachprofilen), die gebogen werden, ist deshalb ein Ausgleichsfaktor zu berücksichtigen, damit die späteren Abmessungen des Werkstücks den Vorgaben entsprechen. Dieser Ausgleichsfaktor ist abhängig von Biegeradius und Blechstärke.

Der Ausgleichswert gilt jeweils nur für eine einzige Biegestelle. Hat das Werkstück mehrere Biegestellen, dann ist der Ausgleichswert mit der Anzahl der Biegestellen zu multiplizieren. Der Ausgleichswert wird aus der Tabelle entnommen und gilt für Biegewinkel von 90°.

Nieten

Durch Nieten können unterschiedliche Werkstoffe miteinander verbunden werden.
Ist das Werkstück nur von einer Seite zugänglich, wird das Blindnietverfahren angewendet. Dabei verwendet man hauptsächlich
→ Hohlnieten
→ Bechernieten
mit Drahtstiften. Der Drahtstift wird mit der Nietzange durch den Niet gezogen und bricht nach dem Setzen des Niets an seiner Sollbruch-

stelle ab. Eine Variante der Blindniete ist die
→ Nietmutter

Hohlniet
Beim Einziehen reißt der Setzkopf des Stiftes ab und verbleibt wie ein Stopfen im Niet. Durch die offenen Enden können Luft und Wasser eindringen, sodass bei Aluminiumnieten im Außenbereich schon nach kurzer Zeit Korrosion eintritt, denn der Stahl des Siftes reagiert mit dem Aluminium des Niets. Abhilfe: Edelstahlnieten verwenden.

Becherniet
Der Becherniet ist dagegen einseitig geschlossen, somit kann zumindest von einer Seite her keine Korrosion eintreten. Die offene Gegenseite

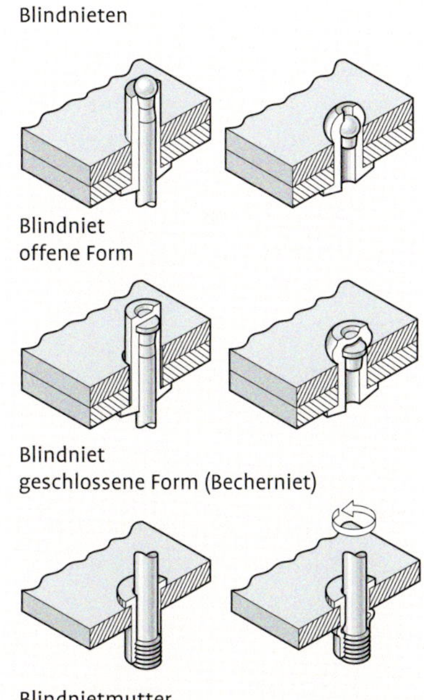

Blindnietverfahren.

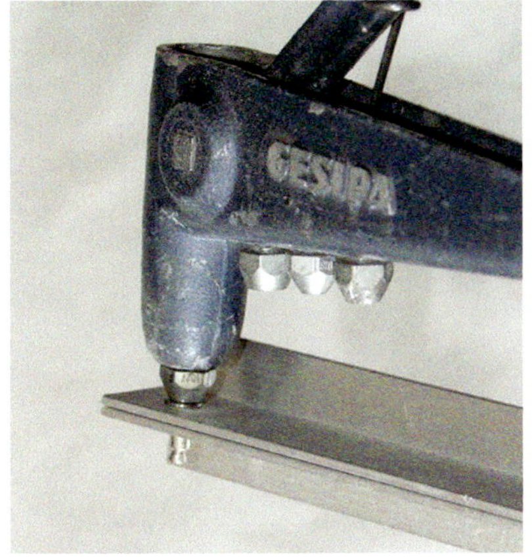

Einziehen des Blindniets.

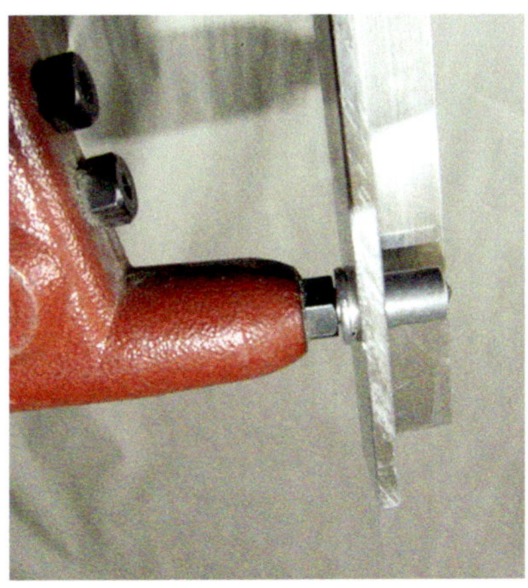

Ansetzen der Nietmutter.

Die fertige Nietung.

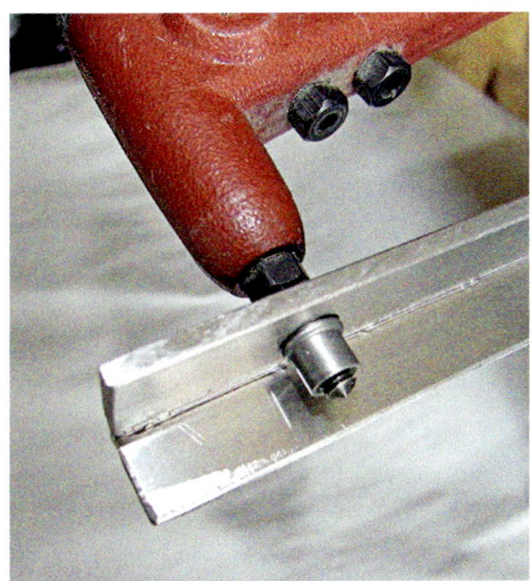

Einziehen der Nietmutter.

kann man mit einem Tröpfchen PU-Dichtkleber versiegeln.

Nietmuttern
Nietmuttern verwendet man bei Bauteilen, in die wegen der Werkstoffeigenschaften oder zu geringer Werkstoffdicke kein tragfähiges Gewinde eingeschnitten werden kann. Nietmuttern werden durch eine spezielle Nietzange eingezogen

Nietloch bohren
Voraussetzung für eine dauerhafte und feste Nietverbindung ist ein präzises Bohrloch. Wenn das Bohrloch zu groß ist, der Niet also im Bohrloch „schlackert", wird die maximal mögliche Festigkeit nicht erreicht.
Ein Grat am Bohrloch zwischen den Blechen führt dazu, dass sich die Bleche nicht dicht aneinanderlegen können, und ist deshalb in jedem Fall zu vermeiden.

Mineralwerkstoffe eröffnen dem Heimwerker ein weites Feld kreativer Gestaltungsmöglichkeiten. In den folgenden Abschnitten werden einige wichtige Mineralwerkstoffe, ihre Eigenschaften und die Bearbeitungsmöglichkeiten dargestellt.

Mineralwerkstoffe

Naturgesteine

Die von der Natur geschaffenen Gesteine werden nach ihrem Entstehungsprozess bezeichnet und in drei Gruppen eingeteilt:

→ Eruptivgestein
→ Sedimentgestein
→ metamorphes Gestein

Innerhalb dieser Gruppen gibt es zahlreiche Erscheinungsformen, die sich in ihren Eigenschaften und damit auch in ihrer Bearbeitbarkeit unterscheiden.

Eruptivgestein

Eruptivgestein entstand aus schmelzflüssigem Magma, das aus dem Erdinneren durch Vulkanismus an die Oberfläche gelangte und erstarrte. Die wichtigsten Eigenschaften von Eruptivgestein sind gleichmäßige Struktur, kristallines, oft feinkörniges oder glasartiges Gefüge und meist außerordentliche Härte.
Typische Erscheinungsformen: Obsidian, Granit, Gneis, Basalt.

Sedimentgestein

Sedimentgestein entstand aus Ablagerungen von verwitterten mineralischen Stoffen, die im Laufe der Zeit verdichtet wurden und meist auch eine chemische Veränderung erfahren haben. Typische Merkmale von Sedimentgestein sind weiche Beschaffenheit und eine typspezifische Struktur.
Typische Erscheinungsformen: Kalkstein, Sandstein, Travertin.

Metamorphes Gestein

Metamorphes Gestein entstand durch die Umkristallisierung von Eruptiv- und Sedimentgestein unter hohen Temperaturen und hohem Druck bei der Entstehung von Gebirgen. Je nach Zusammensetzung sind die Eigenschaften wie Härte und Gefüge sehr unterschiedlich.
Typische Erscheinungsformen: Schiefer, Marmor, Quarzit.

Skulpturen aus Steinwerkstoffen: o.r. Marmor, o.l. Türkis, u.l. Malachit, u.r. Jaspis.

Steinwerkstoffe für Kunstgegenstände

Naturgesteine werden gerne zu Kunstgegenständen und für Schmuckzwecke verarbeitet.
Durch eine Oberflächenbearbeitung wie Strukturieren, Schleifen und Polieren kann das natürliche Erscheinungsbild eindrucksvoll hervorgehoben werden. Einige Typen eignen sich aufgrund ihrer Eigenschaften besonders für die Verwendung im Heimwerkerbereich.

Bernstein

Bernstein ist kein Gestein im eigentlichen Sinne, sondern versteinertes Baumharz. Die Färbung recht von hellem Gelb bis zum dunklen Braun. Die Bearbeitbarkeit ist gut, bei spanender Bearbeitung wie beispielsweise Bohren, Sägen oder Trennen muss die Sprödigkeit des Bernsteins berücksichtigt werden, damit es nicht zu Ausbrüchen kommt. Die Polierfähigkeit ist gut.
Bernstein ist hitzeempfindlich und brennbar. Dies muss bei der Bearbeitung berücksichtigt werden.
Typische Verwendung: Schmuck.

Speckstein

Speckstein besteht im Wesentlichen aus Talk (nicht zu verwechseln mit Talkum!). Je nach den natürlichen Beimengungen ist Speckstein weich bis mittelhart und kann hervorra-

Werkstücke aus Türkis.

Achat, ein beliebter Schmuckwerkstoff.

gend manuell bearbeitet werden. Das Aussehen ist wachsartig, das Farbenspektrum komplett.

Die geringe Härte ermöglicht die Verwendung von Holzbearbeitungswerkzeugen. Speckstein ist preisgünstig, weshalb auch größere Gestaltungsprojekte möglich sind.

Weil gewisse Sorten von Speckstein Mineralfasern wie Asbest enthalten können, sollte man nur bei verlässlichen Bezugsquellen, beispielsweise im Künstlerbedarfshandel, einkaufen.

Typische Verwendung: Bildhauerei, Skulpturen.

Gegenstände aus Speckstein sind nicht wetterbeständig. Sie müssen vor Feuchtigkeit geschützt werden.

Schmucksteine

Diese Kategorie, je nach Wert oft auch als Halbedelsteine oder Edelsteine bezeichnet, verfügt über eine außerordentliche Sortenvielfalt. Für den Heimwerker spielen die edlen Sorten kaum eine Rolle, denn neben den hohen Preisen sind sie meist auch von extremer Härte und lassen sich mit den vorhandenen Werkzeugen schwer oder gar nicht bearbeiten. Allerdings gibt es genügend Sorten, die sich durch leichtere Bearbeitbarkeit und günstigen Preis auszeichnen. Innerhalb dieser Sorten findet man Minerale mit ausdrucksvoller Strukturierung und lebhaften Farben.

Die Bearbeitung richtet sich nach den spezifischen Eigenschaften. Generell sind diese Minerale hart, weshalb spanende Bearbeitung wie Bohren oder Trennen diamantbestückte Einsatzwerkzeuge erforderlich macht. Durch Schleifen und Polieren kann Farbe und Struktur der Mineralien hervorragend zur Geltung gebracht werden.

Typische Verwendung: Kunstgegenstände, Schmuck.

Polierte Schneckengehäuse und Modeschmuck aus einer Abalonen-Schale.

Maritime Steinwerkstoffe

Schalentiere wie Muscheln und Schnecken verfügen sehr oft über dekorative Gehäuse, deren Beschaffenheit erst nach der Bearbeitung sichtbar wird. Nach Abschleifen der meist groben und unscheinbar gefärbten Oberfläche kommen beispielsweise bei Austern und Abalonen glänzende und irisierende Farben zum Vorschein. Ausgesägte und anschließend polierte Formen daraus lassen sich hervorragend zu exklusivem Modeschmuck verarbeiten.

Organische Werkstoffe

Organische Werkstoffe wie Horn oder Knochen sind leicht zu bearbeiten und eignen sich vorzüglich für Schnitzereien. Die homogene und zähe Werkstoffstruktur ermöglicht eine sehr feine Strukturierung ohne Ausbruchgefahr. Archäologische Fundstücke aus Knochenmaterial bestätigen die Vielfalt und Dauerhaftigkeit dieser Werkstoffe.

Künstliche Mineralwerkstoffe

Die künstlich hergestellten Werkstoffe bestehen im Wesentlichen aus natürlichen Mineralien, die einer physikalischen und chemischen Bearbeitung unterzogen werden. Die Festigkeit ist in der Regel geringer als die der harten Natursteine. Je nach Handelsform unterscheidet man in:

→ Keramik
→ Porzellan
→ Glas

Miniatur-Schnitzereien aus Tierknochen.

Basismaterial für diese Werkstoffe sind Tonerde, Kalksandstein, Silikate. Sie werden sowohl als Baustoffe wie auch für Gebrauchs- und Ziergegenstände verwendet.

Keramik

Keramik besteht im Wesentlichen aus Tonerde. Der Herstellprozess schließt mit Trocknung und anschließendem Brennen ab. Die typischen Verwendungsarten sind

→ Kacheln
→ Fliesen

Zur Bearbeitung müssen wegen der stark abrasiven Wirkung hartmetallbestückte oder diamantbeschichtete Werkzeuge verwendet werden. Keramische Werkstoffe sind spröde. Bei der Bearbeitung dürfen keine Zug- und Biegekräfte auf das Material einwirken. Ungebrannte Keramik ist porös.

Porzellan

Porzellane unterscheidet man in Hartporzellan und Weichporzellan. Hartporzellan hat einen hohen Kaolingehalt und wird bei der Herstellung zweimal bei Temperaturen bis ca. 1500 °C gebrannt. Die Härte beträgt 8 (Mohs), zur Bearbeitung sind also diamantbeschichtete Werkzeuge nötig. Solide Bauteile sind außerordentlich robust. Filigrane Gegenstände wie beispielsweise Gefäße und Kunstwerke sind wegen der Sprödigkeit sehr bruchempfindlich, wenn sie Biegekräften und Vibrationen ausgesetzt sind.
Weichporzellan hat einen niedrigen Kaolinanteil und wird bei Temperaturen bis ca. 1300 °C einmal gebrannt.

Ein individuelles Geschenk durch persönliche Gravur.

Mit Übung lassen sich auch dünnwandige Gläser gravieren.

Es ist in solider Form leichter zerbrechlich als Hartporzellan. Trotz der geringeren Härte muss auch Weichporzellan mit diamantbeschichteten Werkzeugen bearbeitet werden. Die typischen Verwendungsarten sind:

→ Gefäße
→ Kunstgegenstände
→ Fliesen

Glas

Glas ist in reiner Form ein hochtransparenter Baustoff. Durch Beimengungen während der Herstellung kann es eingefärbt werden. Durch eine Bearbeitung der Oberfläche kann diese mattiert werden. An den mattierten Stellen wird das einfallende Licht sehr stark gestreut, wodurch diese Stellen milchig erscheinen und nicht mehr durchsichtig sind. Diese Eigenschaft kann dazu ausgenützt werden, um Glasgegenstände zu gravieren oder zu ornamentieren. Das Mattieren ist mechanisch oder chemisch möglich.

Das mechanische Mattieren kann durch Feinschliff erfolgen. Hierzu müssen wegen der großen Härte von Glas diamantbeschichtete Schleifkörper verwendet werden. Der Feinschliff hat den Vorteil, dass man mit kleinen Schleifkörpern punktgenau arbeiten kann, beispielsweise beim Gravieren feiner Strukturen.

Eine weitere mechanische Anwendung ist das Sandstrahlen. Hierzu wird durch eine Düse ein Luft-Quarzsand-Gemisch auf die zu behandelnden Stellen geblasen. Stellen oder Muster, die klar bleiben sollen, werden während des Strahlvorganges abgedeckt.

Beim chemischen Mattieren wird das Glas an den gewünschten Stellen mit Flusssäure geätzt. Nicht behandelte Stellen müssen durch eine vorübergehende Beschichtung geschützt werden.

Bohren von Glas muss mit diamantbeschichteten Werkzeugen erfolgen. Hierbei kann mit geringem Druck gearbeitet werden. Mit lanzettförmigen Hartmetallbohrern kann ebenfalls gebohrt werden. Allerdings ist dann ein höherer Andruck nötig, der häufig zum Glasbruch führt, besonders dann, wenn der Bohrer durch das Material tritt. Bei beiden Anwendungen ist die Benetzung der Bohrstelle mit Petroleum zweckmäßig, da es leicht abrasiv wirkt.

Glaswerkstoffe sind spröde. Bei der Bearbeitung dürfen keine Zug- und Biegekräfte auf das Material einwirken.

DREMEL
DREMEL
DIGILAB
DREMEL
DIGILAB
DREMEL
DREMEL

Neue Dimensionen

Die Digitalisierung hat in der Industrie zu einem grundlegenden Wechsel der Arbeitsprozesse geführt. In zunehmendem Maße findet dieser Wechsel auch im Heimwerkerbereich statt.
Mit der Digitalisierung verlagert sich der Gestaltungsprozess, die Umsetzung der schöpferischen Idee, auf den Computer. Mit der praktischen Realisierung des Werkstücks hat der Heimwerker nur noch wenig zu tun. Der Herstellprozess läuft nun weitgehend autonom ab. Dies spart einerseits Zeit, andererseits wird eine sehr hohe Präzision und auch Wiederholgenauigkeit erreicht. Beispiele für diese Bearbeitungsmöglichkeiten sind der 3-D-Druck und das Lasercutting. Während das Werkstück hergestellt wird, kann der Heimwerker einer anderen Beschäftigung nachgehen.

Die dritte Dimension

2-D-Drucker sind jedem Besitzer eines Computers bekannt. Ob Tintenstrahl- oder Laserdrucker: In jedem Fall werden Farbpigmente als hauchdünne Schicht auf eine Unterlage aufgebracht und dort durch Verdunstung oder durch Hitze fixiert. Am Ende hat man ein zweidimensionales Ergebnis vorliegen: das Druckbild in den Dimensionen Breite und Länge. Im 3-D-Druck kommt eine weitere Dimension dazu. Hierzu ein einfaches Beispiel: Wenn man mit einem 2-D-Drucker immer denselben Text auf denselben Papierbogen druckt, dann wird mit jedem Druckdurchgang der Auftrag immer dicker. Er wächst dadurch, wenn auch im Mikrobereich, in die Höhe und damit in die dritte Dimension. Stark vereinfacht sind wir damit beim Prinzip des 3-D-Druckers. Wenn man nun als Druckstoff statt Tinte oder Farbpigmente Kunststoffe nimmt, die durch Hitze „druckfähig" gemacht werden und sich miteinander homogen verbinden, kann man durch entsprechende Steuerung des Druckkopfes fast jedes dreidimensionales Werkstück anfertigen.

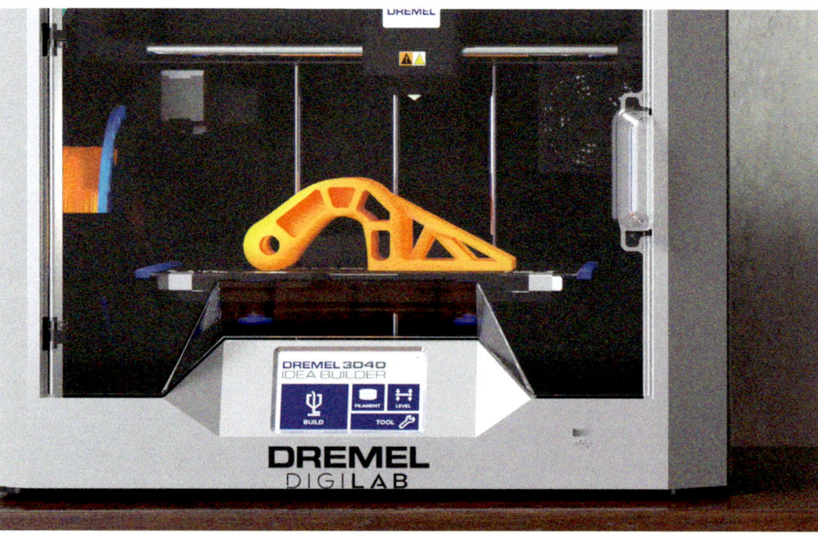

Eine typische Anwendung des 3-D-Drucks: Konstruktionselemente.

3-D-Druck eines Prototyps für eine Roboterhand.

Vorteile des 3-D-Drucks

Alle seitherigen Bearbeitungstechniken wie beispielsweise Bohren, Schleifen, Fräsen haben eins gemeinsam: Bei der Bearbeitung wird Material in Form von Spänen oder Staub abgetragen, es ist also eine verlustbehaftete, sogenannte subtraktive Bearbeitungstechnik. Gleichzeitig tritt mit der Bearbeitung auch ein Werkzeugverschleiß ein. Im 3-D-Druck wird dagegen das Werkstück durch stetige und präzise gesteuerte Zufuhr von Material „aufgebaut". Die Vorteile des Verfahrens liegen auf der Hand:

- → kein Materialverlust
- → nahezu unbeschränkte Werkstückgestaltung
- → der „Druck"vorgang verläuft selbstständig

So entsteht am Ende ein Werkstück ohne Abfallprodukte und, im Idealfall, ohne weitere notwendige mechanische Bearbeitung. Das dafür verwendete Werkzeug ist der 3-D-Drucker.

Die Verlagerung der schöpferischen Arbeit auf den Computer ändert die Arbeitsmethodik. Ideen können nun unabhängig vom Vorhandensein eines Hobbyraumes an jedem Ort ausgearbeitet und umgesetzt werden. Die physische Realisierung erledigt das Maschinenwerkzeug – der 3-D-Drucker – selbstständig zu irgendeinem passenden Zeitpunkt, beispielsweise auch während der Nachtstunden.
Nach erfolgreicher Anwendung in der Industrie beginnt sich der 3-D-Druck nun auch im Heimwerkerbereich zu verbreiten. Man kann schon jetzt voraussagen, dass die Entwicklung in ähnlich rasanter Weise erfolgen wird, wie wir das bereits mit PC und Smartphone erlebt haben.

Das System 3-D-Druck

Ähnlich des Systems der konventionellen Werkstückbearbeitung, bestehend aus dem Werkstoff, dem Maschinenwerkzeug und dem Einsatzwerkzeug, liegt auch dem 3-D-Druck ein System zugrunde. Es besteht aus den Komponenten:

→ Druckwerkstoff
→ Drucker
→ Steuerelektronik
→ Design- und Druckersoftware

Druckwerkstoff

Theoretisch lässt sich, entsprechende Hardware vorausgesetzt, fast jeder Werkstoff „drucken". Die industrielle Fertigung verarbeitet neben Thermoplasten inzwischen auch Metalle, keramische Werkstoffe und Reaktionsharze. Die Hardwareanforderung sind beim Metalldruck oder mit Reaktionsharzen aber so komplex, dass sich im Heimwerkerbereich bis jetzt nur die Verarbeitung bestimmter Thermoplaste durchgesetzt hat. Dennoch lassen sich damit bei vertretbarem Hardware- und Kostenaufwand bisher nicht realisierbare Werkstückformen realisieren. Der Druckwerkstoff wird in Fadenform dem Druckkopf zugeführt. Man bezeichnet ihn deshalb als Filament.
Typische Filamentwerkstoffe für den Heimwerkerbereich sind die folgenden Thermoplaste:

→ Acrylnitril-Butadien-Styrol (ABS)
→ Polyamid (PA)
→ Polycarbonat (PC)
→ Polyethylenterephtalat (PETG)
→ Polylactide (PLA)

Die Filamentwerkstoffe stehen in standardisierten Dicken und Farben zur Verfügung.

Eigenschaften ABS

→ Einsatztemperaturbereich ca. –40 bis +100 °C
→ hohe Schlag-, Kerbschlag- und Kratzfestigkeit
→ relativ geringe Wasseraufnahme
→ kann geklebt werden
→ nicht beständig gegen Lösungsmittel

Eigenschaften PA

PA gibt es in großer Typenvielfalt mit unterschiedlichen Eigenschaften.

→ Einsatztemperaturbereich ca. –40 bis +80° C
→ hohe Festigkeit, Zähigkeit und Abrieb- und Verschleißfestigkeit
→ gute Beständigkeit gegenüber Chemikalien
→ alterungsbeständig
→ Verklebungen nicht sehr haltbar

Filamente gibt es in vielen Farben.

Eigenschaften PC

→ Einsatztemperaturbereich ca. –80 bis +130 °C
→ hohe Steifigkeit und sehr hohe Schlagzähigkeit auch bei tiefen Temperaturen
→ sehr geringe Wasseraufnahme
→ zäh und witterungsbeständig
→ nicht beständig gegen Alkohole, Laugen, Ammoniak und Ozoneinwirkung

Eigenschaften PETG

→ Einsatztemperaturbereich ca. –10 bis +80 °C
→ mittlere Steifigkeit
→ sehr geringe Wasseraufnahme
→ versprödet unter UV-Einfluss
→ lebensmittelverträglich

Eigenschaften PLA

→ Einsatztemperaturbereich ca. –10 bis +40 °C
→ hohe Steifigkeit
→ hohe Wasseraufnahme
→ versprödet unter UV-Einfluss
→ lebensmittelverträglich
→ biologisch abbaubar

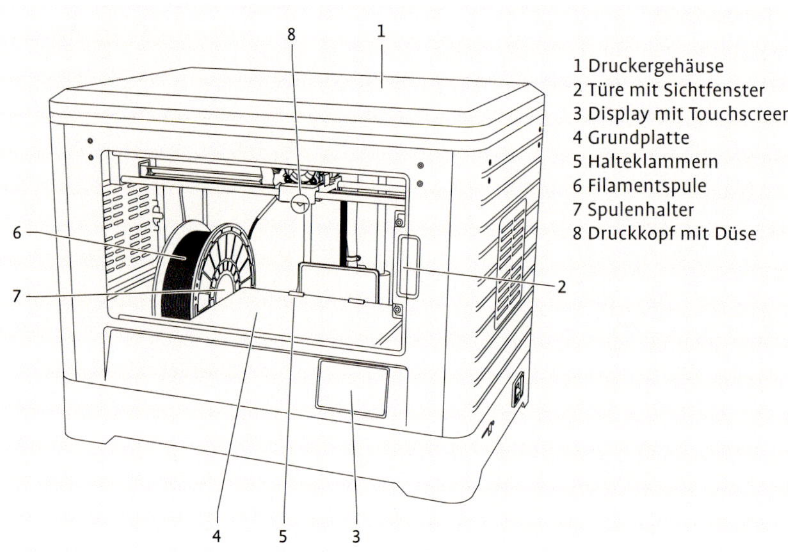

Aufbau des 3-D-Druckers.

Aufbau und Funktion des 3-D-Druckers

Druckkopf

Hauptbestandteil des 3-D-Druckers ist ein zweidimensional beweglicher Druckkopf. Der Druckkopf wird elektrisch auf die Schmelztemperatur des Filaments beheizt. Aus der Druckkopfdüse tritt der verflüssigte Kunststoff fein dosiert auf eine Grundplatte aus. Durch die Hin-und-her-Bewegung des Druckkopfes wird eine Schicht auf die Grundplatte aufgetragen.

- → Die Druckkopfbewegung erzeugt die Längen- und Breitendimension des Werkstücks.
- → Der Bewegungsspielraum des Druckkopfes bestimmt die maximale Länge und Breite des Werkstücks.

Grundplatte

Die Grundplatte wird mit jedem Bewegungszyklus des Druckkopfes um eine Schichtdicke abwärts, also in der dritten Dimension, bewegt. Dadurch werden die folgenden Schichten nacheinander aufgetragen. Der flüssige Kunststoff der neuen Schicht verschmilzt dabei mit der vorhergehenden Schicht.

- → Der Abwärtshub der Grundplatte erzeugt die Höhendimension des Werkstücks.
- → Der Maximalhub der Grundplatte bestimmt die maximale Höhe des Werkstücks.

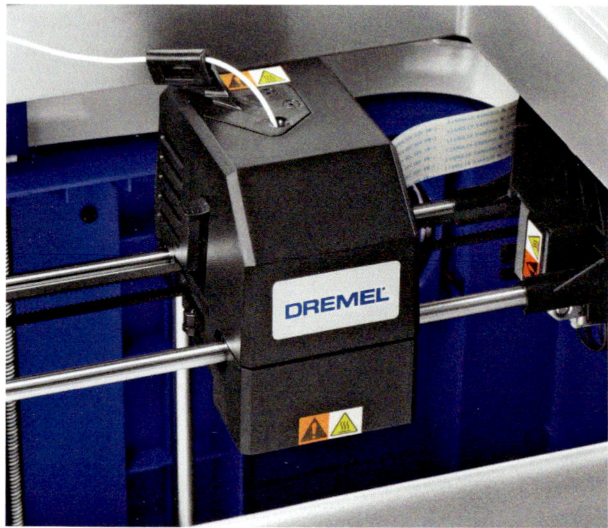

Druckkopf mit Leitspindeln und Zahnriementrieb zur horizontalen Positionierung.

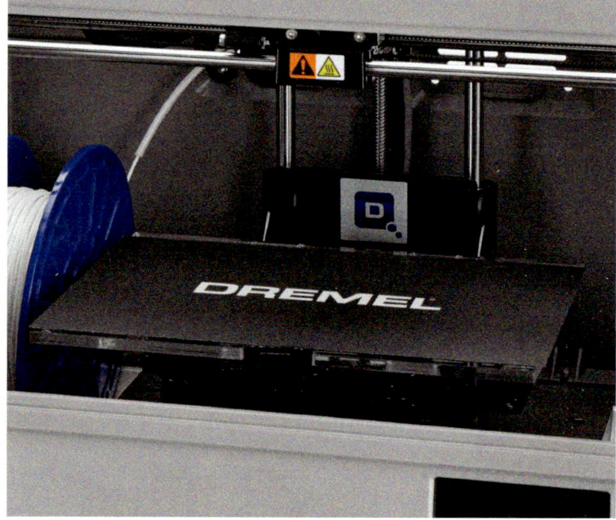

Grundplatte mit Zugspindel zur vertikalen Positionierung.

Je nach verwendetem Filament kann dabei eine Heizung der Grundplatte erforderlich sein.
Nicht alle Druckertypen haben einen Hubantrieb für die Grundplatte. Es gibt auch Drucker, bei denen der Druckkopf zusätzlich eine Hubbewegung macht. In diesen Fällen ist die Grundplatte im Druckergehäuse fixiert.
Druckkopf und Grundplatte sind zusammen mit ihrer Antriebsmechanik in einem Gehäuse untergebracht. Innerhalb des Gehäuses befindet sich die Steuerelektronik für Druckkopf, Filamentvorschub und Grundplattenhub. Je nach Druckertyp befindet sich die Filamentspule innerhalb oder außerhalb des Druckergehäuses.

Steuerelektronik
3-D-Drucker benötigen zu ihrer Funktion eine Steuerelektronik. Mit ihr erfolgt:

- → die Aufheizung des Druckkopfes und der Filamentvorschub
- → die Positionierung und der Bewegungsablauf des Druckkopfes
- → die Schichtdicke des Auftrags
- → die Hubbewegung der Grundplatte

Die Steuerelektronik ist ein fester Bestandteil des Druckers und im Druckergehäuse integriert. Die Bedienung erfolgt über den Touchscreen des Displays.

Software
Die Software ist das entscheidende Kriterium des 3-D-Druckes. Ohne Software ist kein Druck möglich. Die Software besteht stets aus den zwei Komponenten:

- → Designsoftware
- → Druckersoftware

Designsoftware
Voraussetzung für den 3-D-Druck ist stets ein 3-D-Modell des Werkstücks. Man kann dieses Modell mit einer technischen Zeichnung vergleichen, die aus mehreren Ansichten besteht und digitalisiert wurde.
Das Erstellen des Modells erfolgt durch eine entsprechende 3-D-Software, die auch als CAD-Programm (Computer Aided Design) bezeichnet wird. Dieses sogenannte CAD-Modell enthält die Abmessungen des künftigen Werkstücks und seine Dimensionen.
Die erhältlichen 3-D-Programme funktionieren nach den gleichen Prinzipien, unterscheiden sich aber wesentlich in der Bedienerfreundlichkeit, dem Funktionsumfang, der Kompatibilität mit anderen Programmen und natürlich im Preis: Einfache Programme gibt es kostenlos als Freeware, professionelle Programme sind oft nur als Mietangebote erhältlich. Zwischen diesen Extremen gibt es zahlreiche Alternativen.

Druckersoftware
Mit dem erstellten 3-D-Modell kann der Drucker zunächst nichts anfangen. Wie erwähnt, erfolgt der Druckvorgang Schicht um Schicht. Das 3-D-Modell muss also durch eine weitere Software in einzelne Schichten zerlegt werden.
Die Schichtung des Modells erfolgt durch die Druckersoftware „Slicer“. Slicer bedeutet dabei nichts anderes als „Zerschneider“. Man kann den Vorgang mit einer Brotschneidemaschine vergleichen: Der Slicer konvertiert das Designmodell in eine Vielzahl von Schichten gleichmäßiger Dicke. Die Elektronik des Druckers steuert dann Druckkopf und Grundplatte entsprechend, wobei mit der untersten Schicht begonnen wird. Die Schichtdicke richtet sich dabei nach dem verwendeten Filamentmaterial und der gewünschten Druckqualität:

- → dicke Schichten: schneller Druck von einfachen Strukturen
- → dünne Schichten: langsamer Druck hoher Qualität für komplexe Strukturen

Die Druckersoftware gehört zum Lieferumfang des Druckers oder kann von der Webseite des Herstellers heruntergeladen werden.

Designpraxis

Wie bereits erwähnt, geht ohne Design nichts. Im einfachsten Falle verwendet man fertig erstellte Designs, bei denen alle Daten in digitalisierter Form vorliegen. Hierzu bieten die Druckerhersteller und auch das Internet eine entsprechende Auswahl zum Download an. Komplexe Designs, die einen erheblichen Konstruktionsaufwand erfordern, können käuflich erworben werden. Wenn einem die angebotenen Designs genügen, sind diese Quellen eine Alternative.
Im ambitionierten Modellbau benötigt man allerdings meist Teile, für die es keine fertigen Vorlagen gibt. In solchen Fällen ist Eigendesign angesagt. Dies ist allerdings aufwendiger, denn das kreative Arbeiten mit Designsoftware setzt Grundkenntnisse und/oder den Willen zum Lernen voraus. Wer zur Generation „Old School“ gehört und Kenntnisse im technischen Zeichnen erwerben konnte, ist bei der Arbeit mit Designsoftware eindeutig im Vorteil.

Für viele Werkstücke gibt es Datensätze.

Kreatives Gestalten in der Gruppe mit dem 3-D-Drucker.

Perspektivisches Vorstellungsvermögen und Kenntnisse in der Anwendung der X-, Y- und Z-Dimensionsachsen erleichtern das Konstruieren eines 3-D-Modells erheblich.
Wer sich mit Computersoftware beschäftigt, weiß, dass die Handbücher der Programme selten benutzerfreundlich geschrieben sind. Dies behindert das Selbststudium erheblich. Wer sich einigermaßen sicher in der Designwelt bewegen möchte, wird um den Besuch entsprechender Workshops nicht herumkommen. Mit fachkundiger Praxisanleitung kommt man wesentlich schneller zum Ziel. Zudem erspart es fehlerhafte Versuche und unnötigen Filamentverbrauch. Wie bei allen Tätigkeiten ist Training durch nichts zu ersetzen, außer durch noch mehr Training. Nur wenn mit den Programmen regelmäßig gearbeitet wird, bleibt der Kenntnisstand erhalten und vertieft sich. Misserfolge sollten nicht entmutigen. Viele Programme verfügen über Simulationen. Mit diesen kann man testen, ob das eigene Design druckfähig ist. Auf diese Weise spart man Filament bei missglückten Druckprojekten. Wenn dann die notwendigen Fertigkeiten im Umgang mit der Designsoftware beherrscht werden, sind die Gestaltungsmöglichkeiten wahrhaft unbegrenzt.
Bei der Auswahl des Designprogramms muss auf Kompatibilität geachtet werden. Nicht alle Programme können von der Druckersoftware verarbeitet werden. Wenn man Programme wählt, die mit dem professionellen Designprogramm AutoCAD® kompatibel sind, ist man stets auf der sicheren Seite. Technisch orientierte CAD-Programme haben zudem den Vorteil, über ein umfangreiches Werkzeugmenü zu verfügen. In diesem Menü sind Standardfiguren und technische Normteile wie Zahnräder, Scheiben, Zylinder, Befestigungselemente usw. enthalten, die entsprechend dem eigenen Projekt skaliert werden können. Diese Programme sind im Regelfall kostenpflichtig, lohnen sich aber durch die Zeitersparnis beim Konstruieren.

Druckpraxis

Das Einstellen und Starten des Druckers erfolgt entsprechend der Betriebsanleitung, wobei die Arbeitsschritte und deren Fortschrittsstadium über die Menüführung auf dem Display des Druckers angezeigt werden.
Die Vorbereitungen zum Druck laufen stets in den folgenden Arbeitsschritten ab:

Grundplatte ausrichten

Dieser sehr wichtige Vorgang ist vor jedem neuen Druckvorgang durchzuführen. Die Druckplatte muss exakt parallel zum Druckkopf positioniert sein, damit es zu keiner Kollision

Grundplatte mit Rändelschrauben zur manuellen Nivellierung.

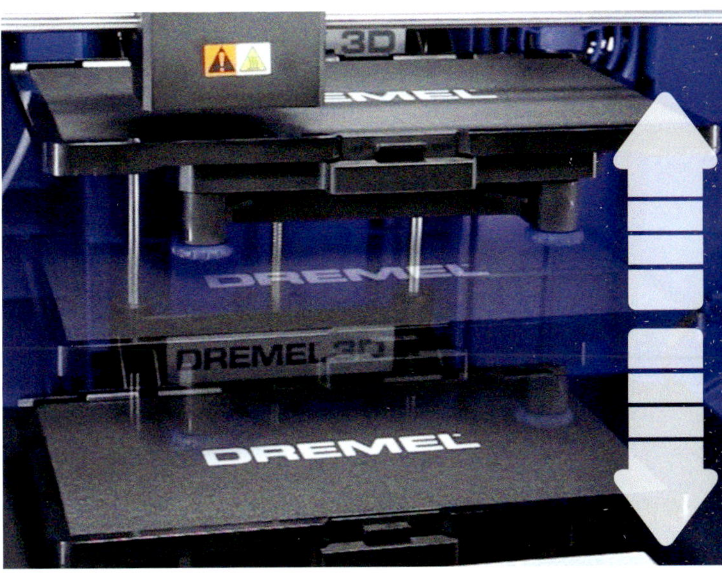

Grundplatte mit automatischer Nivellierung.

Typische Eigenschaften der Filamentwerkstoffe

Filamentwerkstoff	Festigkeit	Elastizität	Beständigkeit	typische Eigenschaften
PLA	++	+	++	spröde, geruchlos, geringer Verzug, leicht schmelzbar, umweltfreundlich
ABS	++	++	+++	stark, fest, verschleißarm, wärmefest, UV-beständig
Nylon®	+++	+++	+++++	leicht, fest und elastisch, bruchfest
PETG	++	++	+++++	fest, wärmefest, geringe Schrumpfung, geringer Verzug

Verwendung der Filamentwerkstoffe

Filamentwerkstoff	Verwendungsbeispiele
PLA	schwach belastete Bauteile, kleine Spielzeuge, Figuren
ABS	widerstandsfähige Bauteile mit höherer Temperaturbeständigkeit, mechanische Komponenten, Prototypen
Nylon®	hoch belastete Bauteile, Scharniere
PETG	strukturell belastete Bauteile, Großprojekte

zwischen Druckkopf und der Platte kommt. Drucker im oberen Leistungssegment verfügen meist über eine automatische Nivellierung.

Filamentwerkstoff auswählen

Die unterschiedlichen Filamentwerkstoffe sind nicht universell verwendbar. Sie unterscheiden sich in Festigkeit, Belastbarkeit und Langzeitbeständigkeit. Die richtige Auswahl muss deshalb die späteren Anforderungen an das Werkstück berücksichtigen. In den Tabellen sind die wichtigsten Eigenschaften und Verwendungen der typischen Filamentwerkstoffe dargestellt.

Druckparameter einstellen

Die Parameter für den Druck werden durch das Druckermenü auf dem Display angezeigt und müssen entsprechend eingegeben oder bestätigt werden. Hierzu zählen das Filamentmaterial, die Temperatur der Druckkopfdüse, die Grundplattenheizung und die Schichtdicke des Auftrags. Der Schichtdicke kommt dabei besondere Aufmerksamkeit zu, denn sie bestimmt die spätere Druckqualität.

Druckqualität

Nicht alle Werkstücke benötigen höchste Druckqualität. Für Spielzeuge genügt meist die niedrigste Qualitätsstufe. Filigrane Teile oder komplexe Formen, wie sie beispielsweise im Modellbau vorkommen, rechtfertigen dagegen eine hohe Qualitätsstufe. Abhängig von der Schichtdicke ergeben sich folgende Qualitätsstufen:

- 0,3 mm geringe Qualität
- 0,2 mm mittlere Qualität
- 0,1 mm hohe Qualität
- 0,05 mm sehr hohe Qualität

Filament einführen

Nach dem Aufheizen des Druckkopfes wird das Filament in den Druckkopf eingeführt. Vorher muss die Düse des Druckkopfes von eventuellen Filamentresten des letzten Druckvorgangs gereinigt werden. Welches Filamentmaterial man verwendet, hängt vom späteren Verwendungszweck des Werkstückes ab. Die angegebenen Eigenschaften des Materials können hierbei als Entscheidungshilfe dienen.

Werkstückdaten eingeben

Die Werkstückdaten können auf zwei Wegen zum Drucker übertragen werden: über USB direkt vom PC oder über eine Speicherkarte, so wie man das vom Papierdruck gewöhnt ist.

Drucken

Das Drucken selbst ist ein zeitintensiver Vorgang. Der Zeitbedarf für den schichtweisen Druckprozess richtet sich nach dem Werkstück:

- Große Werkstücke brauchen mehr Zeit als kleine Werkstücke
- Komplexe Werkstücke brauchen länger als einfache Werkstücke
- Hohe Qualität braucht länger als geringe Qualität

Der Zeitbedarf bewegt sich bei größeren Werkstücken meist im Stundenbereich. Es ist somit wirtschaftlich, aufwendige Druckprozesse selbstständig ablaufen zu lassen und nebenher einer anderen Tätigkeit nachzugehen oder den Druckprozess in die Nachtstunden zu verlegen. Der komplette Druckprozess setzt voraus, dass der Filamentvorrat für das zu druckende Werkstück ausreicht. Moderne Druckersoftware errechnet dem Design entsprechend die notwendige Filamentlänge, wodurch der entsprechende Vorrat bereitgestellt werden kann. Wenn man mehrere unterschiedliche Filamentspulen verwendet, ist eine genaue Buchführung der entsprechenden Restmenge auf der Spule sinnvoll, um unliebsame Unterbrechungen bei späteren Druckprozessen zu vermeiden. Drucker des oberen Leistungssegments verfügen über eine Kamera, mit der der Druckvorgang während

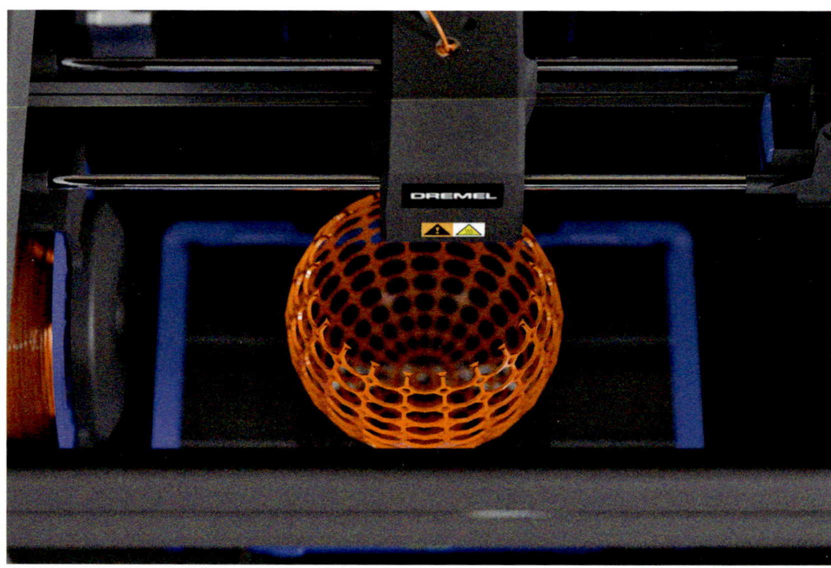

Nur im 3-D-Druck sind solche Werkstücke abfalllos herstellbar.

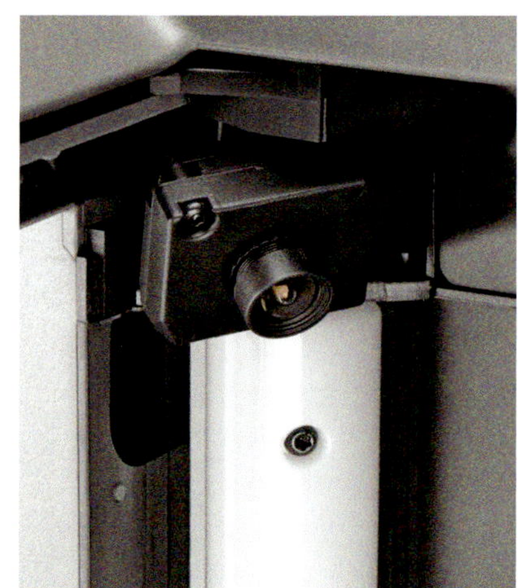

Mit der Kamera lässt sich der Druckfortschritt aus der Ferne überwachen.

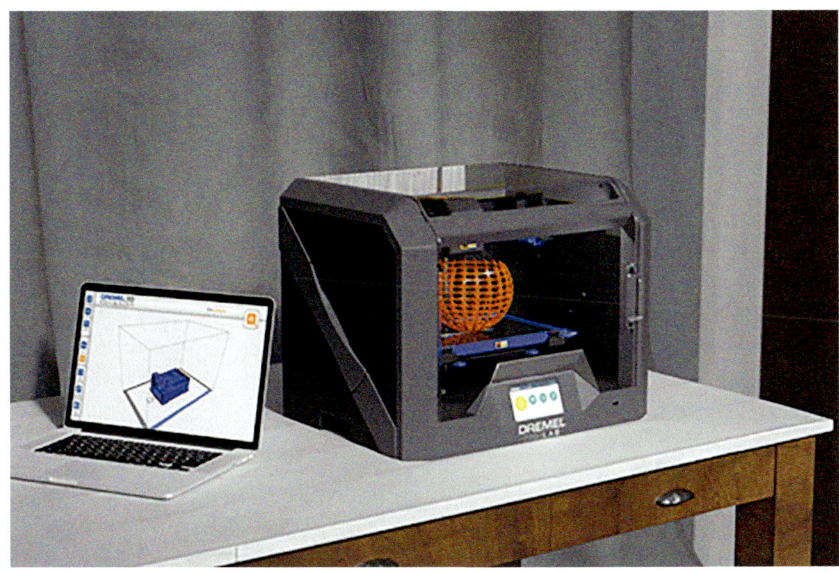

PC und Drucker für Design und Realisation.

anderer Arbeiten nebenher am PC beobachtet werden kann.
Am Ende des Druckvorgangs wird die Grundplatte mit dem fertigen Werkstück aus dem Drucker gehoben und das Werkstück mit einem feinen Spachtel von der Grundplatte getrennt.

Was tun, wenn …

Wie erwähnt, bietet der 3-D-Druck die Möglichkeit, sehr komplexe Werkstücke herzustellen, darunter auch solche, die im konventionellen, also subtraktiven Verfahren nicht oder zumindest nicht an einem Stück hergestellt werden können. Leider sind dem Heimwerker aber doch gewisse Grenzen gesetzt. Während das Design unabhängig von Werkstoff und Drucker erfolgt, können die Drucker und das mit ihnen verwendete Filament im Heimwerker-Preissegment möglicherweise nicht die Festigkeitswerte erfüllen, wie das beispielsweise bei hochbelasteten Teilen im Flugmodellbau, bei Modellmotoren und -triebwerken oder bei sicherheitsrelevanten Werkstücken erforderlich ist. In solchen Fällen empfiehlt sich folgende Vorgehensweise:

- → Drucken eines Prototyps auf dem Heimwerker-Drucker
- → Versand des Datensatzes an einen Dienstleister
- → professioneller Ausdruck mit dem gewünschten Werkstoff durch den Dienstleister

Auch bei einer größeren Zahl von Gleichteilen, wie sie im Modellbau häufig vorkommen, empfiehlt sich diese Vorgehensweise.

Das Werkstück ist fertig und wird mit der Grundplatte aus dem Drucker gehoben.

Funktionsmodelle lassen sich im 3-D-Druck problemlos erstellen.

Dass das Schneiden von Materialien mit einem Laserstrahl möglich ist, wird seit dem James-Bond-Film „Goldfinger“ von niemand mehr angezweifelt. Wenn auch die damalige Vorstellung utopisch und weit übertrieben war, so ist die Schneidtechnik mit Laserstrahl heutzutage in der Industrie Stand der Technik. Zuschnitte in Metallen bis zu Dicken von 30 mm sind Standard. Allerdings ist der Aufwand beachtlich und die Kosten für die entsprechenden Arbeitsmaschinen bewegen sich im sechsstelligen Bereich. Für Heimwerker also definitiv keine Option!

Die Technisierung macht aber auch vor Heimwerkzeugen keinen Halt. Wie der 3-D-Druck, der inzwischen eine feste Position im Heimwerkerbereich einnimmt, hat es nun auch der Lasercutter auf die Werkbank des Heimwerkers geschafft. Mit ihm ist es erstmals möglich, filigrane Schnittführung mit extrem hoher Präzision in vergleichbar kurzer Prozesszeit herzustellen.

Lasercutting

Anwendungen

Wie auch beim 3-D-Drucker erweitert sich das Anwendungsgebiet des Lasercutters mit zunehmender Erfahrung des Anwenders. Komplizierte Formen, die sich mit konventionellen Werkzeugen nicht oder nicht mit der geforderten Präzision erstellen lassen, sind eine typische Anwendung. Man denke hier vor allem an den Bau von Prototypen, Kleinserien von Ziergegenständen oder, als typisches Beispiel, an den anspruchsvollen Modellbau: Flugzeugmodelle bestehen aus einer Vielzahl von Gleichteilen wie Rippen und Spanten, den zeitaufwendigsten Bauteilen. Nur mit dem Lasercutter lassen sich diese Teile mit gleich hoher Präzision herstellen, die unterschiedlichen Dimensionen bei Verjüngungen lassen sich softwaremäßig einfach und kontinuierlich skalieren. Die Verarbeitungszeit wird drastisch reduziert, weil oft mehrere Bauteile in einem Arbeitsgang hergestellt werden können. Da der Arbeitsprozess zudem autonom abläuft, kann wertvolle Arbeitszeit anderweitig verwendet werden.
Zusammengefasst ergeben sich bei der Anwendung folgende Vorteile:

- Design mit geringem Aufwand am PC
- mühelose Skalierung
- extrem hohe Präzision
- gleichwertige Wiederholteile
- Speicherung aller Bearbeitungsdaten

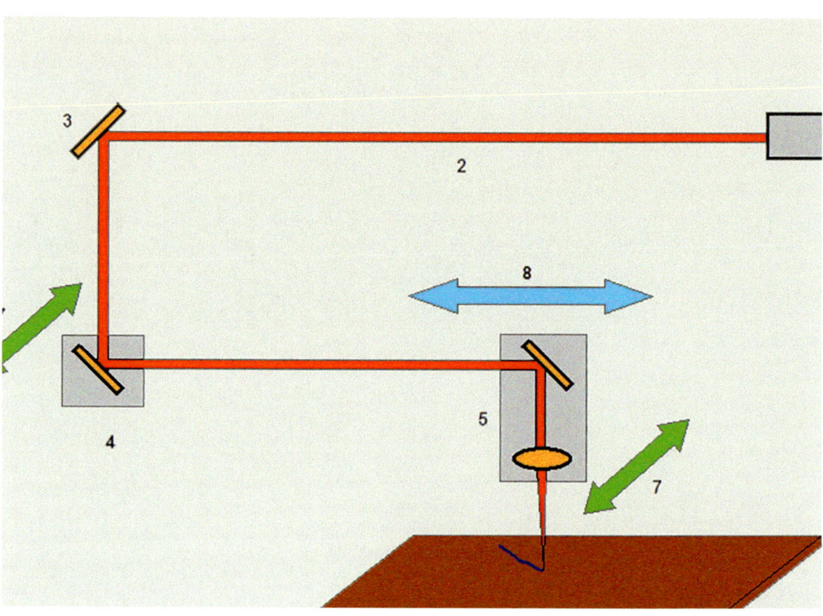

Funktionsprinzip des Lasercutters: 1 Lasermodul, 2 Laserstrahl, 3 Umlenkspiegel fest, 4 Umlenkspiegel querbeweglich, 5 Schneidkopf mit Umlenkspiegel und Fokussieroptik, quer- und längsbeweglich, 6 Werkstück, 7 Querbewegung, synchronisiert, 8 Längsbewegung.

Flugmodellbau: Viele Gleichteile in Handarbeit sind eine mühselige Arbeit – mit dem Lasercutter ein Kinderspiel!

Laserprinzip

Laser erzeugen einen scharf gebündelten Lichtstrahl im sichtbaren oder unsichtbaren Bereich. Der Lichtstrahl kann in einem Festkörper (Kristall, Halbleiter) oder in einem Gas (Gaslaser) erzeugt werden. Der Begriff „Laser" ist ein Kunstwort und bedeutet: **L**ight **a**mplification by **s**timulated **e**mmission of **r**adiation (Licht-Verstärkung durch stimulierte Emission von Strahlung).
Zur Erzeugung des Laserstrahls in Laserpointern, Entfernungsmessern und Nivellierlasern werden bei Leistungen bis ca. 2 Milliwatt Festkörperlaser, sogenannte Laserdioden, verwendet.
Im Lasercutter beträgt die Leistung 40 Watt, als Laserquelle dient eine CO_2-Gaslaserröhre.

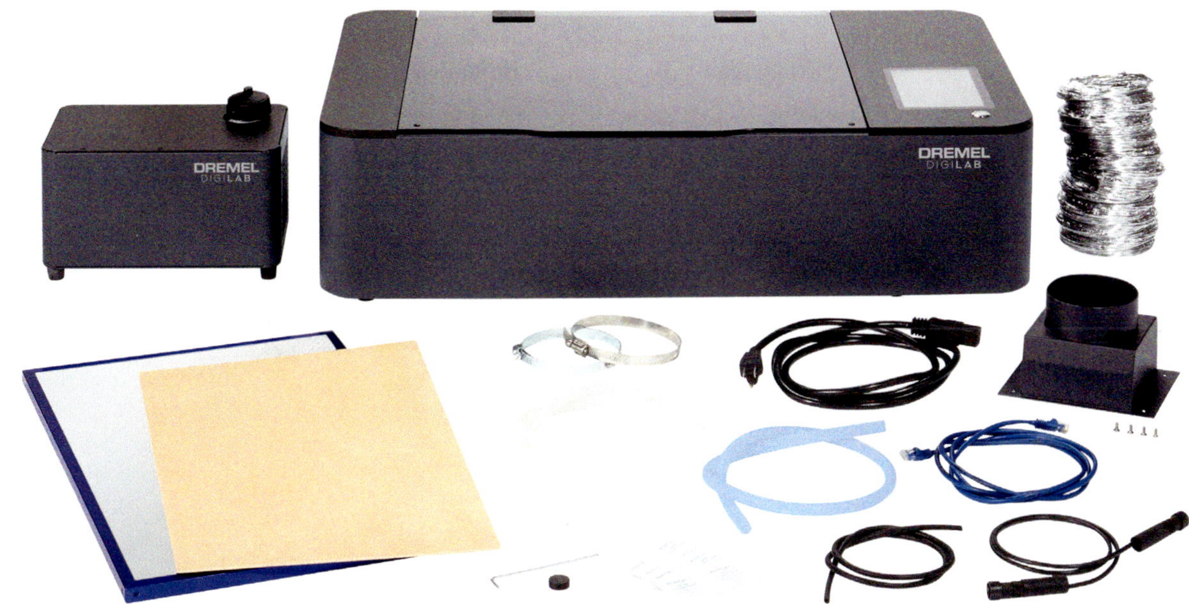

Der Lasercutter mit seinem Zubehör.

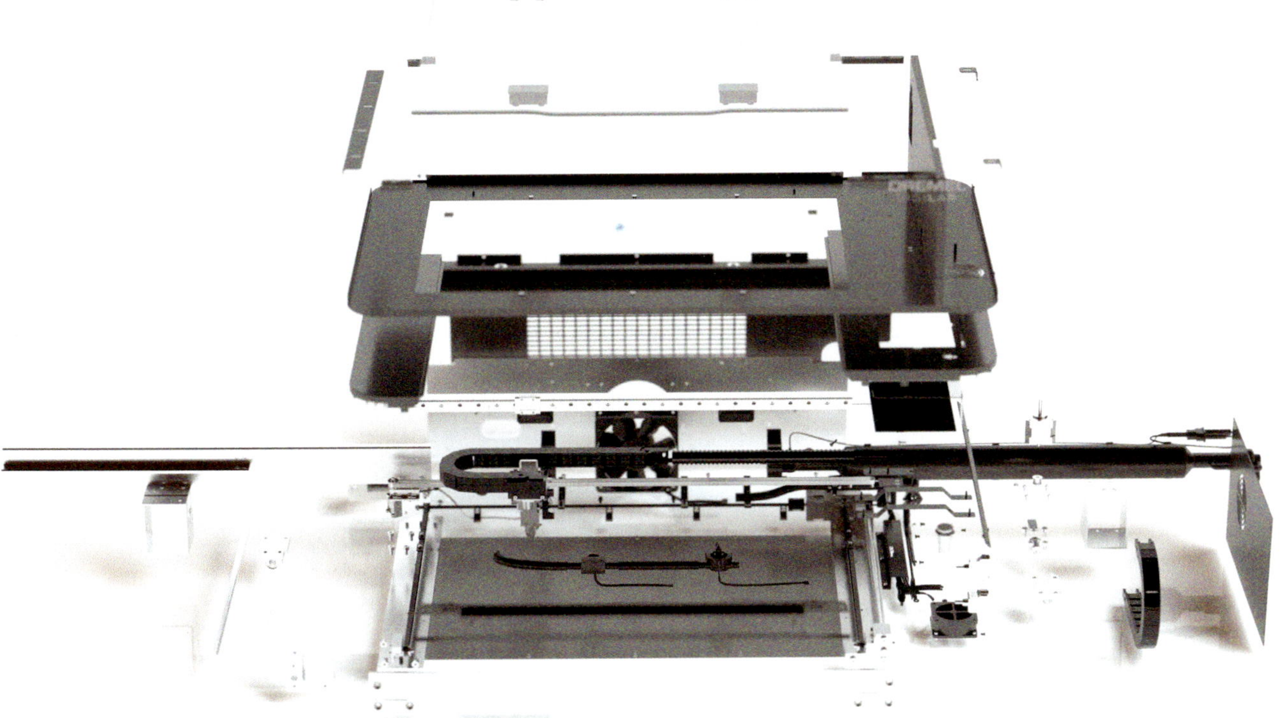

Aufbau des Lasercutters.

Mit dem Lasercutter bearbeitbare Werkstoffe		
Werkstoff	**Schneiden**	**Gravieren**
ABS	–	–
Acrylat	+	+
Aluminium, eloxiert	–	+
Baumwolle	+	+
Beschichtete Werkstoffe	–	–
Denimgewebe	+	+
Epoxy	–	–
Filz (Wollbasis)	+	+
Glas	–	+
Gummi (laserbarer G.)	+	+
Karton	+	+
Kork	+	+
Kunstleder	–	–
Lackierte Werkstoffe	–	–
Leder (Bio-Gerbung)	+	+
Massivholz	+	+
Metall (verzinkt)	–	–
Nylon	–	–
Papier	+	+
Polycarbonat	–	–
Polyester	–	–
Polyethylen	–	–
Polyprophylen	–	–
Polystyren	–	–
POM	–	–
PTFE	–	–
PVC	–	–
PVC	–	–
Spanplatten	–	–
Sperrholz	+	+
Spiegel	–	–
Styrofoam	–	–

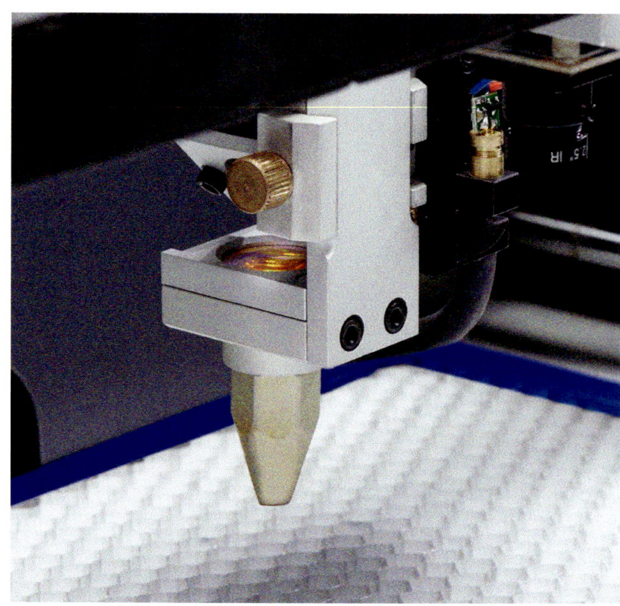

Schneidkopf des Lasercutters mit Fokussierlinse.

Ausschneiden von Acrylglaselementen.

Funktion des Lasercutters

Das Bild auf Seite 224 zeigt das Funktionsprinzip: Die fest eingebaute Gaslaserröhre erzeugt den Laserstrahl. Über ein System von Umlenkspiegeln wird der Laserstrahl in den zweidimensional beweglichen Schneidkopf projiziert. Im Schneidkopf wird der Laserstrahl in senkrechte Richtung umgelenkt und so fokussiert, dass sein Brennpunkt genau auf die Werkstückoberfläche trifft und dort das Material verbrennt bzw. verdampft. Durch die Längs- und Querbewegung des Schneidkopfes erzeugt der Laserstrahl eine Schneidspur im Werkstück.

Praxis

Bearbeitbare Werkstoffe

Im industriellen Bereich können mit dem Lasercutter fast alle Werkstoffe bearbeitet werden. Die dabei entstehenden Dämpfe werden durch aufwendige Einrichtungen abgesaugt und neutralisiert. Diese Einrichtungen sind komplex, teuer und beanspruchen Platz. Für den Heimwerker kommen sie aus diesem Grunde nicht infrage. Der Heimwerker hat daher für seinen Lasercutter nur eine begrenzte Auswahl an bearbeitbaren Werkstoffen zur Verfügung. Eine Übersicht ist in der Tabelle dargestellt. Eine detaillierte Auflistung befindet sich in der Betriebsanleitung.

Bearbeitungstypen

Mit dem Lasercutter können die folgenden Bearbeitungen durchgeführt werden:
→ Schneiden
→ Ritzen
→ Gravieren

Schneiden
Bei diesem Prozess erzeugt der Laserstrahl einen Trennschnitt im Werkstück. Je nach Werkstoff sind hierbei unterschiedliche Schnitttiefen möglich. Der typische Schnitt hat dabei eine Breite von ca. 0,15 mm, ist also im Vergleich zu einer Säge extrem schmal und eignet sich deshalb hervorragend für sehr filigran geschnittene Objekte. Die mögliche Schnitttiefe hängt vom Werkstoff ab und beträgt bei Holz 6 mm. Über die Schneidgeschwindigkeit erfolgt eine Anpassung an die Werkstückdicke. Dünne Werkstücke können schneller geschnitten werden als dicke Werkstücke. Unter Umständen kann es günstig sein, die Gesamttiefe in zwei aufeinanderfolgenden Durchgängen zu schneiden.

Ritzen
Beim Ritzen wird die Werkstückoberfläche angeritzt, der Laserstrahl erzeugt statt eines Schnittes eine Furche. Die Tiefe wird über die Lasersoftware am PC eingestellt.

Gravieren
Die Gravierfunktion ermöglicht die Übertragung von Symbolen, Linien und Abbildungen auf die Werkstückoberfläche. Bei Bildvorlagen werden die Farben bzw. die Grautöne in unterschiedliche Laserleistung umgesetzt, die im Ergebnis auf dem Werkstück eine reliefartige Oberflächenstruktur erzeugt. Weil beim Gravieren nicht wie beim Schneiden und Ritzen Vektordateien, sondern Bitmapdateien verwendet werden, erfolgt der Gravierprozess zeilenweise wie beispielsweise beim Tintenstrahldruck, wodurch der Vorgang wesentlich länger dauert als das Schneiden. Gravuren mit hoher Auflösung (mehr Bildpunkte, dpi) benötigen mehr Zeit als Gravuren mit niedriger Auflösung.

Lasercutter mit eingelegtem Werkstück.

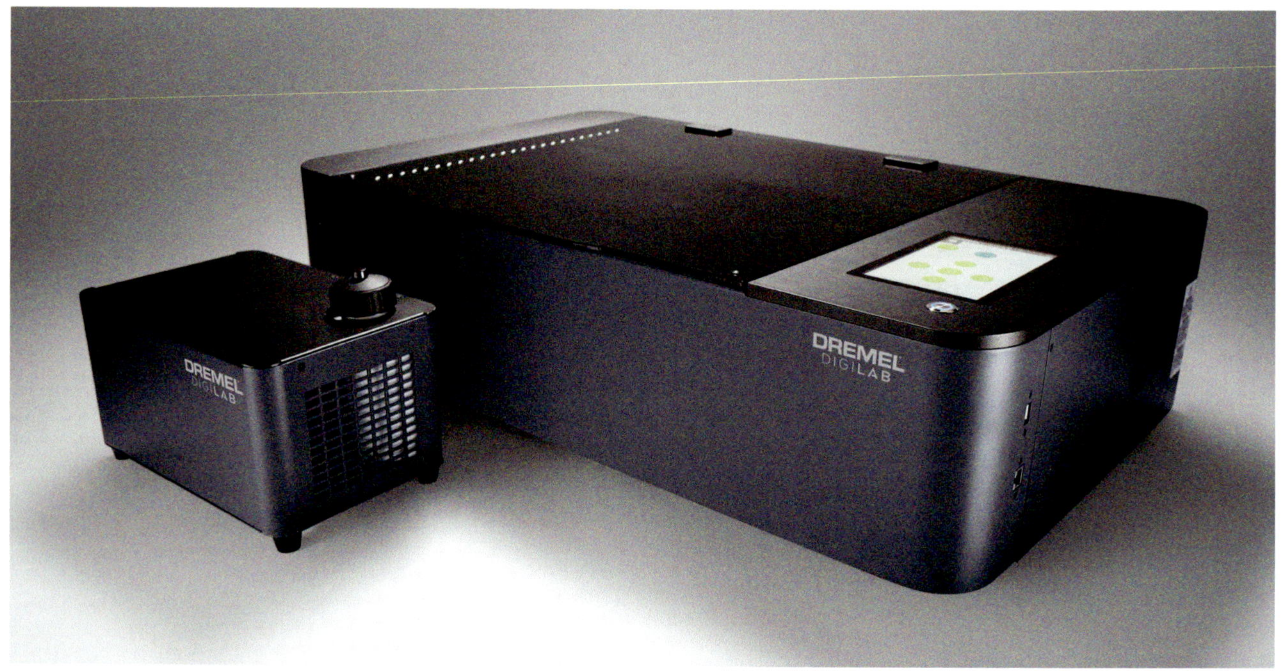

Lasercutter mit Kühleinheit.

Das System Lasercutter

Wie der 3-D-Drucker bildet auch der Lasercutter mit den zu seinem Betrieb notwendigen Komponenten ein System. Es besteht aus den folgenden Einzelelementen:

- → Lasercutter
- → Kühleinrichtung
- → Absaugung

Diese drei Komponenten werden ergänzt durch die Peripheriegeräte:

- → Computer
- → Software
- → Scanner (optional)

Lasercutter

Das Werkstück liegt bei der Bearbeitung auf einer wabenförmig strukturierten Grundplatte. Durch die Wabenstruktur ist die Auflagefläche gering, wodurch keine nennenswerte Wärmeabfuhr entlang der Schneidspur erfolgt.
Ähnlich einem Mikrowellenofen ist der Lasercutter elektrisch so abgesichert, dass er nur bei geschlossenem Gehäusedeckel betrieben werden kann.
Die Grundplatte, die die Arbeitsfläche ist, wird durch LED-Leisten schattenfrei ausgeleuchtet. Die eingebaute Kamera wird zum Einscannen der Werkstoffabmessungen und von Bildvorlagen benützt.

Kühleinrichtung

Die im Laser und während des Arbeitsprozesses entstehende Hitze muss abgeführt werden. Hierzu dient eine externe Kühleinrichtung, die durch Schlauchleitungen mit dem Lasercutter verbunden wird. Als Kühlmittel wird Wasser verwendet, das die Wärme abführt und über den ventilierten Wärmetauscher der Kühleinrichtung rückgekühlt wird.

Absaugung

Während des Arbeitsprozesses des Lasercutters entstehen durch die Hitze im Brennpunkt des Laserstrahles Rauch, Dämpfe und Staubpartikel. Blieben diese innerhalb des Lasercutters, würden die Mechanik und Optik auf Dauer geschädigt. Folglich muss eine Absaugung dieser Stoffe erfolgen.
Der Lasercutter verfügt über ein internes Absauggebläse. Über eine Schlauchleitung wird die abgesaugte Luft abgeführt. Ähnlich einem Dunstabzug in der Küche wird dann die Abluft ins Freie geführt.

Peripherie des Lasercutters

Die notwendige Peripherie für den Lasercutter besteht aus:

→ PC
→ Software
→ Scanner

Auf Windows® oder MacOS® basierende PC mit neueren Betriebssystemen sind mit dem Lasercutter kompatibel. Da Grafikvorlagen benötigt werden, braucht man zum Erstellen der entsprechenden Dateien zusätzlich eine Grafiksoftware. Da es sich um relativ einfache Grafiken handelt, können neben den professionellen Programmen von Adobe® auch preisgünstige Programme von Corel® benützt werden.
Ein Scanner ist sinnvoll, wenn handgezeichnete Grafiken oder Printmedien zur Weiterverwendung digitalisiert werden. Wenn nur gelegentlich gescannt werden muss, kann auch die Kamera des Lasercutters als Scanner benützt werden.

Der Arbeitsbereich – die wabenförmig strukturierte Grundplatte des Lasercutters.

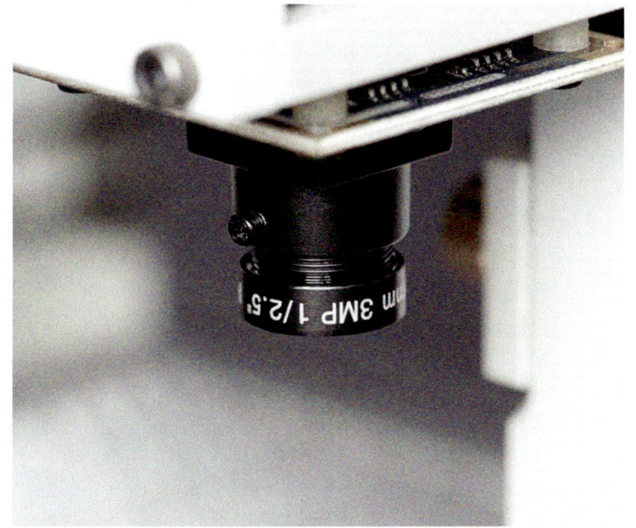

Die Kamera des Lasercutters.

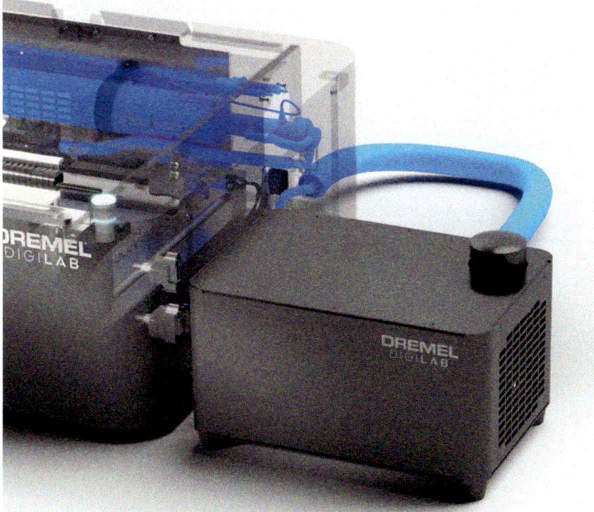

Die Kühleinheit des Lasercutters.

Wie entsteht ein Werkstück?

Die Bearbeitung des Werkstücks mit dem Lasercutters verläuft in den folgenden Prozessstufen:

- → Konstruktion des Werkstücks am PC
- → Einlegen des Werkstoffes in den Lasercutter
- → Einstellen des Schneidkopfes
- → Systemcheck und Start

Werkstückdesign

Der Arbeitsprozess des Lasercutters wird durch Software vom PC gesteuert. Folglich muss das Design des Werkstücks zunächst am PC stattfinden. Die Konstruktion erfolgt zweidimensional als Grafikdatei.
Die Grafik kann selbst über eine geeignete Grafiksoftware wie beispielsweise von Corel® oder Adobe® erstellt werden. Hierbei sind Vektorgrafiken zu bevorzugen, weil mit ihnen das Design verlustfrei beliebig skaliert, d.h. verkleinert oder vergrößert werden kann, ohne dass es zu einem Qualitätsverlust kommt. Typische Vektorformate sind .PDF, .SVG und .EPS.
Bereits vorhandene Grafiken oder Bilddateien können direkt verwendet werden, wenn sie im Format .JPG oder .PNG vorliegen.
Natürlich lassen sich diese Formate auch in das universelle Format .PDF konvertieren.
Bei Bildvorlagen von Scannern und Digitalkameras empfiehl sich eine vorhergehende Bearbeitung mit einem Bildprogramm mit anschließender Konvertierung nach .PDF
Die Wahl des Dateiformates hängt auch vom späteren Arbeitsprozess Schneiden, Ritzen oder Gravieren ab.

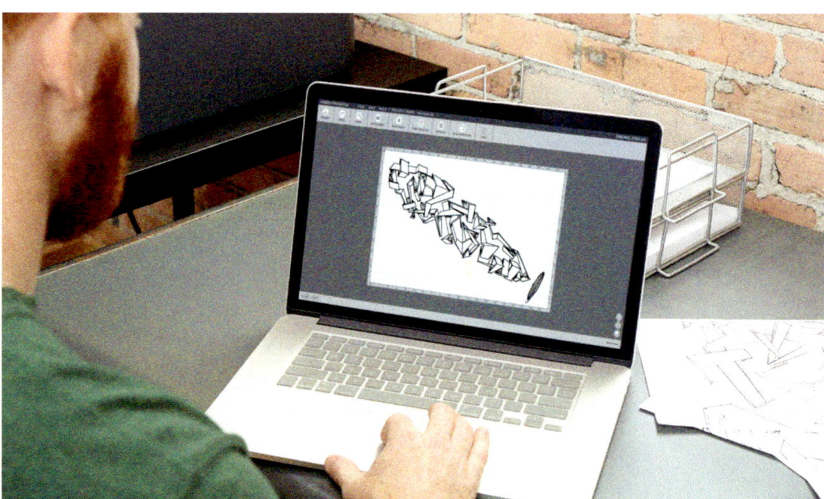

Das Werkstückdesign findet am Computer statt.

Dateiformate entsprechend der Anwendung

Dateiformate	Dateityp	Anwendung		
		Schneiden	Ritzen	Gravieren
.pdf	Vektor/Bild	+	+	+
.svg	Vektor	+	+	–
.jpg	Bild	–	–	+
.png	Bild	–	–	+

Einlegen des Werkstoffes

Nach dem Einlegen des Werkstoffes für das geplante Werkstück in den Lasercutter müssen die Abmessungen und die Lage des Werkstoffes am PC in die Software des Lasercutters eingegeben werden.
Die einfachste Möglichkeit ist die Verwendung der in den Lasercutter eingebauten Kamera. Auf den entsprechenden Softwarebefehl scannt die Kamera die Werkstoffabmessungen und stellt sie auf dem PC dar. In diese Darstellung kann man nun eine oder mehrere vorliegende Dateien der gewünschten Konstruktionen einfügen und platzieren.
Eine weitere Möglichkeit besteht darin, eine gezeichnete oder vorhandene Vorlage in den Lasercutter zu legen und dann mit der eingebauten Kamera zu scannen. Der Scan wird dann abgespeichert. Anschließend verfährt man wie zuvor beschrieben.

Einstellen des Schneidkopfes

Für eine einwandfreie Funktion muss der Schneidkopf exakt eingestellt werden. Er muss genau im rechten Winkel zum Werkstück stehen und einen bestimmten Abstand zur Werkstückoberfläche haben. Die Winkelstellung ist im Regelfall werksseitig vorgegeben und ist meist nur zu kontrollieren. Der Abstand muss dagegen stets eingestellt werden, weil ja Werkstücke unterschiedlicher Dicke eingelegt werden können. Die Einstellanweisungen befinden sich in der Betriebsanleitung.

Arbeitsbereiche des Lasercutters

Betriebsart	max. Werkstückdimensionen					
	Länge		Breite		Dicke / Höhe	
	mm	Inch	mm	Inch	mm	Inch
Schneiden	508	20	304	12	6	0,25
Gravieren	467	18,4	304	12	32	1,25

Das Werkstückmaterial wird eingelegt.

Systemcheck und Start

Nach der Datenübertragung vom PC zum Lasercutter erfolgt ein Systemcheck. Hierzu gibt es verschiede Kontrollfunktionen, die über die Lasersoftware am PC und am Touchscreen des Lasercutters ausgewählt werden. Wenn alle Anweisungen am PC und auf dem Touchscreen abgearbeitet und in Ordnung sind, beginnt mit dem Startkommando der Arbeitsvorgang.

Höhenjustierung des Schneidkopfes mit der Distanzschablone.

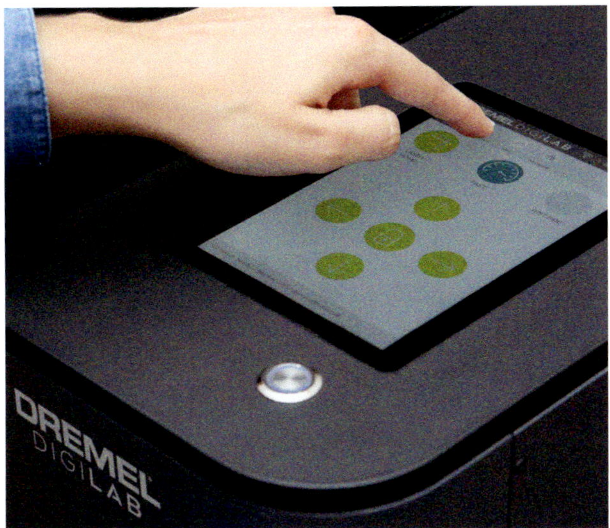

Systemcheck und Einstellen auf dem Touchscreen.

Gravur und Ausschneiden erfolgen in einem Arbeitsgang.

Das Projekt ist fertig.

Sicherheit

Bei ordnungsgemäßem Betrieb ist der Lasercutter betriebssicher. Allerdings müssen bei dieser neuen Bearbeitungstechnik stets die folgenden Emissionen beachtet werden:

→ Laserstrahlen
→ Hitze
→ Rauch und Dämpfe

Die Bedienungsanleitung gibt zur sicheren Anwendung die entsprechenden Hinweise.

Laserstrahlen

Laserstrahlen sind gefährlich. Dies ist hinreichend bekannt. Der Lasercutter ist deshalb so konstruiert, dass sich der Laserstrahl innerhalb des Gehäuses befindet und nur bei geschlossenem Deckel aktiviert wird. Hierdurch wird während des Betriebs höchstmögliche Sicherheit erreicht.
Der Umgang mit dem Lasercutter muss stets entsprechend der Betriebsanleitung und den Sicherheitshinweisen erfolgen.
Das Gerät darf nicht vom Anwender manipuliert werden, weil dadurch die Sicherheit gefährdet wird.

Hitze

Beim Auftreffen auf das Werkstück erhitzt der Laserstrahl das Werkstück über den Schmelzpunkt hinaus. Hierdurch wird das Werkstück je nach Bearbeitungsdauer mehr oder weniger stark erhitzt. Nach dem Ende der Bearbeitung sollte man das Werkstück innerhalb des Lasercutters abkühlen lassen, bevor man es entnimmt.

Learning by doing – Teamwork am Lasercutter.

Rauch und Dämpfe

Das Funktionsprinzip des Lasercutters ist das Verdampfen des Werkstoffes an der Bearbeitungsstelle. Hierdurch entstehen Rauch und Dämpfe. Die Gefährlichkeit von Rauch und Dampf hängt vom bearbeiteten Material ab. Materialien, die bei der Bearbeitung giftige oder ätzende Dämpfe entwickeln, dürfen nicht verwendet werden.
Die Betriebsanleitung enthält eine Liste der bearbeitbaren Materialien.

Copyright

Der 3-D-Druck und auch das Lasercutting arbeiten auf Softwarebasis. Eine einmal erstellte Software für das Design des Werkstücks kann beliebig oft kopiert, verwendet oder durch Skalierung angepasst werden. In ihrem Ursprung bleibt sie aber stets das Eigentum ihres Urhebers. Die Benutzung der Software setzt also die Erlaubnis des Urhebers voraus. Was Raubkopien sind, ist – speziell im Fall von Luxusgütern – hinreichend bekannt. Genau wie das unerlaubte Kopieren von elektronischen Medien und Printmedien verboten ist, ist auch die unautorisierte Benutzung von Software kein Kavaliersdelikt. Für den 3-D-Druck und den Lasercut bedeutet dies, dass vor der Benutzung von CAD-Designs aus dem Internet, beispielsweise aus entsprechenden Foren, die Erlaubnis des Urhebers eingeholt werden muss.

Service

Bezugsquellen

Aluminium-Verbundwerkstoffe
www.alucobond.com/products/alucobond-plus

Bindemittel und Kleber
www.bindulin-shop.de

Bosch Power Tools GmbH
www.bosch-pt.com/de/de/elektrowerkzeuge/elektrowerkzeuge.html

Dremel
www.dremeleurope.com

Edelstahl Informationen
www.edelstahl-rostfrei.de

Edelmetallhandel
www.goldbarren.de/heraeus

Klebebänder
www.tesa.com/de-de

Klebstoffberatung
www.uhu.de/de/klebeberatung/interaktive-klebeberatung

Kunsthandwerkbedarf
www.boesner.com

Kunststoffe, Laminierharze und Faserwerkstoffe
www.r-g.de

Metall-Halbzeuge
www.amco-metall.de

Mineral-Verbundharze
www.corian.de

Messwerkzeuge
www.scala-mess.de

Spannwerkzeuge
www.bessey.de

Spezialklebstoffe
www.weicon.de

Titanwerkstoffe
www.titanwerk.de

Über den Autor

Holger H. Schweizer ist seit den 50er-Jahren ambitionierter Heimwerker und Modellbauer. In den 60er-Jahren war er erfolgreich auf internationalen Modellbootregatten aktiv und schrieb Fachartikel für deutsche, englische und amerikanische Zeitschriften. Für die Robert Bosch GmbH war er in verschiedenen Geschäftsbereichen im In- und Ausland tätig, davon 20 Jahre im Geschäftsbereich Elektrowerkzeuge. Während seiner Berufstätigkeit erstellte er zahlreiche technische Publikationen zu den Themen Kraftfahrzeugtechnik und handgeführte Maschinenwerkzeuge.

Dank

Wir danken den Firmen Dremel und Bosch Power Tools für die großzügige Unterstützung mit Bildmaterial und technischen Detailinformationen.
Besonderer Dank gebührt an dieser Stelle den Mitarbeitern der Firma Dremel: Danielle Beuker, Allison Fishman, Nicole Radtke, Istvan Rajna und Dino Oberle von Bosch Power Tools sowie Jürgen Mamber, Leiter des Schulungszentrums der Robert Bosch Power Tools GmbH.
Dank gilt auch der Firma Bessey für die Bereitstellung von Bild- und Informationsmaterial zum Thema Spannwerkzeuge und der Firma Scala Messzeuge für die Bereitstellung von Bild- und Informationsmaterial zum Thema Messwerkzeuge.

Bildquellen

Alle Abbildungen und das Titelfoto stammen von Dremel, NL-4800 DG Breda, und Bosch Power Tools GmbH, Leinfelden-Echterdingen, mit Ausnahme der folgenden:
Baumeister, Werner, Stuttgart: Seite 167 und 224 links.
Scala Messzeuge, Dettingen/Teck: Seite 150 links und 151.
Bessey, Bietigheim-Bissingen: Seite 144 unten rechts und 145.
Schweizer, Holger H., Ditzingen: Seite 40 Mitte, 55 links, 66, 82, 119 rechts, 121 unten, 123 beide, 131, 137, 142 unten, 143 Mitte links, 144 unten links, 146 beide, 147, 148, 150 alle rechts; 152, 153, 154, 155, 156, 158, 160, 165, 166, 168, 172, 175 rechts, 176, 178 links, 179, 180, 183, 184, 190, 192, 195, 197 oben, 198 oben, 201 unten, 202 unten links, 205 alle rechts, 208, 209, 210, 224 oben.

Register

Haftungsausschluss
Die in diesem Buch enthaltenen Empfehlungen und Angaben sind vom Autor mit größter Sorgfalt zusammengestellt und geprüft worden. Eine Garantie für die Richtigkeit der Angaben kann aber nicht gegeben werden. Autor und Verlag übernehmen keine Haftung für Schäden und Unfälle. Bitte setzen Sie bei der Anwendung der in diesem Buch enthaltenen Empfehlungen Ihr persönliches Urteilsvermögen ein.
Der Verlag Eugen Ulmer ist nicht verantwortlich für die Inhalte der im Buch genannten Websites.
Der Inhalt entspricht dem Stand der Technik zum Zeitpunkt der Drucklegung. Wie bei anderen technischen Geräten können von Maschinenwerkzeugen Gefahren ausgehen, wenn sie zweckentfremdet werden oder fehlerhaft bedient werden. Die im Inhalt beschriebenen Texte, Darstellungen und Arbeitsvorgänge erheben keinen Anspruch auf Vollständigkeit. Aus ihnen können keine Haftungsansprüche hergeleitet werden.
Zur besseren Übersicht sind in einigen Abbildungen die Werkzeuge ohne ihre Schutzhauben und Schutzeinrichtungen dargestellt. In der Praxis dürfen diese Schutzeinrichtungen niemals entfernt oder manipuliert werden!
Beim Umgang mit den im Inhalt angegebenen Geräten sind die für das entsprechende Werkzeug geltenden Betriebsanleitungen und Sicherheitsvorschriften zu beachten. Wo der Gesetzgeber, Arbeitsschutzorganisationen oder Berufsgenossenschaften abweichende Bedienungsvorschriften vorschreiben, sind diese verbindlich und müssen befolgt werden. Dies gilt auch für künftige Änderungen und Ergänzungen.
Sofern im Inhalt geschützte Markenzeichen genannt werden, dienen sie als Beispiele und sind nicht besonders gekennzeichnet. Sie stellen somit keine Bewertung dar. Die im Inhalt erwähnten Normen wurden zum besseren Verständnis vereinfacht dargestellt.

Bibliografische Information der Deutschen Nationalbibliothek
Die Deutsche Nationalbibliothek verzeichnet diese Publikation in der Deutschen Nationalbibliografie; detaillierte bibliografische Daten sind im Internet über http://dnb.d-nb.de abrufbar.

Wollgrasweg 41, 70599 Stuttgart (Hohenheim)
E-Mail: info@ulmer.de
Internet: www.ulmer.de
Lektorat: Lisa Seibel, Claus Keller
Herstellung: Gabriele Wieczorek
Umschlaggestaltung und Satz: Atelier Reichert, Stuttgart
Reproduktion: timeRay Visualisierungen, Jettingen
Druck und Bindung: Firmengruppe APPL, aprinta druck, Wemding
Printed in Germany

ISBN 978-3-8186-0125-6

Hier können Sie weiterlesen

In diesem Buch finden Sie alles, was Sie über Maschinen, Geräte und Materialien und deren richtigen Einsatz für ihre Heimwerkerprojekte wissen müssen. Alle wichtigen Werkstoffe, Kleber, Zusatzgeräte und Techniken werden anhand von Hunderten von Fotos und Zeichnungen fachlich hieb- und stichfest erklärt.

Das neue große Heimwerkerbuch.

Geräte, Techniken, Materialien. Holger H. Schweizer. 2., überarb. und erw. Auflage 2016. 480 Seiten, 464 Farbfotos, 528 Zeichnungen, 70 Tabellen, geb. ISBN 978-3-8001-1299-9.

Welcher Rasenmäher sorgt für gepflegtes Grün im Garten und welche Heckenschere stutzt die Ligusterhecke fast von allein? Dieses Buch bietet Ihnen eine komplette Übersicht über die wichtigsten elektrischen Gartenwerkzeuge. Zahlreiche Bilder, Funktionsskizzen und Anwendungstabellen geben Ihnen fundierte Informationen an die Hand, um die geeigneten Werkzeuge für Ihre Gartenarbeiten auszuwählen und Fehlinvestitionen zu vermeiden.

Das große Garten-Heimwerkerbuch.

Holger H. Schweizer. 2017. 176 Seiten, 50 Farbfotos, 280 farbige Grafiken, geb. ISBN 978-3-8186-0093-8.